2008年北京市优秀人才培养资助个人项目E类"北京市政府网站可用性建设规范"
国家自然科学基金项目"面向使用的政府在线信息管理模式与服务规范",编号71073168

政府网站信息可用性保障体系与建设规范研究

——从世界看北京

周晓英　等著

世界图书出版公司
上海·西安·北京·广州

图书在版编目(CIP)数据

政府网站信息可用性保障体系与建设规范研究：从世界看北京／周晓英等著．—上海：上海世界图书出版公司，2015.1
ISBN 978-7-5100-8293-1

Ⅰ.①政… Ⅱ.①周… Ⅲ.①国家行政机关—互联网络—网站—信息资源—研究 Ⅳ.①TP393.409.2

中国版本图书馆 CIP 数据核字(2014)第 164728 号

政府网站信息可用性保障体系与建设规范研究

——从世界看北京

著　　者　周晓英等

出 版 人　陆　琦
策 划 人　姜海涛
责任编辑　吴柯茜
装帧设计　车皓楠
责任校对　石佳达

出版发行　上海世界图书出版公司　www.wpcsh.com.cn
地　　址　上海市广中路 88 号　www.wpcsh.com
电　　话　021-36357930
邮政编码　200083
经　　销　各地新华书店
印　　刷　上海市印刷七厂有限公司　如发现印装质量问题
开　　本　787×960　1/16　请与印刷厂联系 021-59110729
印　　张　20.5
字　　数　320 000
版　　次　2015 年 1 月第 1 版
印　　次　2015 年 1 月第 1 次印刷
书　　号　978-7-5100-8293-1/T·216
定　　价　45.00 元

前　言

国际上政府网站的建设始于1993年前后，中国政府综合性门户网站的建设始于1998年，是由北京市政府网站“首都之窗”率先进行的。1999年1月，由40多家部委联合发起的中国“政府上网工程”正式启动，该工程的初衷是大力提倡我国各级政府各部门在信息网络上建立正式站点，通过网络实现办公自动化管理，采用交互式手段与社会各界交流沟通信息。经过了14年的发展，中国的政府网站的数量增加迅猛，2014年7月中国互联网信息中心CNNIC发布的《第34次中国互联网络发展状况统计报告》中，以gov.cn为域名的网站数量已经达到了56 348个。

中国有如此之多的政府网站，是否随着数量的增长、随着ICT技术的发展、随着社会需求的变更，它们的建设水平也得到了很好的提升呢？从某种程度上来说，回答是肯定的，但是，与国际先进水平相比较，它们的建设水平是否能够与其大国的身份相符呢？回答就不那么肯定了。中国政府网站与国际先进国家政府网站相比较，明显的差距主要不是技术上的，而是政府网站信息资源的规划、管理和服务上的。政府网站信息的可用性问题就是其中核心的问题之一。

写作本书的想法起源于2008年，我在时间很仓促的情况下申请了北京市委优秀人才项目“北京市政府网站信息可用性建设规范”，可能长期积累的对该问题的一些认识和看法得到了评审的专家肯定，项目获得了批准。于是，开始了研究和写作的漫长过程。在这个过程中，我发现由于北京市政府网站信息可用性建设历史比较短、经验不足，仅仅用北京市政府网站作为主要研究对象来写作难度较大,效果也不好。如果能够将世界的经验结合北京市政府网站的建设特点来写更能体现本书的价值。2010 年,我申请的国家自然科学基金项目“面向使用的政府在线信息管理模式与服务规范(编号 71073168)”获得批准。在研究的进程中,我发现政府在线信息管理与服务中的一部分内容是与政府网站信息可用性建设直接相关的,经过认真的学习、深入的研究和不倦的探索,我如愿以偿地能够以新的视角来看待政府网站信息可用性建设问题了。在进一步调整了写作思路和写作模式之后,我带领团队又重新开始了新一轮的写作,这便是本书经历了如此之长的、曲折的写作过程的原因。

由于本书的选题的原因,目前比较难以找到可以直接借鉴的、系统性的参考文献,需要从不同学科、不同领域中寻找大量零散的信息,从中提炼相关的、有价值的部分;还由于政府网站的建设更多的是理论指导下的实践工作,最佳的实践经验需要从政府文件、政府规章、政府实施的实践中去观察和分析;更由于本书的写作宗旨是希望通过我们的研究提取最佳理论和实践经验供中国政府网站建设者参考。因此,本书的内容具有更多的探索性,更多倾向于面向实践的分析。

本书是集体智慧的结晶,很多人为此做出了贡献。全书由周晓英负责拟定大纲和确定内容、负责撰写工作的组织协调和统稿,并完成了大部分内容的写作以及全部内容的修改。本书的主要作者有周晓英、刘莎、雷银芝、董伟、张萍、朱小梅、李秀华、郑莉琨、王婷、金龙、胡菲。此外,作为项目的研究成果,本书的研究内容是在周晓英的整体规划设计下,由项目团队合作完成的,参与两个项目的研究以及研究成果撰写的成员还有王冰、隋鑫、郭敏、王皓、王琦、呼小檬、郑飞天、彭斯璐、蔡文娟、闫君、李杰、陶然。

虽然历经近 5 年本书的写作终于完成了,但是高兴的同时仍然心中惴惴。写作虽然基本达到了预期目标,但鉴于内容的交叉性、综合性、广泛性和复杂性,本书的成果仅仅是初步的,还有许多问题需要进一步深入研究,特别是对于中国政府网站的问题。首先,很多资料属于政府内部的规章制度,没有系统性地按照历史发展的脉络公开,网站建设的很多成功实践经验都属于过程性的内容,且没有提供大众获取。尽管我们尽最大的努力重点去获得北京市政府网站建设的相关资料,但是对于中国其他地区的政府网站建设的相关资料都比较缺乏,这也影响了我们做比较分析和深入分析。其次,政府网站处于经常的改版中,政府网站的管理政策也处于不断更新中,国外如此国内也如此,本书的一些内容在这5年中尽力做到及时跟进这些更新,但是仍然可能在写出之后出现新的版本,或者原来存在的网站内容迁移或不复存在了。所幸的是,即使上述内容更新和改版了,它们本身还是具有延续性的,对之前版本和内容的研究同样有重要的参考价值。

本书在写作过程中参考引用了大量的政府文件和政策、政府网站上的相关内容,也参考引用了一些学术研究的成果,在此谨向这些作者、内容提供者和内容拥有者表示衷心感谢!本书的面世尤其要感谢世界图书出版上海有限公司的姜海涛先生,正是他的全力支持,本书才能顺利出版;同时也感谢吴柯茜老师为本书的编辑做了大量的工作。由于作者水平所限,本书的内容难免有疏漏和错误之处,本书在研究内容、研究过程和研究方法上还存在许多需要改进之处,恳请专家和读者批评指正。

周晓英

2014年7月28日于北京

目　　录

第1篇　现状与基础研究

第2篇　政府网站信息可用性保障体系的建设与实践分析

第3篇　政府网站信息可用性专门规范的建设与实践分析

第4篇 从世界看北京——北京市政府网站信息可用性研究

第1篇

现状与基础研究

1 政府网站发展现状

1.1 国际政府网站发展现状与趋势研究

20 世纪 90 年代中后期以来，电子政务在促进国家政府管理和社会变革中发挥着越来越重要的作用，深刻地影响了人类社会的进步和发展。随着全球电子政务的蓬勃发展，作为电子政务面对公众最直接的表现，世界各国的政府网站得到迅猛发展。社会进步、技术发展、政府改革以及公众需求的推进，促使政府网站在变革中发展，同时也面临诸多问题和挑战。

1.1.1 联合国经济和社会事务部的电子政务调查报告

自 2001 年以来，联合国经济与社会事务部开始对各成员国的电子政务情况展开调查，并将调查结果以联合国报告的形式呈现，以帮助各成员国更好地了解全球电子政务的发展现状，明确本国在全球电子政务发展中所处的地位，为各国开展电子政务战略管理提供决策依据。在公布的电子政务报告中，包含了对各国政府网站的设计与功能便利程度的评价指标。

表 1－1 为联合国经济与社会事务部(Department of Economic and Social Affairs)所发布的 7 份电子政务报告。

表 1－1 联合国经济与社会事务部发布的 7 份电子政务报告

发布年份	报　告　名　称
2001	《标杆电子政务：全球视角》(*Benchmarking E-government: A Global Perspective*)[1]
2003	《2003 年全球电子政务调查》(*Global E-government Survey* 2003)[2]
2004	《2004 年全球电子政务准备度报告：提高接入机会》(*Global E-government Readiness Report* 2004: *Towards Access for Opportunity*)[3]

（续表）

发布年份	报　告　名　称
2005	《2005年全球电子政务准备度报告：从电子政务到电子包容》（*Global E-government Readiness Report 2005：From E-government to E-inclusion*）[4]
2008	《2008年全球电子政务调查报告：从电子政务到整体治理》（*E-government Survey 2008：From E-government to Connected Governance*）[5]
2010	《2010年全球电子政务调查报告：金融和经济危机时期电子政务的利用》（*E-government Survey 2010：Leveraging E-government at A Time of Financial and Economic Crisis*）[6]
2012	《2012年全球电子政务调查报告：以公民为中心的电子政务》（*E-government Survey 2012：E-government for the People*）[7]

1.1.1.1　联合国对政府网站发展阶段的划分

联合国电子政务调查报告将电子政务准备度指数作为考察各国电子政务发展的重要指标，电子政务准备度指数由政府网站指数、通讯基础设施指数和人力资本指数三大部分组成，政府网站指数则基于网站状况测量模型理论，即量化的五阶段模型，将政府网站的发展进程分为五个阶段[8]，用以清晰地描述各国政府网站建设所处的阶段，从而帮助各国把握政府网站的发展进程和方向。各个阶段的具体描述在不同的年度略有不同，但其主要特点是一致的，详见表1－2。

表1－2　联合国对政府网站发展阶段的划分

阶段	阶段名称	描　　述	特　征
1	初始阶段	通过官方网站、国家门户站点发布政府信息，链接各级政府以及政府的各个部门，网站提供基本、有限、静态的信息	仅有政府信息在网上发布
2	单向互动阶段	政府除了上网发布与政府服务项目有关的动态信息之外，还向用户提供某种形式的服务	政府与用户进行单向互动
3	双向互动阶段	政府可以根据需要，随时就某件事情安排在网上征求居民的意见。同时，居民也可以向政府提出建议或询问，使居民参与政府的公共管理和决策	政府与用户进行双向互动

（续表）

阶段	阶段名称	描　　述	特　征
4	网上事务处理阶段	通过网络完全以电子方式完成各项政府业务的处理	网上办理各项业务
5	无缝集成阶段	社会资源的无缝隙整合，组织趋于零成本运行，服务个性化和即时反应	政府网站的理想和目标

在 2001 年电子政务调查报告中，联合国经济与社会事务部对联合国 190 个成员国的政府网站发展进程进行了调查。调查结果显示，190 个成员国里 88%的国家建立了政府相关网站，并实施了某种形式的政府网站服务，但这其中还包括 25%以上的国家仅停留在提供静态的、不充足的信息性服务阶段，即仅仅是政府信息公开与发布、政府机构介绍等，缺乏以用户为中心的建设理念，主要表现在亚洲、加勒比海及非洲等一些国家。而在欧洲、北美及南美等一些发达工业国家，很多都实现了互动性甚至事务性的服务，许多国家都建立了一站式的门户网站。

联合国 2012 年电子政务报告显示，按照电子政务发展的四个阶段（初始阶段、强化阶段、业务办理阶段和一体化阶段）来看，各国正处于不同的电子政务发展阶段，大多数国家仍处于初始阶段和强化阶段，而在业务办理阶段和一体化阶段的国家仍为少数。与电子政务发展情况相对应，各国的政府网站建设也处于不同的阶段，发展差异较大，既有处于初级阶段、单向互动阶段的国家，也有处于双向互动阶段和网上事务处理阶段的国家，处于无缝集成阶段的国家很少。

1.1.1.2　政府网站在电子政务评价中的重要地位

从联合国对电子政务的评价指标设置上看，政府网站具有非常重要的位置，体现了政府网站在电子政务中的有利地位，以政府网站为重要因素的评价方法成为衡量电子政务的重要方法，代表了电子政务考核和发展的方向[9]。

2012 年联合国电子政务调查报告对联合国 193 个成员国政府近两年的电子政务发展情况进行了评估，该评估以电子政务发展总指标为依据，包括四个方面:在线服务的范围和质量、信息基础设施的发展状况、人力资源情况以及公众电子参与。在这些系列指数中，每个指标都是一个综合衡量尺度，都可以对其独立进行提取和分析，其中不少评价指标都与政府网站的建设和发展密切相关。

联合国发布的调查报告,对许多国家和地区政府网站的理论和实践应用都产生了重要影响,很多国家借鉴联合国的政府网站划分方法,它为网站评价、指标体系的建立提供了引导和支持。

1.1.1.3 对政府网站发展趋势的揭示

随着信息社会的到来,ICT 技术的迅猛发展,民众素质的提高以及社会的进步,信息的全球化给政府网站的发展带来诸多机遇与挑战,政府网站用户对政府网站提供的服务有了更多、更新、更高的要求,如提高服务效率和性能,增强政府的公众信任度,及时、透明、主动、有效和高效地为民众提供服务。2012 年的联合国电子政务调查报告中始终贯穿的主题就是面向公众,强调用户服务和用户满意度,同时强调在社交媒体迅速崛起的时代,政府应重视与用户在社交媒体上的互动交流,从而提高服务质量,增加政府透明度。[10]

纵观联合国的电子政务调查报告,可以清晰地看到国际政府网站的发展历程、特点及趋势:从简单的在线信息发布、单向交互、双向交互、事务处理到无缝集成,从注重信息基础设施建设到强调网站的内容和服务,再到以用户为中心以及社交媒体的应用,由此体现出政府网站功能由低到高、由简单到复杂的发展,由强调技术到强调综合治理和利用技术更加深入和创新地为公众服务。

1.1.2 国际电子政务领先国家政府网站的发展

国际著名的咨询公司埃森哲就 2001 年、2002 年电子政务在 23 个国家和地区的发展情况调查研究表明:在电子政务发展成熟度方面创新和领先的国家有加拿大、新加坡、美国。而在联合国 2010 年和 2012 年电子政务调查报告中,韩国后来居上,一跃成为国际电子政务排名第一的国家,稳步跻身于领先国家之列。联合国 2012 年电子政务调查报告中排名前十位的国家依次为韩国、荷兰、英国、丹麦、美国、加拿大、法国、挪威、新加坡和瑞典。

1.1.2.1 国际电子政务领先国家的政府网站建设和发展现状

美国是最早推动电子政务的国家。克林顿政府致力于发展国家信息基础设施并于 2000 年 9 月发布当时全球最大的电子政府网站 www.firstgov.gov,创建以用户为中心的政府网站和“一站式”政府服务体系,从政府门户网站便可访问所有政府网站。美国的电子政府网站从根本上改变了政府服务模式以及公民与政府交往和互动方式,到 2001 年年初,大部分联邦政府机构、州政府和地方政府机构都建成了自己的网站[11]。美国政府于 2012 年发布《数字政府:建立 21 世纪平台为美国人民提供优质服务》,期望政府所属各机关在政府资源有限的情形下,善用云、协作软件等现代信息科技,进行公共服务的变革,以更低的成本及创新的方法,提供优质服务[12]。目前,美国的政府网站日趋成熟和完善,建立了包括县、市、州、联邦以及各部门在内的政府网站的完整体系。

加拿大在政府网站建设方面一直处在世界的前列。1995 年实施的"连接加拿大"信息发展战略,提出让加拿大成为全球最为互动连接的国家。1999 年加拿大正式颁布了国家的电子政务战略计划"政府在线",提出政府要做使用信息技术和互联网的典范,并在 2004 年实现了政府所有的信息和服务全部上网。为保持电子政务在全球的领先地位,加拿大政府发挥了强大的领导力作用,推行了"统一政府"实施策略,以加强各级政府和各部门的电子政务协同发展,力争满足公众的需求,向他们提供一体化的电子服务[13]。到 2009 年,加拿大政府网站已建成连接各级政府部门及部门内部的综合服务网站,政府门户网站 www.gc.ca 作为加拿大企业和公众获取公共服务的重要平台和渠道,一直坚持以用户为中心、提供人性化的服务[14]。

新加坡是亚洲信息化程度最高的国家之一,在电子政务的服务广度上仅次于美国,在服务深度上位居全球第一。新加坡政府电子政务的重要原则,是从公众的需求出发,尊重公众的意愿、最大程度地方便公众使用。作为电子政务的重要载体,新加坡的政府网站并非各个政府部门、某类政务活动在网络上局部的、简单的再现,而是新加坡政府在网络世界中整体而系统的映射。2010 年 5 月,新版的新加坡政府门户网站 www.gov.sg 正式上线,其功能强大,信息内容也更为全面,政府网站不仅仅是传统意义上的信息传播平台,更是集各种服务为一体的公共服务平台,公众通过政府网站这一平台可以享受到新加坡政府提供的众多服务。目前,几乎 100%的政府服务项目都已经能够通过网络完成,政府网站能够完成从信息查询到事项申请等各种公共服务项目,真正实现全方位"一站式"政府在线服务。[15]

1.1.2.2　国际电子政务领先国家的政府网站发展特点

通过国际电子政务领先国家的政府网站发展现状,可以清晰地看到领先国家的政府网站发展特点,主要表现在以下几个方面。

(1) 网站数量众多、类型广泛、内容丰富。国际电子政务领先国家的政府网站不仅数量众多、类型广泛，而且内容丰富。例如美国联邦、州、县各级政府都有自己的网站，不仅数量多，而且门类齐全，既包括社会、政治、经济、文化、艺术、军事方面的信息，也包括纳税、求学、就业、消费等与公民日常生活息息相关的信息，内容十分丰富，同时也不乏基于民众不同需求的各自不同的鲜明特色。

（2）门户式、一站式服务。国际电子政务领先国家的政府网站强调基于网站互通和资源共享的门户式、一站式服务网站。如通过美国政府门户网站www.usa.gov，可以链接到美国联邦及地方政府网站，也可链接到美国联邦行政、立法、司法部门的网站，民众只要登录该网站就可以找到自己需要的政府信息和服务，真正做到了政府信息资源的互通及共享，这也是政府网站是否成熟的重要标志。又如，英国政府门户网站 www.gov.uk 为公众提供一站式服务，通过该网站英国民众可以简单、清楚、迅速地发现和获取政府服务和信息。

（3）以用户为中心，强调用户满意。国际电子政务领先国家的政府网站在实施过程中都特别注意充分体现以用户为中心的指导思想，充分反映用户需求。如新加坡政府网站在具体实施前，首先根据民众的需求，确定了哪些服务应该网络化，以及如何更好地利用网络来为民众提供信息和服务，在实施过程中，又不断听取民众的反馈意见，反复测试各种思路和设计，这从一开始就避免了只从政府部门设置出发而不考虑民众需求的网站设计。

美国政府门户网站强调用户满意，用户反馈是组织和展现政府信息、服务和事务处理的驱动力。在美国政府门户网站 www.usa.gov 最显著的 Logo 就是使政府变得容易，其强调用户只需点击 3 次即可找到自己所需要的各类政府信息与服务[16]。对于政府网站的内容，所使用的解释语言接近用户理解水平，按照美国一般公众的阅读水平来要求政府网站文字使用的级别。对于政策解读、政府开支解读之类可能会晦涩难懂的信息，更是注意使用易于公众理解的话语和角度解释，而非堆放专业人士、研究人员才能读懂和看明白的条文和数据。这些无不体现了网站以公民为中心的包容思想。而英国政府网站简单又清晰，把与公众生活密切相关、日常使用频率高的信息和服务放在最容易找到的位置，充分体现了以用户为中心的理念。

（4）以政府网站为核心的多渠道互动机制。国际电子政务领先国家注重建立基于政府网站的多渠道互动机制。ICT 技术的发展和应用为政府与民众之间的信息沟通、民主参与互动提供了更加灵活多样的手段和方式，电子政务的发展促进了以政府网站为核心的多渠道互动机制的建立。如新加坡电子政府特别注重与公众的双向沟通，及时有效的双向沟通有利于政府对决策进行优化和对政策进行调整，还能促进公众的参与及互动。加拿大政府网站强调提供更有效的用户体验，网站要运用 Web2.0 技术、语义网技术和社交媒体等新兴手段改善政府与用户之间的关系。

美国政府在政治活动的各方面积极利用以政府网站为核心的多渠道互动。如在总统大选期间，奥巴马在 Youtube 的官方竞选频道上就拥有一千多个视频，视频观看总数超过 1400 万，数量在所有候选人之上。由此可见新媒体手段在实现与网民即时互动方面为奥巴马赢得大选起到了重要作用。上任以后，奥巴马政府更是充分利用 Twitter、Facebook、MySpace、Youtube、Flicker、iTune、Vimeo 等社交网站积极与民众互动，吸引了包括年轻网民在内的广大公众。[17]

(5) 无缝连接服务。联合国 2012 年电子政府报告揭示了电子政府领先国家出现的新特点：由分散的单一目标模式转向集成的一体化政府模式，为公众提供统一的政府门户网站，从而提高服务效率和效果；充分利用各种途径和渠道为公众提供电子政府服务；发展中国家在电子政府网站的“电子参与”方面取得进步；公众要求电子政府网站提供更多更好的服务等等，这些特点在政府网站的建设和发展上也得到充分体现。

韩国政府网站最大的特点是为民众提供无缝连接服务。所有行政手续均可在网上完成，通过韩国电子申报门户网站 www.minwon.go.kr 即可进行电子申报、电子审批、电子交付等。如办理搬家手续时，输入国民身份证号码与密码登录后，仅需要输入迁入地，就能够完成所有手续。自己的基本信息已经按照身份证号码被检索出来，几乎所有的输入项目会自动输入到相应的栏目中，接受迁入手续的同时，前居住地的辖区会自动受理迁出手续，同时自动处理跨政府部门的相关各种手续。[18]

1.1.3　国际先进政府网站建设和发展的经验和问题

国际电子政务领先国家在政府网站建设和发展上，既积累了一些有益的经验，也存在一些问题，值得我们参考借鉴。

1.1.3.1 经验

第一,是法律和制度保障。

国际政府网站领先国家对电子政府方面的法律制度都比较健全,成为推进政府网站建设及发展的重要因素。美国政府于2002年通过了第一部电子政府法案,制定了首个电子政府战略,目标是为公民提供更好的服务,提高政府的效率和效能,提高政府对公民的回应性。2009年以来,奥巴马政府更是以实现透明、参与、协调、创新、效率效能为目标,提高政府内部运作的透明度和公民的参与程度。韩国专门制定了《电子政府法》,明确规定行政机构之间能够用电子确认的事项就不能要求国民提交纸质证件。这些法律和制度极大地促进了政府网站的发展。

第二,是信息基础设施建设和ICT技术的发展。

国家信息基础设施建设和ICT技术的发展和应用,是政府网站建设和发展的基本前提和基础。美国早在1993年就开始大力发展国家信息基础设施,利用信息通信技术提高政府的效率、责任感和绩效。韩国前总统金大中在就职演说时曾强调要使韩国国民成为世界上最熟练使用互联网的国民,决定将ICT作为国家改革的工具,并把公共部门的信息化、发展数字经济、国民生活的信息化、搭建信息化平台等作为国家信息化战略来实施,从而促使全国民众认识到ICT技术的重要性,积极主动地学习和应用ICT技术。

第三,根据自身情况确定政府网站建设模式。

由于国情的不同,国际政府网站领先国家在政府网站建设模式上各有不同。如加拿大与美国同为全球政府网站的领先者,但两者的建设模式却有很大的差别。加拿大政府网站的建设模式是以政府为主导,采用"自上而下"模式。而美国由于信息基础设施较好,以及地方政府的积极主动,政府网站的建设模式是地方分权式的"自下而上"地发展,各州的政府网站独立发展,联邦政府仅负责指导和建议。加拿大政府更注重通过中央政府进行整体规划和标准制定,采用中央集权式的"自上而下"的实施思路,其他几个先进政府网站国家如新加坡、英国、新西兰也基本采用这种做法。因此,在政府网站建设和发展模式上,需要根据本国的具体情况和条件进行选择。

第四,是政府网站的循序渐进,分阶段发展。

尽管美国具有世界最先进的信息网络技术条件，但是在政府网站发展战略的具体实施方面，仍然采取由简单到复杂，由易到难，循序渐进，分阶段实施的策略。美国政府网站建设分为四个阶段：第一个阶段为初始阶段，主要提供一般的网上信息、简单的业务处理，所采用的技术复杂程度比较有限；在第二阶段，进一步发展门户网站和更复杂的事务处理，实现初步的业务协作，技术复杂程度逐步提高；在第三阶段，重点实现政府业务的重组，建立集成业务服务系统以及复杂的技术体系；在第四阶段，建立具有适应能力的政务处理系统，实现政府与企业、公民的交互式业务交流与服务。正是采用了循序渐进的发展道路，美国的政府网站才得以快速发展又不失稳健。

1.1.3.2　**问题**

国际电子政务领先国家的政府网站在蓬勃发展的同时，也面临一些问题，以下我们通过实例来分析这些问题。

第一，区域发展不平衡。

即使在美国，这个问题同样存在，尽管美国在联邦和州级别的电子政府世界领先，但区域发展并不平衡，经济和社会发展水平高的地区政府网站发展较好，而经济和社会相对落后的地方政府网站的建设经常受资金、技术和人才缺乏的影响。

第二，集成和协调难度大。

比如，由于各级各类网站众多，美国各级政府和各个机构间的集成和协调日益成为美国政网站发展的一大难题，影响电子政务的进一步推进和对公民的一站式服务。

第三，资金的限制影响政府网站的发展。

政府网站的建设与运营需要大量资金，有时会因此而影响网站的发展。如2003年年初，含有英国政府域名gov.uk的各类网站已突破3000个，政府每年花在公共服务领域信息的技术投资费用达到140亿英镑，包括购买设备、建立网站及维护费用等。为此，英国民众强烈呼吁政府加强预算管理，削减相关成本。英国政府于2007年作出决定，大幅度关闭和缩减英政府网站的数量。[19]

第四，公民对政府网站的接纳、参与和满意度还有待提高。

基于政治和技术理论、电子政府阶段模式、文献综述和内容分析方法对美国县市电子政府门户进行的考察发现，美国公众对电子政府的接纳度还有待提高，公众对电子政府的接纳度受人口、种族、教育、住房、收入、经济、地理等社会经济因素影响，政府门户的功能与这些社会经济因素也密切相关[20]。另有研究表明，市民对政府网站的参与和满意度还不够，受网站信息透明度、交互性、易获得性、可用性等因素的影响明显。[21]

第五，易获得性和可用性评价不尽如人意。

易获得性和可用性是评价政府网站质量的重要指标，政府网站的可用性主要体现在网站的在线服务、用户帮助、导航、合理性、信息构建、易获得性提供等。从目前研究看来，即使是英美政府网站的易获得性评价结果也不能令人满意，虽有易获得性法律和规定，许多网站并未遵循和执行，即使网站上有易获得性申明，却并不能提供有用的信息和帮助，不过美国州政府网站易获得性普遍好于联邦及商业性网站[22][23]。

1.1.4 国际政府网站发展的新动向

近年来国际政府网站发展出现了一些值得关注的新动向，对我们把握未来政府网站的发展趋势有所启示。

1.1.4.1 政府网站管理的规范化

政府网站管理的规范化有助于降低网站建设运营成本，提高网站可用性和使用效率，增进在线服务质量，促进信息共享和资源整合，使政府网站结构和内容清晰合理易于查找。

在政府网站规范化管理方面成效显著的国家是英国。英国政府网站管理的规范化包括网站可及性、可用性和网站的设计，立法和技术需求，测定质量和价值，网站经营和沟通，内容易获取性，平台和设备，社会媒体和 Web2.0 等诸多方面的内容。

为了推进网站建设和管理规范化，英国政府于 2009 年和 2010 年分别关闭了 1001 个和 1526 个中央级政府网站。自管理规范实施后，截至 2011 年 1 月，英国有 444 个政府和公共机构网站，其中 99%以上运用指南建设网站，政府网站建设收到了良好的效果，主要体现在：英国政府在网站整合的第一步，将政府的信息和服务迁移到两个超级网站 Direct.gov 和 Business.gov 上，降低网站运营成本，极大地提高了网站可用性。从 Direct.gov 和 Business.gov 综合评价来看,成效显著,合并之初的可用性几乎达到了100%,[24]大多数公众认为现在的政府网站结构清晰合理,内容易于查找;[25]政府还提供了网站建设模板,提高了网站使用效率,减少了公众的查找时间,实现了资源共享利用,提高了在线服务质量和效率。之后,英国政府继续开展大规模的政府网站整合工作,进一步将上述两个大型网站合并,开办了新的统一入口的政府网站 www.gov.uk,该网站倡导的理念是:"找到政府信息和服务的最好的场所:更加简单、更加清晰和更加迅速。"

1.1.4.2　基于连接性治理的政府网站发展

连接性治理是国际上电子政务发展的新趋势,连接性治理强调信息技术只是实现政府治理模式转变的手段,电子政务的关键还是取决于在应用信息技术过程中改变政府与公众、企业之间的关系,以及政府业务流程设计、运作和维护的变革。连接性治理将各类公共部门、私有部门和非政府部门作为网络节点,为提高政府整体治理流程提供了新思路。[26]

由此产生的整体型政府、水平政府、协同政府等新思想促进了政府网站的进步,连接性治理对政府网站的影响主要表现在资源整合和一站式服务上,即强调集成、整合和连接。

新加坡建设的整合型政府,就是要使政府以一个整体的形象面对公众,实现政府与公众的良好沟通,为公众提供更优质的服务。欧盟则强调加强政府间信息技术应用的互操作性,避免电子政府建设给欧洲单一市场的形成设置新的障碍。北欧一些国家已通过中央政府和各部委的电子政务站点实现有机整合,有效地改进了政府的服务和信息的传递,荷兰采用公共部门共同性构建模块来为民众提供无缝隙的服务。这些都是连接性治理对政府网站产生的深刻影响。

1.1.4.3　基于电子包容的政府网站发展

电子包容(E-Inclusion)来源于欧洲委员会(EC)1999年发布的文件,在电子欧洲(eEurope)倡议中提出电子包容,目的是要让欧盟各国的所有公民、学校和企业都能享受到欧洲在线的信息和服务[27],电子包容是随着电子政务的发展而提出的,虽然其涉及的范围和含义远远超过了电子政务,但电子包容在电子政务的建设中占有重要地位,之后欧盟在电子政务等各方面政策一直强调和实施电子包容。欧盟提出实施包容的电子政务，要确保弱势群体通过电子政府可以得到平等的机会和服务。采取措施切实提高电子政务的效率和效益，发展在线政府采购和泛欧的公共在线服务等具有高影响力的电子政务服务，促进电子身份认证和互操作体系等电子政务关键驱动因素的发展，在欧盟层面和各成员国层面推动电子化参与和民主决策，确保公众广泛参与[28]，这些无不渗透着电子包容的思想和内涵。

电子包容是指社会个体和群体通过获取和利用 ICT 来有效参与社会和经济活动，通过包容性的 ICT 及其应用来实现更广泛的包容性的目标，强调所有个体和群体在 ICT 技术迅猛发展的现代信息社会能够参与社会的各个方面[29]。

电子包容对政府网站的影响主要体现在以下几个方面：在网站的设计和服务上要以公众为中心；要为公民提供多样化、个性化服务；强调网站服务的无差别及普及性；注重用户体验和易用性；要保证多渠道的服务方式等。这些正是当今政府网站发展的重要方向。[30]

从电子政务的发展进程来看，电子包容可以分为三个层次：知情、参与和分享，每个环节都包括相应的权利和能力[31]。随着技术的发展和应用，政府网站在知情、参与和分享的实现占有越来越重要的地位和作用。社会媒体的广泛应用，更是极大地促进了公众通过政府网站对政府信息和服务的知情、参与和分享的能力提高以及权利的实现。知情、参与和分享依次呈递进关系，与政府网站的发展历程也不谋而合。

1.1.4.4 *政府网站的多样化访问和互动*

移动互联网的发展和普及极大地推动了政府网站对广大民众的服务和互动。政府网站通过移动政府为民众提供受到普遍关注以及与日常生活息息相关的政府信息和服务，如安全饮用水、健康服务、在线教育等。联合国 2012 年电子政务报告统计结果表明，有 25 个国家提供专门的移动政府网站，其中加拿大、丹麦、法国、日本、马来西亚、荷兰、西班牙、英国、美国、越南、阿曼、新加坡、挪威等国家还特别为弱势群体如贫困人员、文盲、盲人、老人、儿童、妇女等提供专门的服务。

在 ICT 技术迅猛发展的同时，考虑到广大民众对电子政务的不同需求和使用习惯，政府网站更加注意支持多途径的访问、使用和互动。如美国政府门户网站首页在明显的位置公布政府服务电话，同时在 MyUSA 公民个性化页面嵌入 Facebook、Twitter、YouTube、Blog、RSS、StumbleUpon 等多种社交网络供公民与政府互动。

1.1.5　政府网站建设的研究现状及趋势

随着全球电子政府的蓬勃发展，各国政府网站也备受关注，成为电子政府研究的重要内容。不同领域的研究者从不同的视角对政府网站理论和实践的诸多方面进行考察和研究。政府网站涉及的研究领域主要有行政管理、政治学、社会学、信息科学、计算机等学科，其研究视角主要包括管理视角、服务视角、用户视角、技术视角等。政府网站研究的内容十分丰富，可以分为政府网站相关概念及理论研究、各国政府网站建设及经验研究、政府网站评估研究、政府网站质量研究、易用性和可用性研究、用户研究、政府网站发展模式研究等。本书将从以下几个方面对政府网站建设的研究现状及趋势进行简要介绍。

1.1.5.1　各国政府网站的建设和发展状况及政府网站评估研究

政府网站在不同的发展阶段研究内容及重点都不相同，随技术、社会、公众素质及需求的发展而变化。各国政府网站研究分区域、分国家，对发达地区（如北美、欧盟）及政府网站领先国家的研究居多，也有不少针对欠发达地区和发展中国家的研究。国际领先的政府网站具有的特点主要有：政府一站式服务，以用户为中心，设计简单直接，信息组织良好，体现信息公开、开放政府和数据共享的理念。[32][33][34]

随着政府网站建设及发展的深入，政府网站评估成为研究的重点和热点。世界许多组织及研究机构，如联合国经济与社会事务署、美国公共管理协会、布朗大学、埃森哲咨询公司等，根据各自不同的测量指标和评价方法，对全球各国电子政务进行评估，并发布了一系列电子政府发展评估报告。

联合国经济与社会事务署最新发布的 2012 年电子政务报告表明，全球电子政府平均发展指数由 2010 年的 0.4406 提高到 0.4877，具有显著提高，但地区和国家发展仍不平衡，发达国家的电子政府发展水平普遍高于发展中国家，非洲最为落后。

1.1.5.2　政府网站质量研究

总的说来，政府网站质量可以从内容及设计的几个方面来考察：透明度、事务处理性、连接性、个性化、可用性。[35]政府网站质量的评价主要包括信息内容标准和易用标准。[36]从使用的角度而言,公众最注重的网站质量是效率和易完成。[37]

政府网站质量的评价方法主要有两类:电子政府质量具体模型和通用的可用性方法,后者又分为基于专家和基于用户的评价方法[38],而网站评估问卷调查方法特别设计用于政府网站质量评估[39]。

易获得性和可用性研究是当前政府网站质量研究的热点,主要在政府网站的可用性测试、可用性测试方法、可用性标准及建议等方面进行研究。

电子政府网站可用性维度和变量包括:在线服务、用户帮助、导航、合理性、信息构建、易获得性提供。[40]政府网站可用性研究主要分为三类:关于电子政府网站现状分析、基于调查的网站可用性评价、通过内容分析方法对网站可用性进行分析,前两类有助于了解电子政府的发展现状及用户反馈,后一类分析则更加细致深入。[41]关于可用性测试的人工和自动方法比较,人工评价方法更加准确和可靠,因为自动评价方法常由于检测软件的算法不同导致偏差。[42]

1.1.5.3 政府网站用户研究

政府网站用户研究的兴起是政府网站研究深入及以用户为中心的体现。研究用户对政府网站的需求、使用和接纳程度[43],通过网站实证研究来探索电子政府网站服务接受模型[44]和电子政府成功模型[45],基于技术接受模型研究影响市民持续使用电子政府网站的重要因素[46],研究新服务对用户的影响及用户满意度测试[47],有利于把握政府网站建设的正确方向,抓住网站建设的重点,以用户为中心提供服务。

1.1.5.4 政府网站的 Web2.0 应用研究

在政府网站建设及发展中，Web2.0 的应用情况包括是否使用、如何使用、应用效果以及对网站质量的提高度。在发达国家及发展中国家中选取 200 个政府网站分析发现，Web2.0 应用最多的依次为：RSS、多媒体分享服务、博客、论坛、社会标签服务、社会网络和维基，Web2.0 应用能提高网站的质量,尤其是服务质量。发达国家比发展中国家有更多网站应用 Web2.0。[48]

1.2　北京市政府网站群(首都之窗)的发展历程和现状

1.2.1　首都之窗网站群发展历程

首都之窗是指北京市政府机关在互联网上统一建立的网站群,由北京市政务门户网站(即首都之窗门户网站)和各分站构成,分站由市政府机关45个委办局机构网站和16个区县政府网站及二级委办局、管理中心、人大、政协以及其他具有公共服务职能的事业单位子站点构成,数目超过90个站点。

首都之窗由北京市信息化工作领导小组统一领导,北京市经济和信息化委员会负责组织实施,并设"首都之窗运行管理中心"负责日常工作。首都之窗门户网站www.beijing.gov.cn于1998年7月1日正式开通,分站点由市政府统一组织建设,各单位自主管理。

首都之窗的建立宗旨是:"宣传首都,构架桥梁;信息服务,资源共享;辅助管理,支持决策",即为了统一、规范地宣传首都形象,落实"政务公开,加强行政监督"的原则,建立网络信访机制,向市民提供公益性服务信息,促进首都信息化,推动北京市电子政务工程的开展而建立的。

首都之窗网站群自1998年开始经历了十多年的发展,其发展的历程可以归纳为以下三个阶段。

1.2.1.1　第一阶段(1998年3月—2002年年底):建成阶段

1998年,首都之窗作为北京市国家机关的中心网站正式开通,作为国内最早开通的综合性门户网站,拉开了北京市"政府上网"工程的序幕。在这一阶段,首都之窗的工作主要集中在明确定位、明确发展要求、明确特点等方面,在促进网站内容后续建设发展方面进行了一些有益的探索和尝试,实现了良好开局。

1. 中心站点的建成

1998年3月,北京市人大和政协会议建议建设一个统一对外的北京市政府网站。

1998年5月,北京市相关领导对于"在互联网上建设政府网站——'首都之窗'及组织实施"等问题作了重要指示或批示。

1998年7月,首都之窗中心网站正式开始试运行。在中国国内互联网仍处于起步阶段的20世纪90年代,中心网站的建立对推动北京市政务信息化起到了巨大的作用。图 1-1 为首都之窗的第一版主页界面。

图 1-1 首都之窗中心网站第一版主页界面

其中，作为首都之窗 Logo 的印章图案设计成富含中国传统民间特色的全对称窗格形式，背后有淡淡的光影，体现了政府行政工作的透明、对外开放；主标志下方的英文"Beijing-China"表示开放的中国北京面向全球，走向世界。首都之窗是北京市国家机关网站统一在因特网上使用的网站标志，以中国传统的红色印章为主标志，印章图案既体现了中国传统文化的特征，也体现了国家行政机关的权威和信誉。

2. 网站群的建设

1998 年 10 月 25 日，北京市政府办公厅发布《北京市人民政府办公厅关于在因特网上统一建立政府网站的通知》，明确首都之窗根据国际通行的总体统筹分工负责制，采取由北京市政府主办，北京市信息化工作领导小组为领导机构，北京市信息化工作办公室承办，首都信息发展股份有限公司提供全面技术支持和日常维护的运作方式，并要求全市各级机关建立分站点并链接到首都之窗中心网站。至此,首都之窗网站群的建设开始大规模地开展起来。[49]

首都之窗采取“统一规划、分步实施”的建设方案,首先安排市政府及各委、办、局,各区、县政府上网,然后安排市委、市人大、市政协等单位上网。各单位的上网工作,按条件分期安排。信息内容在准确性、权威性、适用性、及时性的基础上逐渐丰富。

3. 完善内容、扩大影响

建成初期的首都之窗主要提供信息服务,内容比较单薄,影响力也比较小。当时的服务内容包括:首都要闻、对外交往、经济实力、两会焦点、北京风光、京城历史等展示北京的信息,以及京城物价、空气质量报告等生活服务信息。

为了丰富和完善网站内容,首都之窗在建立之初,利用 1999 年的建国五十周年和 2000 年北京市两会召开两次大型活动的机会,及时针对这两个事件制作专题网站,组织热点问题访谈,征集市民意见。通过开展这些活动,丰富了网站内容,大大提高了首都之窗网站的知名度。

“国庆五十周年”网站(www.prc50.gov.cn)是由国庆五十周年筹委会宣传报道组主办,人民日报社、新华通讯社、中央电视台和北京市信息化工作办公室联合承办,首都信息发展股份有限公司提供全面的技术支持而建立的国庆专题网站。其中图 1-2 展示了国庆主题的内容界面。

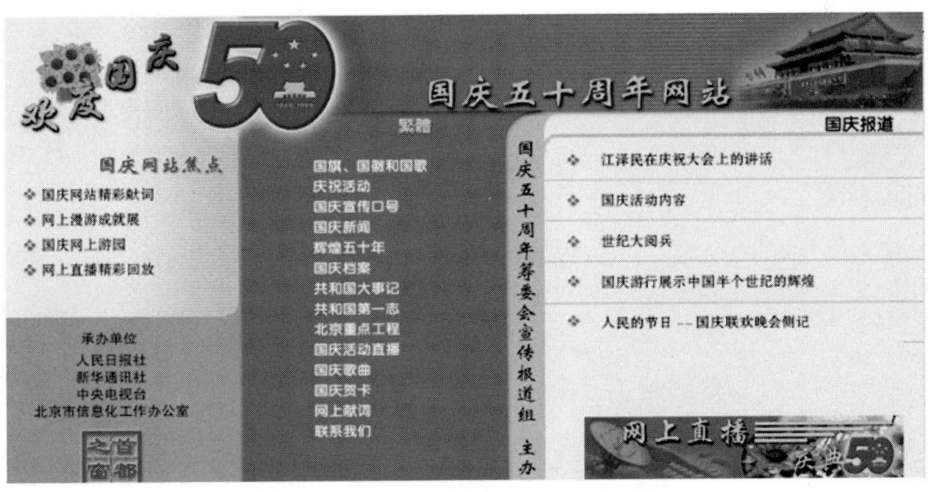

图 1-2　首都之窗“国庆五十周年”网站页面

“国庆五十周年”网站于1999年9月1日正式对外发布，内容涉及历史资料图片、国庆筹备报道等，利用网络多媒体的技术，通过音频、视频、360度环景等技术，多渠道、多角度、多方面地宣传国庆庆典活动。网站设置了“网上直播”栏目，创新了政府网站政府信息公开的形式，是国内政府网站首次尝试在网上直播天安门广场上的国庆阅兵、群众游行活动和天安门广场的焰火晚会。1999年9月1日到1999年10月7日，网站累计点击率已经超过1655万人次，主页访问人次超过了38万人次，收到国庆献词8000多条，网民发出贺卡2.4万张。10月1日当天，“国庆五十周年”网站的访问量达到了空前高峰，当日点击率达195万人次，主页访问人次达7.5万人次。

2000年2月，首都之窗与北京市人大合作推出两会专题网站。两会专题网站首次开设互动性栏目“网民之声”和“代表在线”，通过网络处理两会期间市民发给代表和委员的信件，并邀请了人大代表通过网络与市民进行现场交流。

“网民之声”栏目是第一次在政府网站开设BBS栏目，为首都市民提供的参政议政的网络渠道。两会结束时，首都之窗两会专题网站累计点击率达187万人次，其中给“网民来信”栏目收到各类意见和建议384封，向大会提交272封，大会回复32封。在此后的两年的发展中，“网民来信”成为首都之窗的名牌栏目，受到市民的关注。[50]

图1-3　2000年北京市两会专题网站页面

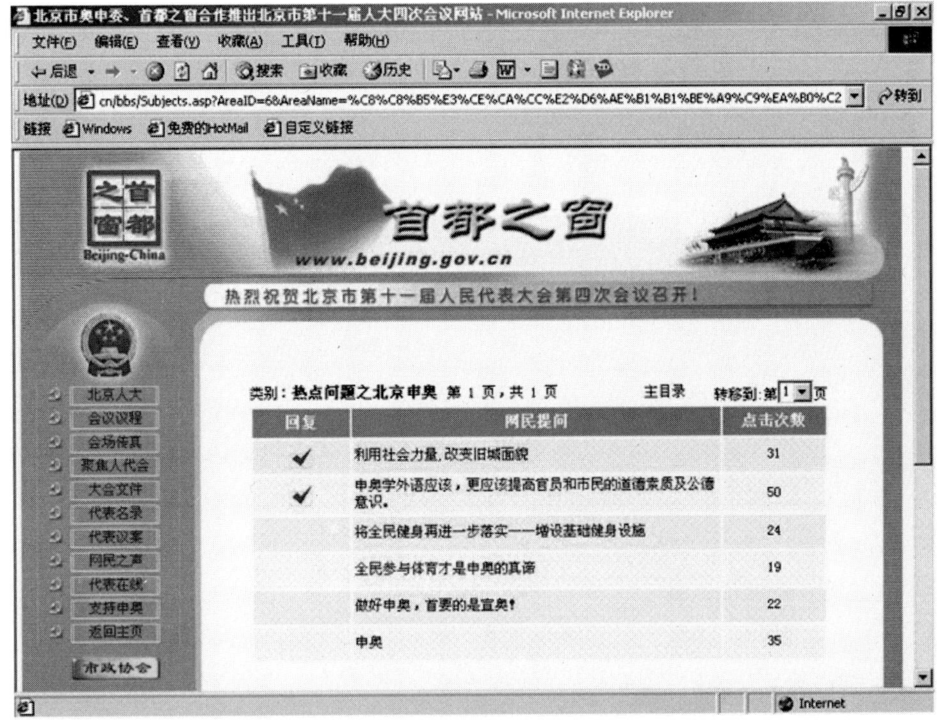

图 1－4　两会专题征求网民意见专栏

“网民之声”栏目不仅创新了政治民主的形式，更是对首都之窗的内容建设的全新尝试，对政府网站公众参与工作的有益尝试。

除此之外，首都之窗还开办了“中国北京高新技术产业国际周”“庆贺澳门回归”等多个专题页面，不仅丰富了当时的首都之窗网站内容，而且为以后网站内容建设、信息公开专题建设提供了启示。

4. 明确定位、完善结构、增强功能

1998 年至 2002 年，在不断地实践过程中，首都之窗中心网站的任务和定位日益明确，信息服务更加具有针对性和目的性。

第一版首都之窗建立于 1998 年 7 月 1 日，设“市长信箱”“市府领导”“再就业工程”“经济实力”“重大工程”“对外交往”“开发区巡礼”“京城物价”“空气质量日报”以及北京市各国家机关网站导航等 12 个栏目。

第二版首都之窗于 1999 年 4 月 1 日上线，该版保留了上一版的精品栏目，并进行了扩充与丰富，增加了“北京旅游”“市民活动”“工业投资”“友好城市”“中关村建设”“京城话题”等栏目，内容涉及北京市政治、经济、文化、生活等方面。该版的“首都之窗”还实现了每日定时更新新闻、图片以及天气预报等实时信息，并开始尝试互动性栏目，如“网上直播”“在线聊天”“网上贺卡”等。

第三版首都之窗中心网站于 2000 年 7 月 25 日上线。该版版式上追求“典雅、大气、端庄”的设计理念，突出政府网站的特色；对原有资源内容进行整合，大幅度增加了政府为民服务的内容。该版运行期间，中心网站开创性地举办了许多网上活动。如 2001 年 7 月，与北京市机构编制委员会办公室合作推出“对北京市 850 项行政审批事项再精简”的网上评审活动，吸引了许多市民的参与。

第四版首都之窗中心网站于 2001 年 12 月 18 日上线。该版进一步突出政务功能和为民服务功能，体现政府网站的“网络服务”意识，突出利用政府网站进行办公办事、咨询服务等的特点和优势；突出首都之窗网站群的整体性概念，体现中心站点集纳北京市各政府机关网上办公项目的整合性，展现北京在网上办公方面所做的尝试和努力。该版增加了“网上办公”频道，发布北京市各委办局各项办事程序、开展网站办公的进展及情况，提供面向市民的网上办公项目的链接；网站通过改造“北京市法规规章及文件库”，集中地、全面地发布北京市 1949 年以来所有的地方性法规和政府规章；网站在功能服务方面增加了 3 项新功能，即“数字地图”、新“市长信箱”和“网络翻译器”。

5. 完善机制、推进发展

为了推进网站建设的发展，北京市通过网站评估的方式，形成激励机制，促进网站建设机构投入更多人力物力加快发展；通过人员培训方式，形成人才培养机制，推进网站的建设。

2001 年和 2002 年，北京市信息办和纠风办联合开展对北京市国家机关网站的检查评议工作。两年的网站评议在全市 54 个委办局、18 区县范围内开展，出具年度评议报告，评议工作客观上促进了网站的建设和改进，对于建设初期的北京市国家机关网站建设起到了良好的推动作用。

在此期间首都之窗举办了多期的专题培训，为分站培训专业技术人员，带动了政府部门信息化人才的成长，为各单位顺利建设网站提供了人才保障。

综上，建成期间的首都之窗网站群的发展经历了不断摸索和曲折前进的过程，中心网站也由一个简单的、纯手工制作的网站发展到拥有丰富信息、具有一定技术含量、逐步成熟的网站。

1.2.1.2　第二阶段(2003—2005年)：快速发展阶段

2003—2005年，首都之窗网站依据政府网站的信息公开、在线办理和公众参与三大定位，开展创新和探索。2003年年底，北京市发布了全国有关政府网站建设的第一个地方标准：《北京市政府网站建设与管理规范》(DB11/T221—2004)，对政府网站的设计、内容、技术和网站管理做出规范性的要求。

信息公开方面，北京市开发了政务公开目录网络填报系统，2005年10月开始集中公布《北京市政务公开目录》，公开目录将公开的内容划分为职能、许可、服务、决策、法规文件、工作动态六大类，明确了公开的形式、时限、范围、程序和责任部门，针对许可、服务事项还详细公开了事项办理依据、条件、程序、收费情况、办理结果状态、办理地点、办公时间、网上办理情况等16项内容。公开目录的发布，以及对重大事件的透明公开的发布要求，促进了政府信息公开的加速发展，促使首都之窗网站成为北京市政府信息公开的主渠道。

在线办事方面，2003年年底改版的首都之窗网站，推出了面向用户的“服务导航”模块，设立单一入口。网站将服务用户划分为市民、企业、投资者、公务员和旅游者五大类型，力图根据用户的需求提供针对性的服务，突出网站的服务性和易用性，促进政府服务意识的不断加强。

公众参与方面，2004年8月，首都之窗在全国政府网站中率先推出以“民意征集”为主体的网上互动平台，先后建成法规草案意见征集、热点议题征集调查、市长信箱、在线访谈和热点政务留言板等栏目。2005年5月12日，首都之窗利用拥有的区县、委办局等在内158家分站的独特网络资源优势，重点推出首都之窗“政风行风热线”，热线由直播间(新闻发言人在网上与网民交流)、留言板(受理网民的业务咨询、投诉和政风行风投诉、举报信件)、反馈栏(“件件有着落，事事有回音”)构成，取得了很好的社会反响。一系列举措促进了首都之窗由信息发布型网站向互动交互型网站转型。

1.2.1.3　第三阶段(2006年——)：逐渐成熟阶段

2006年北京市政府颁布《关于进一步加强首都之窗网站建设和管理的意见》(京办字〔2006〕10号)，此后，首都之窗网站建设紧紧围绕政府网站三大定位深入发展，从注重网站内容建设转向注重公众服务需求，质量逐步提高。网站积极适应新形势的发展，开展新技术应用，推出首都之窗移动门户。

在信息公开方面，首都之窗多次委托第三方机构开展北京市政务信息公开状况的评估，考察公众对北京市政务公开的满意度，调查公众的政务公开需求，形成了《北京市政务公开现状调查报告》与《北京市政务公开公众需求目录》，同时开展对政务信息公开深化和标准规范的研究，制定了北京市政府网站政务公开目录体系，规范了公开类别、事项名称、事项说明、公开时间、信息规范、公开程度等。《中华人民共和国政府信息公开条例》正式颁布和实施之后，首都之窗于 2007 年 11 月扩展建设和运行“北京市政府信息公开工作管理系统”，集中展现全市政府信息公开工作，力求实现全市的公开信息统一查询、公开申请统一受理、统一渠道接受群众监督。

在在线办理方面，首都之窗逐步推出面向个人和企业的便民服务事项，推动行政许可项目在线业务协同处理，促进行政审批制度的改革完善，满足企业和公众对行政许可项目办理指南、表格下载和在线咨询、查询等需求。首都之窗以门户网站“一站式服务”为目标，力图实现网上办事“一口受理”，强化服务的数量、内容、规范程度以及服务深度，努力提高综合信息服务能力。市工商局的“企业登记”、市建委的“房屋销售系统”、市交管局的“交通违章查分”、市地税局的“个人所得税申报”等网上服务项目都受到公众的广泛的欢迎。

在政民互动方面，“政风行风热线”继续成为首都之窗采集民众意见、倾听群众呼声、受理群众投诉的畅通的渠道，同时区县子站和北京市政府机构子站都设立了领导信箱、意见征集、群众投诉等政民互动栏目，规定了在一定的期限内政府必须回复民众的问题，并努力解决民众的问题。

1.2.2 首都之窗网站群发展现状分析

1.2.2.1 网站群构成

今天的首都之窗网站群是指北京市有首都之窗 Logo 标识的网站，主要由首都之窗门户网站、16 个区县子站、45 个政府部门(委办局)行政机构子站构成，此外还有市政府管理机构、部分群众团体子站、承担社会公共服务职能的事业单位等子网站。

首都之窗网站群目前主要的构成成员名称及网址如表 1－3 所示。

表1-3　首都之窗网站群网站名单和网址

序号	网　站　名　称	域　　　名
	首都之窗门户网站	www.beijing.gov.cn
1	北京市发展改革委网站	www.bjpc.gov.cn
2	北京市教委网站	www.bjedu.gov.cn
3	北京市科委网站	www.bjkw.gov.cn
4	北京市经济信息化委网站	www.bjeit.gov.cn
5	北京市民委网站	www.bjethnic.gov.cn
6	北京市公安局网站	www.bjgaj.gov.cn
7	北京市监察局网站	www.bjsupervision.gov.cn
8	北京市民政局网站	www.bjmzj.gov.cn
9	北京市司法局网站	www.bjsf.gov.cn
10	北京市财政局网站	www.bjcz.gov.cn
11	北京市人力社保局网站	www.bjld.gov.cn
12	北京市国土局网站	www.bjgtj.gov.cn
13	北京市环保局网站	www.bjepb.gov.cn
14	北京市规划委网站	www.bjghw.gov.cn
15	北京市住房城乡建设委网站	www.bjjs.gov.cn
16	北京市市政市容委网站	www.bjmac.gov.cn
17	北京市交通委网站	www.bjjtw.gov.cn
18	北京市农委网站	www.bjnw.gov.cn
19	北京市水务局网站	www.bjwater.gov.cn
20	北京市商务委网站	www.bjcoc.gov.cn
21	北京市旅游委网站	www.bjta.gov.cn

（续表）

序号	网 站 名 称	域 名
	首都之窗门户网站	www.beijing.gov.cn
22	北京市文化局网站	www.bjwh.gov.cn
23	北京市卫生局网站	www.bjhb.gov.cn
24	北京市人口计生委网站	www.bjfc.gov.cn
25	北京市审计局网站	www.bjab.gov.cn
26	北京市政府外办网站	www.bjfao.gov.cn
27	北京市社会办网站	www.bjshjs.gov.cn
28	北京市国资委网站	www.bjgzw.gov.cn
29	北京市地税局网站	www.tax861.gov.cn
30	北京市工商局网站	www.baic.gov.cn
31	北京市质监局网站	www.bjtsb.gov.cn
32	北京市安全监管局网站	www.bjsafety.gov.cn
33	北京市广电局网站	www.bjrt.gov.cn
34	北京市新闻出版局网站	www.bjppb.gov.cn
35	北京市文物局网站	www.bjww.gov.cn
36	北京市体育局网站	www.bjsports.gov.cn
37	北京市统计局网站	www.bjstats.gov.cn
38	北京市园林绿化局网站	www.bjyl.gov.cn
39	北京市金融局网站	www.bjjrj.gov.cn
40	北京市知识产权局网站	www.bjipo.gov.cn
41	北京市民防局网站	www.bjrf.gov.cn
42	北京市政府侨办网站	www.bjqb.gov.cn
43	北京市政府法制办网站	www.bjfzb.gov.cn

（续表）

序号	网　站　名　称	域　　　名
	首都之窗门户网站	www.beijing.gov.cn
44	北京市信访办网站	www.bjxfb.gov.cn
45	北京市政府研究室网站	www.bjyjs.gov.cn
46	东城区网站	www.bjdch.gov.cn
47	西城区网站	www.bjxch.gov.cn
48	朝阳区网站	www.bjchy.gov.cn
49	海淀区网站	www.bjhd.gov.cn
50	丰台区网站	www.bjft.gov.cn
51	石景山区网站	www.bjsjs.gov.cn
52	门头沟区网站	www.bjmtg.gov.cn
53	房山区网站	www.bjfsh.gov.cn
54	通州区网站	www.bjtzh.gov.cn
55	顺义区网站	www.bjshy.gov.cn
56	大兴区网站	www.bjdx.gov.cn
57	昌平区网站	www.bjchp.gov.cn
58	平谷区网站	www.bjpg.gov.cn
59	怀柔区网站	www.bjhr.gov.cn
60	密云县网站	www.bjmy.gov.cn
61	延庆县网站	www.bjyq.gov.cn
62	北京市人大网站	www.bjrd.gov.cn
63	北京市政协网站	www.bjzx.gov.cn
64	北京市人民检察院网站	www.bjjc.gov.cn
65	北京市高级人民法院网站	bjgy.chinacourt.org

（续表）

序号	网 站 名 称	域 名
	首都之窗门户网站	www.beijing.gov.cn
66	中关村管委会网站	www.zgc.gov.cn
67	经济技术开发区管委会网站	www.bda.gov.cn
68	天安门地区管委会网站	www.tiananmen.org.cn
69	西站地区管委会网站	www.bjxzgw.gov.cn
70	北京市监狱局网站	www.bjjgj.gov.cn
71	北京市劳教局网站	www.bjlj.gov.cn
72	北京市农业局网站	www.bjagri.gov.cn
73	北京市粮食局网站	www.bjlsj.gov.cn
74	北京市药监局网站	www.bjda.gov.cn
75	北京市中医局网站	www.bjtcm.gov.cn
76	北京市城管执法局网站	www.bjcg.gov.cn
77	北京市文化执法总队网站	www.bjwhzf.gov.cn
78	北京市重大项目办公室	www.bjzdb.gov.cn
79	北京市公安局公安交通管理局网站	www.bjjtgl.gov.cn
80	北京市公园管理中心网站	www.bjmacp.gov.cn
81	北京市投资促进局网站	www.investbeijing.gov.cn
82	住房公积金管理中心网站	www.bjgjj.gov.cn
83	首都文明办网站	www.bjwmb.gov.cn
84	北京市档案局网站	www.bjma.gov.cn
85	北京市总工会网站	www.bjzgh.gov.cn
86	北京市团委网站	www.bjyouth.gov.cn

（续表）

序号	网　站　名　称	域　　　名
	首都之窗门户网站	www.beijing.gov.cn
87	北京市妇联网站	www.bjwomen.org.cn
88	北京市残联网站	www.bdpf.org.cn
89	北京市科协网站	www.bast.net.cn
90	北京市侨联网站	www.bjql.org.cn
91	北京市社科联网站	www.bjskl.gov.cn

1.2.2.2　网站考察数据分析

经过十多年的发展，首都之窗网站群一直保持着国内政府网站建设领先水平，从以下数据中，我们可以看到首都之窗网站的建设成效。

根据2012年12月和2013年2月采集的首都之窗网站群数据显示：

2013年1月，我们利用Google或百度搜索引擎查询，查询结果取两个搜索引擎之中的最高值，结果显示：北京市45个委办局和16个区县政府子网站，被Google或百度收录的网页数总量共计3 332 114个，Google或者百度收录的数据表示平均每个网站拥有超过54 624.8个网页。

2012年，北京市16个区县、61个市政府部门主动公开信息总数达172 026个，环比增长33.7%，其中机构职能类信息3704条，占总数2.15%；法规文件类信息10 908条，占总数6.34%；规划计划类信息2047条，占总数1.19%；行政职责类信息829条，占0.48%；业务动态类信息154 538条，占总数89.83%。

北京市政府信息公开系统于2008年建成运行，通过对该政府信息公开系统的查询结果显示，至2013年2月7日，公开系统集成了包括市政府办公厅在内的72市政府机构、区县政府和公共服务部门的信息，所公开的政府信息总数达780 488条。

2012年，北京市政府机构网站提供的信息和服务中，委办局网站最大的页面浏览量超过246 923 647人次，排名第二的页面浏览量超过141 846 070人次；区县网站最大的页面浏览量超过4 602 040人次。

2012 年,首都之窗政府网站群提供的各种民生服务的内容丰富,包含教育、就业、社会保障、医疗卫生、住房服务、文化休闲、交通出行、婚育收养、生活安全等多种类型。

2012 年,首都之窗政府网站群共提供了多达 12 种形式的政民互动方式,包括"领导信箱""在线咨询""民意征集""在线投诉""网上调查""网上信访""在线举报""网上听证""民众评价""会议直播""在线访谈""政务论坛",此外还包括如"常见问题答疑""热线电话""特别服务"等其他辅助的内容。常用的互动方式都能够让用户查询和获得反馈和结果。

首都之窗政府网站群各级管理机构建立了多种网站运营管理的制度、管理规范和管理方法,内容包括:运维管理(日常监管、日志管理、项目管理、安全应急、考核督察、联席小组、会商制度、读网制度)、网站管理(网站信息规范、栏目建设管理、专题建设管理)、内容维护(采集、发布、存档、共享)、人员管理、用户信息管理、考核评估制度、公开制度、互动参与制度、服务制度(服务平台、服务标准、服务质量)等。

2012 年,在市纠风办和市经信委共同组织下,首都之窗政府网站群开展了第 12 次政府网站考评,91 家子站参与了考评。网站考评工作自 2001 年开始持续进行,在考评内容、考评方式、考评技术等各个方面有了长足的发展,考评工作有力地促进了北京市政府网站建设。

2005 年 5 月北京市纠风办和经信委合作开发的政风行风热线上线,至 2012 年 12 月 31 日,"热线"共计接收有效网民来信 217 765 封,办结信件 204 016 封,办结率达到 93.69%。在所有办结信件中,共计有 20 789 位网民参与了满意度调查,其中有 15 176 位网民对信件办结质量表示满意,满意率达到 73%。

至 2012 年年底,北京市的 16 个区县政府网站约 75%开设了外文版网站,北京市 45 个委办局政府约 40%开设了外文版网站。

1.2.2.3 网站群政府信息公开状况分析

2012 年 12 月中国软件评测中心公布的《中国政府网站绩效评估结果》中,北京市政府网站获得省级政府网站总排名第一,其信息公开指数也与四川省政府网一起获得最高分 0.85;评估结果对北京市政府网站在策划建设专题、部署年度重点信息公开工作,深度公开财政预决算和"三公经费"、保障公众知情权和监督权,围绕政务工作重点、积极策划政务专题三个方面给予了好评。[51]

政府网站是政府信息公开的主渠道,自 2008 年《中华人民共和国政府信息公开条例》实施以来,北京市积极主动开展该项工作,建立了北京市政府信息公开系统。在工作机制上,首都之窗与市政府办公厅政府信息公开办公室密切合作,制定公开办法、推行公开管理和公开考核,在短短四年多时间,为公众提供和累积了大量的政府信息。至 2013 年 2 月 7 日,北京市政府信息公开系统集成了包括市政府办公厅在内的 72 家政府机构和公共服务部门的政府信息,所公开的政府信息总数达 780 488 条;另外根据《政府信息公开年报》的 2008—2011 年的统计数据,截至 2011 年年底,北京市 45 个委办局和 16 个区县政府网站四年累计主动公开政府信息(有个别机构年报数据缺失)超过 768 732 条,其中,16 个区县政府累计主动公开政府信息超过 551 691 条,45 个委办局政府累计主动公开政府信息超过 217 041 条。此外,16 个区县和 45 个委办局政府收到的公开信息的申请共计超过 29 626 条,通过当面、电话、网络等方式接受的咨询超过 4 290 004 条。由于有了国家的保障,公民拥有了提起复议、诉讼和举报的权利,这应该看作是社会进步的表现,四年多的时间里 16 个区县和 45 个委办局政府收到的复议、诉讼和举报超过 1596 条。

以下是我们根据采集到的北京市 16 个区县和 45 个委办局在 2008—2011 年所发布的 244 份政府信息公开年报的数据进行的具体分析。[52]

表 1－4 为根据北京市政府信息公开年报数据统计的 2008—2011 年北京市 16 个区县和 45 个委办局政府信息公开的各项数据总量。

表 1－4　2008—2011 年政府信息公开数据

类　　型	主动公开	依申请公开	接受处理申请	咨　　询	复议、诉讼和举报
总计(单位:条)	768 732	29 626	29 195	4 290 004	1596

表 1－4 中主动公开的 768 732 条政府信息中,有 728 740 条信息在年报中注明了类型,其中机构职能类信息 78 082 条,占 10.7%;法律法规类信息 95 829 条,占 13.1%;规划计划类信息 20 468 条,占 2.8%;行政职责类信息 48 347 条,占 6.6%;业务动态类信息 486 014 条,占 66.7%,其分布图如图 1－5。

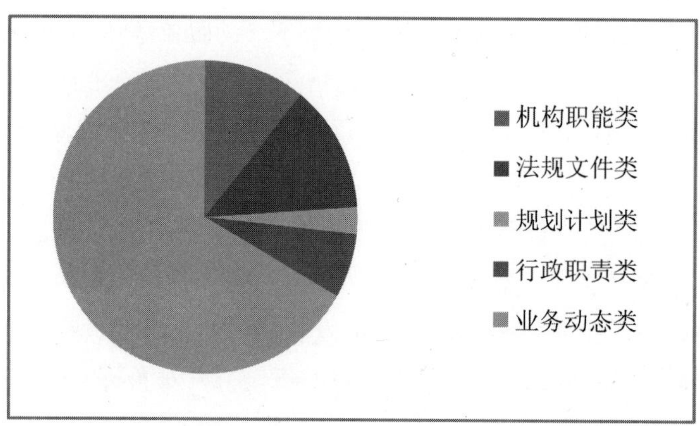

图 1-5　2008—2011 年网站主动公开信息类型图

表 1-4 中公民向政府提交公开政府信息的申请共 29 626 条,年报中有 29 215 条数据说明了申请提交的方式,分别为:当面申请 26 885 条,占 92.0%;互联网提交申请 605 条,占 2.1%;传真申请 262 条,占 0.9%:信函申请 1463 条,占 5.0%,见图 1-6。

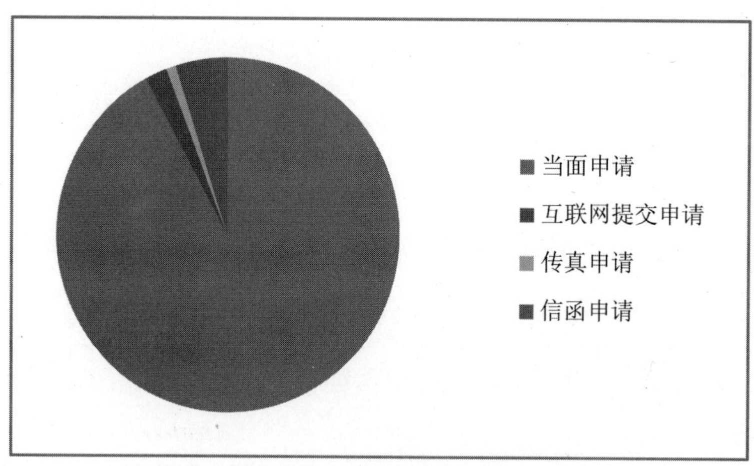

图 1-6　申请人提交公开政府信息申请的方式

北京市 16 个区县政府和 45 个委办局对于 29 195 条申请公开信息加以处理,年报中说明了其中的 29 123 条申请的处理情况,其中:15 650 条同意公开,占 53.7%;2144 条不予公开,占 7.4%;7126 条为信息不存在,占 24.5%;非本机关掌握，占 8.6%；1114 条为申请内容不明确，占 3.8%，非政府信息 453 条，占 1.6%，已移送档案馆的信息 71 条，占 0.24%，其他类型 72 条，占 0.25%，见图 1-7。

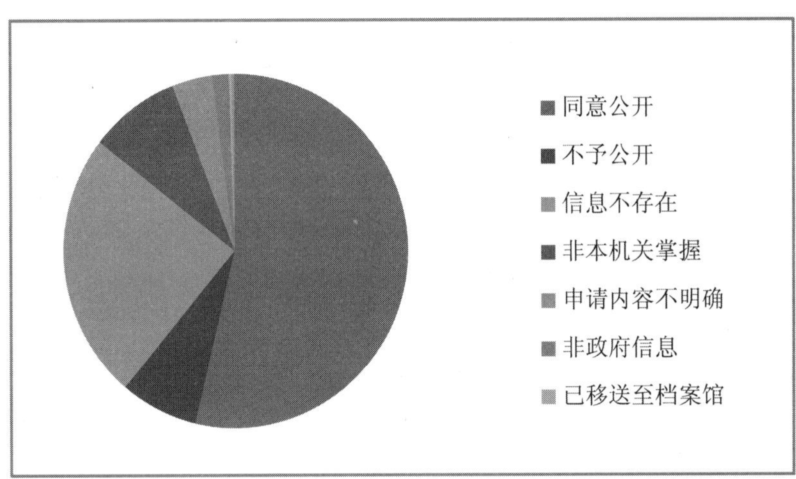

图 1-7　对公开申请的信息处理情况

表 1-4 中提出的 4 290 004 条咨询，年报中共提及 3 142 615 条咨询所采用的方式，其中现场咨询 114 104 条，占 3.6%；电话咨询 2 968 970 条，占 94.4%；网络咨询 59 541 条，占 1.9%，见图 1-8。

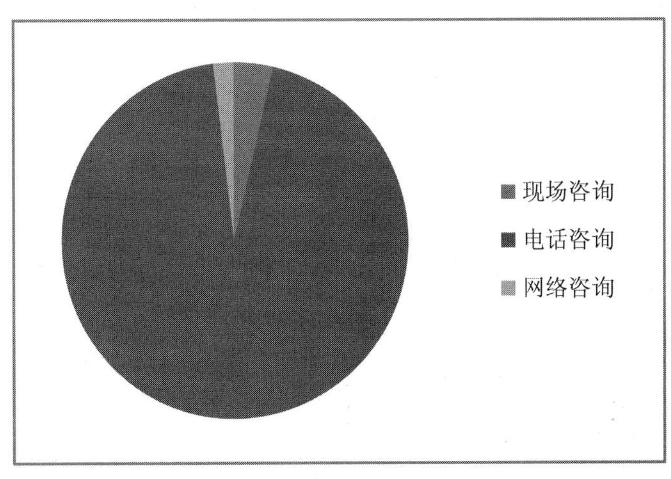

图 1-8　政府信息公开咨询所采用的咨询方式

上述数据说明，北京市政府主动公开了大量业务动态、法律法规等方面的政府信息，公民提交的公开申请中，98.5%得到受理，其中超过半数的申请得到批准，公民主要通过当面申请的方式提交申请，而对于政府信息公开的咨询主要采用电话的方式。

2011 年我国也有学者曾考察过我国政府信息公开制度运行状态。他们考察的结果表明：政府信息主动公开无论是在公开数量还是在公开内容方面都已经成为信息公开制度中的首要机制；依申请公开的真实性和有效性应予承认；绝大部分公开申请都得到了行政机关的同意；“事实操作性理由”而非“法定不予公开理由”是行政机关作出拒绝公开申请决定的主要原因；行政复议是信息公开领域的主要法律救济机制，行政诉讼的数量与活跃程度正逐年提高。[53] 本研究数据也支持该项研究结论。

从北京市政府信息公开的具体数据中，我们看到，政府为信息公开投入了大量的人力物力，公开的总体成效是明显的，短短的四年间，据不完全统计，北京市就累积了近 80 万条主动公开的政府信息，接受了超过四百万的政府信息公开咨询，受理公众的公开申请、按规定时限回复申请的要求，并且接受公众的复议、投诉等，政府信息公开的发展速度也可以说是令人瞩目。

1.2.2.4　网站群在线服务状况分析

1. 政府服务和民生服务

在中国，政府的“在线服务”的内容主要包括政府性质的服务和社会性质的便民服务两大类。政府性质的服务是指关乎政府职能办事的服务，社会性质的服务是指关乎百姓衣食住行的生活服务，常被称为“民生服务”。

首都之窗政府网站群中有办事职能的政府机构普遍提供在线办事服务，具体的服务内容和服务特征有：

• 提供网上办理部分和全部的业务事项，包括表格下载、样表提供、在线提交、在线办理、办理状态查询等内容；

• 服务延伸到基层，方便服务提供。政府通过市—区—街—社区四级联动方式，将服务延伸到社区，方便百姓的办理；

• 通过网站提供覆盖全面的民生服务、民生查询；

• 通过反映领导办实事的折子工程进展，努力提供包容性、贴近民众需要的服务。

以下我们以首都之窗的“办事服务”频道作为政府服务的实例、以首都之窗的“公共服务平台”作为民生服务的实例来加以分析。

首都之窗的“办事服务”频道提供了网上预约、网上申报、社区服务、通办服务等服务内容，用户可以在这里网上预约办理网上车检、车务手续、看病挂号、结婚登记、出入证件办理、房屋登记等政府服务；用户还可以处理包括小客车指标申请、买房签约、医师执业注册、律师执业注册、护士执业注册、工作居住证办理等九大类型的多项业务的网上申报。全新的通办服务模式是指服务项目可以让办事人不受户籍、注册机构所在地的主管行政部门的管辖区域限制，就近到任一区域业务主管部门办理的服务，目前针对个人用户的通办服务可以提供一些服务项目的跨区和跨街道的通办服务，跨区的通办服务目前提供了5项，跨街道的通办服务目前提供了12项。图1－9为“办事服务”频道的页面截图。

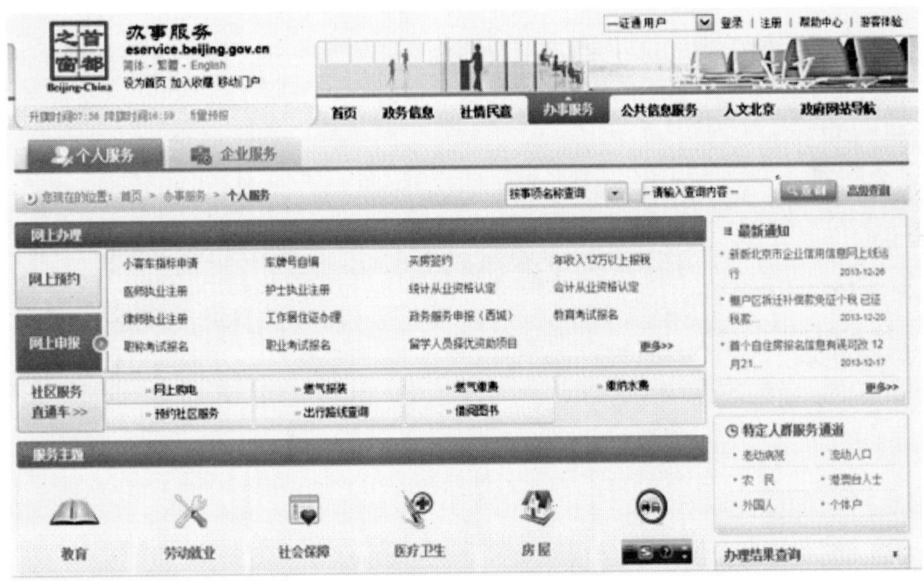

图1－9　首都之窗“办事服务”频道页面截图

首都之窗门户网站建立和试运行的“公共服务中心”以北京市公共服务的查询与定位为建设宗旨。中心集成提供了面向公众的服务1934项，提供针对儿童、残疾人、妇女、老人、农民、退役军人、港澳台及外籍人士、公务员等特殊人群的服务专栏，并提供小客车指标调控管理系统、车辆违法查询、商品房项目查询、结婚登记预约、医疗机构信息查询、不合格食品信息查询、专利代理查询、养老服务查询、房地产经纪人查询、导吃导购信息、个人所得税纳税申报、驾驶员违章积分查询等常用服务的快速链接；中心集成了面向企业的服务 1894 项，提供针对大型企业、中小型企业、个人工商户、三资企业和社会团体的专栏服务，并提供企业信用查询、个体户验照状态查询、投资融资平台、工业人才平台、招标公告、网上登记注册服务、医疗保险、产品质量国家免检申报、纳税指南查询、职业介绍、发票管理、办理商业条码服务等常用服务的快速链接；中心还开展包括 wap 服务、短信订阅点播、手机报、客户端超市的政府移动服务。图 1－10 为“公共服务中心”的页面截图。

图 1－10　首都之窗“公共服务中心”页面截图

2. 政府服务的进展与成就

政府在线服务是 2012 年北京市政府网站建设的重点，各个政府机构子站都十分重视，开展了多种有特色的网上民生服务项目。

以平谷区政府为例，2012 年网站改版后，平谷区政府的网上办事大厅以

“一表制审批”和“一站式服务”优化审批流程，帮助平谷区政府实现以“一个窗口对外”服务为主要特征的行政服务审批系统，实现信息发布、表格下载、办事企业和个人网上申报、预约、受理、审批、监察、公示和结果查询等一站式办事管理功能。审批系统注重网上联合审批流程的再造，以条线整合和资源共享为基础、以网上行政服务中心平台为载体，再造多部门联合审批事项的业务流程，增强行政审批的协调性，促进网上审批标准化，提升政府反应速度、提高政府办公效率。

以西城区政府子站为例，西城区政府建立了“全区通办”服务，提供办事人不受户籍社区和户籍街道的地域限制，就近去任何一个开通“全区通办”试点街道公共服务大厅或社区服务站，办理可通办的事项，方便办事人就近办事，目前，此项服务已在德胜、新街口、什刹海、金融街、白纸坊、广内、椿树街道及下属社区开通试运行，网上办理也将稍后开通。

2012 年北京市在线服务建设方面的进展和成就可以从以下方面说明：

• 市、区县、街道、社区四级体系的建设

北京市政府网站以“一网全覆盖、一个用户信息库、一套网上服务风格”为建设目标，建立了网上服务大厅，以西城区统一规范的区、街、社区三级政务服务事项为基础，结合市级政府服务事项，在网上服务大厅整合了涉及市、区县、街道、社区四个层次的政务服务事项，实现了四级服务全覆盖，并对四级业务的单办、联动、协办、通办等的业务协同的模式和实现方式进行探索，四级服务涵盖了 2329 项市级事项、687 项区县事项、95 项街道社区事项。大部分事项提供了办事指南和表格下载服务，千余项事项提供了网上申请、状态查询、结果公示等深度服务。

• 网上政务服务的规范化和模块化建设

2012 年，首都之窗起草了《北京市政务网站网上政务服务管理办法》，对网上申请、网上查询和网上咨询服务的步骤加以规范，并开展服务业务模块化建设，2012 年全年，各单位业务的网上办理量超过 2200 万件。目前，网上政务服务大厅提供用户在线提交办事申请和办事材料的网上申报项目超过 1100 项，提供针对办理人员较少的服务事项的网上预约办理时间和办理地点的服务超过 150 项，提供帮助用户填写规范、准确材料便于现场快捷办理的材料预审申请事项超过30项。

• 移动服务门户的重点服务项目推进

2011年6月,北京市建立开通了面向市民的个性化、主动式政务服务及公共服务的一站式移动门户“市民主页”,由市政府主导,中国移动北京公司承建并运营,首都之窗运行管理中心负责“市民主页”日常管理并协调推进市级、区县政府部门和各类公共企事业单位政务和公共服务的接入和管理。“市民主页”首批提供59项服务,截至2012年年底服务接入达到203项,用户规模达到851万人;预计2013年年底提供达到300项公共服务,覆盖用户达到1000万人左右。

“市民主页”按照预期用户数量、使用频率、实用价值、信息权威性等指标,特别确定了亮点服务予以重点推进。截至目前,已接入车辆违章查询、驾驶员积分查询、公积金查询、公积金年度电子对账单查询、个人小客车中签编码查询、公交到站查询(GIS)、PM2.5查询等多项亮点服务。其中,违章查询、驾照积分查询、公积金查询等服务受到了广大市民的欢迎,访问量长期占据热门服务前三名。其中违章查询服务每周网页浏览量接近40万次,2012年7至8月开始大规模向市民推广的公积金年度电子对账单查询服务,共有效免费推送公积金对账单275.15万条网信,有效点击、查询量为220万人次,占发送量的80%,同时带动了对其他服务的点击量为111.69万人次,成为最受用户欢迎的服务之一。

3. 民生服务的调查分析

提供民生服务是中国政府网站的特色,民生服务的主要服务内容为教育服务、就业服务、社会保障、医疗卫生、住房服务、文化休闲(含餐饮、旅游、娱乐)、交通出行、婚育收养、生活安全9个大类。

2012年2月,我们通过网站访问的方式对首都之窗网站群的91个分网站进行了上述十类民生服务情况的调研。调查数据显示,91家分站点提供的民生服务类型最多的民生服务内容是教育服务和交通出行(各35个网站提供了该项服务),占整个网站群的38.5%;其次是文化休闲(33个网站),占据36.3%;紧接着是生活安全和医疗卫生(各26个),占据28.6%;社会保障(22个)、就业服务(20个)、住房服务(15个)、婚育收养服务(1个)。详情见表1-5。

表 1－5　民生服务栏目总体状况

栏　　目	开通网站数	占比(%)
教育服务	35	38.5%
就业服务	20	24.1%
社会保障	22	24.2%
医疗卫生	26	28.6%
住房服务	15	16.5%
文化休闲	33	36.3%
交通出行	35	38.5%
婚育收养	1	1.1%
生活安全	26	28.6%

调查还发现，首都之窗网站群各个子站点对民生服务的提供方式并非一致，有些网站有专门的民生服务查询板块或民生服务在线查询板块；有些是将民生服务内容包含在其他服务栏目如在线服务、便民服务等之中；有些没有集中的民生服务内容查询，但是提供搜索框供查找；有些网站也没有提供民生服务的内容。但是调查也发现具有专门民生服务查询的子站点所占的比例最大。委办局子站点提供的民生服务多数与其从事的政府职能相关，提供的是专门性的民生服务类型如民政局提供婚育收养信息，而区县子站点对民生服务更加关注，提供的民生服务内容更加综合、更加齐全，16 个区县政府几乎都提供了社会保障、医疗卫生和交通出行等民生服务的内容，而且服务类型也很丰富。

4. 政民互动状况分析

首都之窗网站群大多数子站点都提供了政民互动的专栏或频道，根据 2012 年北京市 16 个区县、45 个委办局和 30 家立法、司法机构、社会团体和二级委办局的共 91 家网站考察，发现网站群所提供的政民互动形式主要 12 种，即“领导信箱”“在线咨询”“民意征集”“在线投诉”“网上调查”“网上信访”“在线举报”“网上听证”“民众评价”“会议直播”“在线访谈”“政务论坛”。12 种形式的互动基本可以划分为咨询投诉、民意征集和实时交流三种类型。此外，有些网站还提供了

"常见问题答疑""热线电话""特别服务"等其他辅助的内容。

表 1-6 为 91 家网站提供的政民互动形式统计结果。

表 1-6 91 家网站提供的政民互动形式统计结果

	未开通该项互动形式的政府机构		开通该项互动形式的机构	
	频数	百分比	频数	百分比
领导信箱	26	28.6%	65	71.4%
在线咨询	22	24.2%	69	75.8%
民意征集	40	44.0%	51	56.0%
在线投诉	41	45.1%	50	54.9%
网上调查	30	33.0%	61	67.0%
网上信访	74	81.3%	17	18.7%
在线举报	58	63.7%	33	36.3%
网上听证	90	98.9%	1	1.1%
民众评价	82	90.1%	9	9.9%
会议直播	83	91.2%	8	8.8%
在线访谈	61	67.0%	30	33.0%
政务论坛	86	94.5%	5	5.5%

从上述数据看,"在线咨询"服务为提供得最多的互动形式,75.8%的政府机构提供该项互动形式,其次为"领导信箱"和"网上调查",分别达到了 71.4%和 67%,"民意征集""在线投诉"这两种互动方式使用也比较多,分别为 56.0%和 54.9%,都超过了 50%。上述五种互动方式是目前首都之窗政府网站群所使用的主要互动交流形式。

91 家政府网站考察的数据还表明,超过 50%的网站提供了多达 5 种以上的互动形式,互动形式最多的网站提供了 9 种互动形式,而有个别网站没有提供政民互动的服务。45 家委办局网站提供的互动交流方式平均为 5 种左右;16 个区县网站提供的互动交流方式平均 6 个左右,而其他机构网站的互动交流方式平均 3 种左右。

从民众意见建议的反馈方面看，对于 5 种主要互动交流形式，大多数网站都提供反馈，反馈的形式主要有网站公开回复、网络回复在线查询、电话、短信、E-mail 等方式，其中，采用编号查询、邮件回复和电话答复的方式最多。

总体而言，首都之窗政府网站群中，绝大多数网站重视政民互动栏目的建设，提供了多种的政民互动形式，对于主要的互动方式都提供反馈结果给用户，起到了良好的政民沟通的效果。

有些政府机构提供了部分深度的政民互动服务，丰富了政民互动的形式。如平谷区政府于 2012 年 4 月制定了《邀请区人大代表、政协委员、群众代表列席区政府常务会议的实施办法(试行)》，通过政府门户网站网上报名方式邀请区人大代表、政协委员、群众代表列席区政府常务会议。截至 2012 年 9 月底，“我要列席区政府常务会议”网上报名系统共有政协委员 200 人报名、人大代表 211 人报名、群众代表 87 人报名。区政府召开的 2012 年第五次常务会有包括 5 名普通群众在内的 15 名代表列席旁听。自 2012 年年初开始探索推行政府常务会向公众开放工作，通过政府门户网站网上报名，普通群众列席政府常务会也将由此成为平谷区政府的一项常态工作。区政府常务会议由区长主持，主要讨论地区经济发展的重大问题以及政府的重大决策，此前，参加会议的人员为委办局负责人和乡镇一把手，邀请人大代表、政协委员和普通群众参与会议，体现了政府开展深度政府信息公开即行政决策公开的思路，对于创新政府工作方式、提升政府工作透明度、加强政府与公众沟通、拉近政府与群众的距离、鼓励更多群众参政议政有积极的作用。

1.2.3　北京市政府网站发展现状总结

总体看来，北京市首都之窗政府网站群已经成为北京市政府的一个 24 小时不间断为公民提供电子化公共服务的政府存在，是一个公共服务的大平台。政府在平台上完成其职能职责范围的工作，用户获取政府提供的服务，并能够与政府建立联系。网站不仅成为了政府发布信息、提供服务的主渠道，也成为政民沟通的快捷通道。

经过十多年的发展，首都之窗政府网站建设成效主要体现为：

(1) 网站管理水平显著提升，制度机制逐步完善，用户中心的建设理念逐步深入。

(2) 网站成为公众获取政府信息的主渠道。由于公开系统的存在,信息公开的累积性、完备性和规范性突出;公开的政府信息量增长迅速,公开的政府信息类型丰富,重点公开的信息内容基本能够保障。

(3) 网站服务与实体服务相呼应,网站成为政府延伸服务最为便捷的窗口和桥梁。电子化公共服务从技术导向到内容导向再到服务导向,首都之窗政府网站群正在跨入服务导向的成熟阶段,服务的深度和广度、服务力度正在不断延展,跨部门的、一站式的、无缝集成的、统一的服务融合和集成服务渐渐增多,市、区、街道、社区四级服务逐步将服务延伸到公民家中;通过手机 App、数字地图、微博等形式,智能化服务正在介入。

(4) 网站成为倾听公众声音、沟通政民意见的平台,为公众参与决策提供可能,公众参与形式多样,公众参与的保障制度完备。

尽管十余年间,首都之窗政府网站群经历了从无到有,在多次的中国政府网站评估中名列前茅,但目前发展中仍然存在迫切需要解决的问题,主要表现在:

(1) 从信息的发布和利用看,信息的发布指数高、服务指数低;信息和服务的提供指数高、获取指数低;信息的发布、服务提供指数高,决策支持指数低。

(2) 管理上,网站的顶层设计和发展的全面规划需要加强,需要建立配套性和约束性的标准规范,解决重复建设和共享协调的问题。

(3) 各个子网站发展不均衡,发展水平参差不齐,网站的国际化程度不高,具有外文版网站的比例不够高,且拥有外文版网站的外文服务水平较低。

(4) 信息和服务提供方面,信息和服务资源的梳理精细化程度不够,难以针对用户的需求提供个性化的服务。

(5) 网站的设计和表现方面,整体的逻辑性、简洁性和用户导向不够,网站缺乏信息构建科学方法指导,内容较庞杂,展现模式不尽合理。

中国政府网站总体而言,公众的满意度不够高,主要是对以用户为中心的建设理念和设计方案的认识不够深入、研究尚不够透彻。首都之窗政府网站群在开展公共服务方面有很大的投入、做了很多工作,但是与公众的满意度不成正比。原因之一是缺乏对公众需求的深入分析和了解,缺乏直接面向公众的调研,缺乏按照客户关系管理导向的需求研究,导致用户不知道网站有怎样的服务,或者网站提供的服务与用户的需要不够吻合。

因此，从对政府网站的研究和分析中我们看到，中国政府网站信息和服务的可用性问题是造成公众满意度低的重要原因之一，研究政府网站的可用性保障方式和可用性建设规范，对于形成科学的理论和方法，促进有用、可用和好用的政府网站建设，提升公众满意度，有着重大的理论意义和实践价值。

参考文献：

[1] Benchmarking E-government：A Global Perspective [EB/OL]. [2013-10-10]. http://unpan1.un.org/intradoc/groups/public/documents/un/unpan021547.pdf.

[2] Global E-government Survey 2003 [EB/OL]. [2013-10-10]. http://unpan3.un.org/egovkb/global_reports/03survey.htm.

[3] Global E-government Readiness Report 2004：Towards Access for Opportunity [EB/OL]. [2013-10-10]. http://unpan3.un.org/egovkb/global_reports/04report.htm.

[4] Global E-government Readiness Report 2005：From E-government to E-inclusion [EB/OL]. [2013-10-10]. http://unpan3.un.org/egovkb/global_reports/05report.htm.

[5] E-government Survey 2008：From E-government to Connected Governance [EB/OL]. [2013-10-10]. http://unpan3.un.org/egovkb/global_reports/08report.htm.

[6] E-government Survey 2010：Leveraging E-government at A Time of Financial and Economic Crisis [EB/OL]. [2013-10-10]. http://unpan3.un.org/egovkb/global_reports/10report.htm.

[7] E-government Survey 2012：E-government for the People [EB/OL]. [2013-10-10]. http://www.un.org/en/development/desa/publications/connecting-governments-to-citizens.html.

[8] Global E-government Survey 2003 [EB/OL]. [2013-10-10]. http://unpan3.un.org/egovkb/global_reports/03survey.htm.

[9] 殷利梅.政府网站评价指标体系研究及实证分析[D].西安：西安电子科技大学，2010.

[10] E-government Survey 2012：E-government for the People [EB/OL]. [2013-10-10]. http://www.un.org/en/development/desa/publications/connecting-governments-to-citizens.html.

[11] 陈正伦.美国政府网站的标题及其政治内涵[J].陇东学院学报，2012，23(1)：53-57.

[12] Building a 21st Century Platform to Better Serve the American People [EB/OL]. [2013-10-10]. http://www.whitehouse.gov/sites/default/files/omb/egov/digital-government/

digital-government.html.

[13] 刘光容.中外电子政务发展的比较研究[D].武汉:华中师范大学,2004.

[14] 傅炜.浅述我国政府网站发展和加拿大政府网站的特点.大陆桥视野(下半月)[J],2011(8):90.

[15] 贺彬.新加坡电子政务建设研究及其对中国的借鉴[D].上海:上海交通大学,2005.

[16] 袁健,薛源,唐月伟.我国政府网站在提供公共服务方面存在的问题与对策[J].电子政务,2009(5).

[17] 齐慧杰等.国外政府网站互动新媒体应用研究及建议[J].信息化建设,2010(9):46-49.

[18] 王喜文.韩国:世界第一电子政府[J].信息化建设,2011,06:58-59.

[19] 郭敏.英国政府网站管理规范研究[J].电子政务,2013,07:102-108.

[20] HUANG Z. A comprehensive analysis of US counties' E-government portals: development status and functionalities[J]. European Journal of Information Systems, 2007, 16(2): 149-164.

[21] PARAJULI J. A content analysis of selected government web sites: A case study of Nepal[J]. The Electronic Journal of E-government, 2007, 5(1): 87-94.

[22] OLALERE A, LAZAR J. Accessibility of US federal government home pages: Section 508 compliance and site accessibility statements [J]. Government Information Quarterly, 2011, 28(3): 303-309.

[23] HONG S, KATERATTANAKUL P, Joo S J. Evaluating government website accessibility: A comparative study[J]. International Journal of Information Technology & Decision Making, 2008, 7(03): 491-515.

[24] 郭敏.英国政府网站管理规范研究[J].电子政务, 2013, 07: 102-108.

[25] Digital Britain One: Shared Infrastructure and Services for Government Online [EB/OL]. [2013-10-10]. http://www.nao.org.uk/publications/1012/digital_britain_one.aspx.

[26] 胡佳,郑磊.电子政府发展的国际新趋向:连接性治理[J].电子政务, 2010, 08: 113-117.

[27] WRIGHT D, WADHWA K. Mainstreaming the e-excluded in Europe: strategies, good practices and some ethical issues[J]. Ethics and Information Technology, 2010, 12(2): 139-156.

［28］黄林莉.电子政务让每个欧洲人受益——欧盟电子政务发展重点［J］.电子政务，2009，11：16－20.

［29］KAPLAN D. E-inclusion：new challenges and policy recommendations［J］. Brussels：eEurope Advisory Group，2005.

［30］刘新萍，郑磊.国际电子政府新趋势：包容性的公共服务［J］.电子政务，2010，12：101－105.

［31］马潮江.促进包容性增长的国际经验及实现过程分析——《信息时代促进包容性增长的策略研究》之二［J］.中国信息界，2012，01：20－23.

［32］UK government website wins global design award ［EB/OL］. ［2013－10－10］. http://www. computerweekly. com/news/2240181864/UK-government-website-wins-global-design-award.

［33］Open Government initiative ［EB/OL］. ［2013－10－10］. http://www.data.gov.

［34］Open Data initiative ［EB/OL］. ［2013－10－10］. http://www.data.gov.uk.

［35］SCOTT J K. Assessing the quality of municipal government Web sites［J］. State & Local Government Review，2005：151－165.

［36］SMITH A G. Applying evaluation criteria to New Zealand government websites［J］. International journal of information management，2001，21(2)：137－149.

［37］CONNOLLY R，BANNISTER F，KEARNEY A. Government website service quality：a study of the Irish revenue online service［J］. European Journal of Information Systems，2010，19(6)：649－667.

［38］BERTOT J C，JAEGER P T. The E-government paradox：Better customer service doesn't necessarily cost less［J］. Government Information Quarterly，2008，25(2)：149－154.

［39］ELLING S，LENTZ L，DE JONG M，et al. Measuring the quality of governmental websites in a controlled versus an online setting with the 'Website Evaluation Questionnaire'［J］. Government Information Quarterly，2012，29(3)：383－393.

［40］STOWERS G. The state of federal websites：The pursuit of excellence［J］. 2002.

［41］CHUA A Y K，GOH D H，ANG R P. Web2.0 applications in government web sites：Prevalence，use and correlations with perceived web site quality［J］. Online Information Review，2012，36(2)：175－195.

［42］YOUNGBLOOD N E，MACKIEWICZ J. A usability analysis of municipal government website home pages in Alabama［J］. Government Information Quarterly，2012，29(4)：582－

588.

[43] GAULD R, GOLDFINCH S, HORSBURGH S. Do they want it? Do they use it? The ‘Demand-Side’ of E-government in Australia and New Zealand [J]. Government Information Quarterly, 2010, 27(2): 177 - 186.

[44] CARTER L, BÉLANGER F. The utilization of E-government services: citizen trust, innovation and acceptance factors[J]. Information Systems Journal, 2005, 15(1): 5 - 25.

[45] AKKAYA C, WOLF D, KRCMAR H. The role of trust in E-government adoption: A literature review[J]. 2010.

[46] WANGPIPATWONG S, CHUTIMASKUL W, PAPASRATORN B. Understanding citizen's continuance intention to use E-government website: A composite view of technology acceptance model and computer self-efficacy[J]. The electronic journal of E-government, 2008, 6(1): 55 - 64.

[47] VERDEGEM P, VERLEYE G. User-centered E-government in practice: A comprehensive model for measuring user satisfaction[J]. Government Information Quarterly, 2009, 26(3): 487 - 497.

[48] CHUA A Y K, GOH D H, ANG R P. Web2.0 applications in government web sites: Prevalence, use and correlations with perceived web site quality[J]. Online Information Review, 2012, 36(2): 175 - 195.

[49] 朱炎.中国政府网站实践者丛书(北京卷)[M].北京:人民出版社, 2011.

[50] 朱炎.中国政府网站实践者丛书(北京卷)[M].北京:人民出版社, 2011:10 - 11.

[51] 中国软件评测中心.中国政府网站绩效评估结果[EB/OL]. [2013 - 02 - 15]. http://www.cstc.org.cn/zhuanti/fbh2012/fbh2012.html.

[52] 周晓英,刘莎,张萍,王皓.情报学视角的政府信息公开——面向使用的政府信息公开,情报资料工作 2013(2):1 - 7.

[53] 肖明.政府信息公开制度运行状态考察——基于 2008 年至 2010 年 245 份政府信息公开工作年度报告[J].法学,2011(10):78 - 85.

2 网站信息可用性理论基础

2.1 可用性概述

2.1.1 可用性内涵

可用性作为一个跨学科研究的热点领域，其学科交叉的特性使得其概念发展呈现多元化和边界模糊的特点，甚至成为“一个难以捉摸、内容宽泛并且复杂的概念”，[1]而这种概念上的模糊不清又进一步导致研究实践的开展困难重重。正如学者 Seffah 所说，可用性“既可以用来描述用户表现、用户满意度、系统易学性，也可以用来同时描述这三者，这使得精确地测量可用性变得十分困难”。[2]因此，可用性的具体定义一直是可用性研究者所关注的焦点问题之一。从学科发展的脉络上看，可用性概念的发展主要来自人机交互(HCI)与工程学领域的可用性研究。目前国际较为权威的对可用性理解有以下几种：

可用性专家 Shakel 对可用性的定义：可用性是指技术的“能力(按照人的功能特性)，它很容易有效地被特定范围的用户使用，经过特定培训和用户支持，在特定的环境情景中，去完成特定范围的任务”，即可用性不仅是涉及界面的设计，也涉及整个系统的技术水平。同时，可用性是通过人的因素反映的，通过用户操作各种任务去评价的。另外，环境因素必须被考虑在内，在各个不同领域，评价的参数和指标是不同的，不存在一个普遍适用的评价标准。我们应多从用户操作心理角度分析可用性的含义。再有要考虑非正常操作情况。例如用户疲劳、注意力比较分散、紧急任务、多任务等具体情况下的操作等。因此，可用性又被表达为“对用户友好”“直观”“容易使用”“不需要长期培训”“不费脑子”等。[3]

在 HCI 第四次年会上，Nigel Bevan、Jurek Kirakowski and Jonathan Maissel 对于可用性的理解发表了以下几种观点(见图 2－1)。[4]

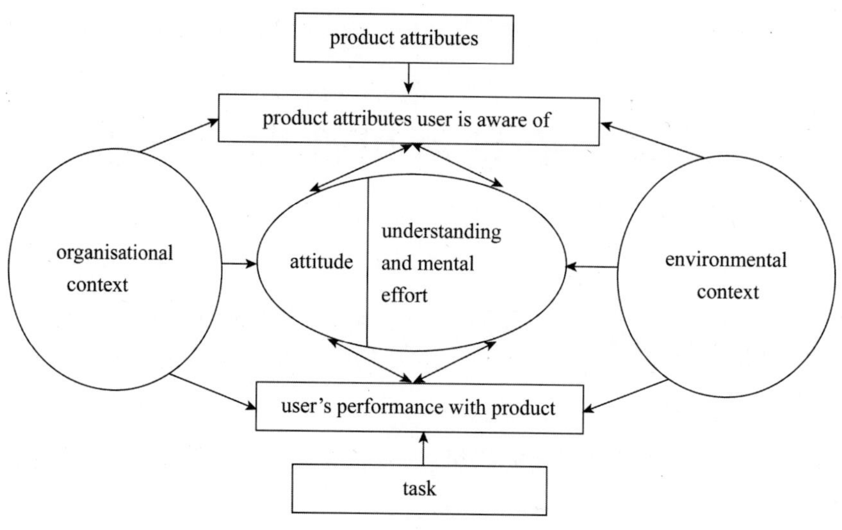

图 2-1 可用性的决定因素①

① 基于产品的观点:可以从产品的人机工程属性角度对产品可用性进行测量。

② 基于用户导向的观点:可以从用户在使用过程中的精神负担、经历付出和用户的使用态度角度对产品可用性进行测量。

③ 基于用户表现的观点:可以在用户与产品进行交流的过程中,检测用户如何与产品进行交流,着重研究使用的便捷性,产品是否便于使用;可接受性,产品是否会在使用过程中优先被选取。

随着用户理论的发展,Jakob Nielsen(尼尔森-诺曼集团的主要负责人,被《美国新闻与世界报道》杂志誉为"Web 可用性方面的世界顶尖专家")从用户操作心理角度出发,提出:"可用性是指产品在特定环境下特定用户用于特定用途时所具有的效果、效率和用户主观满意度。"[5] Jakob Nielsen 较全面地概括了可用性的内涵,成为业界认同度较高的观点。

Alan Dix、Janet Finalay 等人提出:可用性可用系统的有效性、能行性与用户的满意程度来衡量。[6]

国际标准组织在 ISO9241-11(1998)中对可用性的定义是:"某种产品被特

① 图片来源: Nigel Bevan, Jurek Kirakowski and Jonathan Maissel 1991。

定用户在特定环境中使用，以达到其目的而产生的效力、效率和满意度。”[7]可用性是影响用户对产品的体验的各方面因素的结合。它包括了易学、易用、易记、效果、效率、出错频率、错误严重性、用户满足感和愉悦感等目标。这一概念后来被用于 ISO/CD20282 日用品的可用性。ISO/CD20282 在 ISO9241 的基础上扩大了可用性概念，把这一概念扩大为消费品、日用品及计算机产品和普通公众使用的仪器设备上。

学者 Hartson 认为可用性包含两层含义：有用性和易用性。有用性是指产品能否帮助用户实现一系列的功能，达到用户的使用目的；易用性是指用户与界面的交互效率、易学性以及用户的满意度。Hartson 的定义比较全面，但是对于这一概念的可操作性缺乏进一步的分析。

① 效用，某种产品可以用以完成特定任务。

② 目标，产品是设计用来完成你的任务的，这个物品是否可以帮助你达到目标。

③ 包容性，物品的设计需要满足不同的用户，用户是多样化的。

④ 可取性，产品比起其他竞争对手表现出更大的可用性，因此被更多的用户优先采用。

⑤ 延展性、使用性，产品具备可以延伸的功能，可以延伸满足更多的使用功能。

从所总结的目前具有代表性的“可用性”理解来看，几乎所有的定义都有相似的外延，即可用性是交互系统有关“用户、系统和用户与系统间的交互”[8]三个要素特性进行的。但是具体说来，各种定义对可用性具体内涵的认识并不一致，我们可以从以下五种文献中分析出可用性的内涵：

①《可用性工程》，Jakob Nielsen 著，刘正捷等译，机械工业出版社，2004：17。

② *Handbook of Usability Testing*，Jeffrey Tubin，Dana Chisnell，Wiley。

③《人机交互》(第 2 版英文版)，Alan Dix，Janet Finalay 等著，电子工业出版社。

④ ISO9241－11。

⑤ Nigel Bevan，Jurek Kirakowski and Jonathan Maissel What is Usability? [C] Proceedings of the 4th International Conference on HCI。

对上述五种文献的可用性内涵定义对比如表 2-1 所示。

表 2-1 可用性内涵理解对比

内涵	说明	定义来源				
		①	②	③	④	⑤
可学性	未使用过系统的用户达到熟练程度所用的时间	√	√	√		
有效性	花费在用户为达到特殊目标的资源	√	√		√	
可记忆性	学会某个系统后，回想起使用方法	√	√			
出错率	少出错，无灾难性错误	√				
满意程度	系统令用户感到愉快的程度	√			√	
安全性	保护用户以避免发生危险和令人不快的情形		√			
能行性	使用产品达到特殊目标的准确度与完成度		√		√	
通用性	是否提供了正确的功能性以便用户可以做他们要做的事		√			
灵活性	用户与系统用多种方式交换信息			√		
系统强健	为用户成功达到目标提供的支持程度			√		
便捷性	产品的使用方便程度					√
可接受性	用户对产品的接受程度					√

通过对目前常用的可用性定义对比中不难发现，虽然对可用性内涵的认识各有不同，但它们基本上都围绕着三个要素进行，即“用户、系统和用户与系统间的交互”。可行性、有效性、用户体验三个方面成为判断有用性的主要标准。

2.1.2 与可用性相近的概念

1. 可用性与以用户为中心的设计

可用性的一大特色就在于它和“以用户为中心的产品设计”在思想上是一脉相承的。可用性又可以被理解为“用户友好”。“用户友好”这个词通常被理解为“可用、易用”，虽然它也有“可实现”的意义。可用性的首要观念就是在一个物品或产品的设计过程中要始终考虑到用户生理和心理的要求，做到用户能感受到的“友好”。例如，提高使用过程中的效率问题——用更少的时间完成特定的任务；方便用户认知——用户通过观察物体就可以知道如何操作；提高用户使用的满足感——提高使用过程中生理的舒适和心理的愉悦。目前，“以用户为中心”

作为可用性设计的核心思想，贯穿于可用性实践的每一步：从设计、实践到评价、测试到调整、改善，都是基于用户、面向用户最终反馈与服务用户。

2. 可用性与人机工程学

自20世纪80年代以来，人们对产品可用性质量的重视促进了可用性工程这一概念的出现。可用性工程泛指以提高和评价产品可用性质量为目的的一系列过程、方法、技术和标准。可用性工程的工业应用最初主要是在一些大的IT企业。从20世纪90年代开始，可用性工程在IT工业界迅速普及，目前，国外主要的IT企业都建立了规模较大的产品可用性部门，大多数网站公司都有可用性专业人员。[4]近十几年来，可用性工程在发达国家的IT工业界得到了广泛重视和使用，比如在微软、IBM等许多企业都有十几年实际运用的历史，并设有几百人规模的专门的产品可用性部门。为了在工业界的普遍应用，国际标准组织ISO已经制定有关的国际标准如ISO9214、ISO23407等。欧盟以及美、日等国政府也都正在实施有关的推广计划，这使可用性工程的运用成为今后软件及IT工业界的主流。

可用性和人机工程学的关系，学界和业界并没有统一的认识，有人认为可用性是人机工程学在计算机软件领域的一个具体应用。也有人认为，两者是平行的，人机工程侧重于人的生理因素(比如用"门把手"开门)，而可用性则侧重于人的心理因素(比如认识到门把手可以把门打开)。交互设计最基本的指标是对可用程度的评价，也是从用户角度衡量产品是否有效、易学、安全、高效、好记、少出错的质量指标，这些指标也是人机工程学看中的指标。可以说可用性在一定程度上是对人机工程学的加强，是与人机工程学相互促进发展起来的，可用性更全面考虑了人的生理和认知的需要。在实践中，目前可用性工程的各种方法和技术在可用性研究中都得到了广泛的应用。

3. 可用性与有用性

有用性是指产品、系统能否用来帮助使用者达到操作目的，完成使用者所需要的事情。它强调的是结果的可实现性，对于过程并不是很看重。而可用性不仅要求结果的可实现性，也重视过程的可用性，它包括了有用性所强调结果的实现而且看重用户能否更好地使用系统，过程更容易舒适，用户感到满意。因此，可以说可用性包含有用性，是有用性的上位类概念，高可用的系统与产品也一定是有用的。

其他一些相关概念我们在后面的论述中还会涉及到。

2.1.3 可用性设计的核心思想

可用性设计的核心思想即基于用户研究的设计方法和评估测试法。

2.1.3.1 基于用户研究的设计方法

了解你的用户很重要。设计产品或开发的系统的目标是用户，他们有哪些特点，他们是怎样工作的，他们在哪里、什么时间会用到你的产品，他们如何来使用你的产品，你的产品对他们来说有多大的重要性，他们是怎样评价你的产品等一系列问题是首先要解决的。设计师通过对用户的研究可以明确设计目的，知道该为谁设计。然后进一步深入分析用户的角色背景、价值观、激发程度、任务压力、操作使用经验等深层次的问题，知道如何设计，怎样创新和改进。

2.1.3.2 基于用户研究的评估测试方法

根据可用性专家 Jakob Nielsen 的“5E”(effective、efficient、engaging、error tolerant、easy to learn)原则进行设计方案的可用性评估，可以知道现有产品的问题和设计方案的优劣，做进一步调整和完善。

效能：评估完成各个任务的成功率和完整性；

效率：评估完成各个任务的时间；

容错：评估完成各个任务过程中的出错率；

吸引人：评估用户在操作各个任务过程中的满意度、接受程度；

易学：用户在外部帮助下完成新任务的能力。

基于用户的两个最基本的设计方法是贯穿于整个产品开发全过程的指导思想和技术方法。产品开发的复杂性、曲折性、过程性、重复性要求设计师和开发人员所进行的设计活动是在非常熟悉和深入了解用户的情况下进行的，把用户和开发技术活动平衡，设计过程反复考证，进行多标准的设计评判，不断提出方案然后评估，好的进一步深化，不符合可用性标准的做改进或者抽取精华，然后再提出改进方案，直至达到设计目标的要求。

2.1.4 可用性研究的用户范畴

许多人认为可用性研究就是如何把产品制作得尽可能简单。因为“可用性专家们把所有用户都当成毫无经验或需要给予特殊照顾的人”，那么可用性研究的用户范畴是什么呢？是所有的用户还是那些没有经验需要特殊照顾的群体？

可用性研究是一项以用户为中心的研究。以网站的可用性为例，用户需求是整个网站的核心,也是所有服务的基本出发点。每个网站都会有自己特定的用户群体,那么针对不同网站的客户划分就是这个网站的目标客户。在可用性研究的用户范畴里还有一批特殊的用户,他们由于身体某些方面的缺陷而无法和正常人一样浏览网站,所以需要给予特殊的服务。这种特殊的服务体现在网站“可及性”(accessibility)上。随着上网用户平均年龄的增大,对网站可及性的重视也必将日益增加。由此可见,可用性研究的核心是网站的潜在用户群体是多种多样的,包括不同年龄阶段不同文化层次,缺乏网络使用经验或身体(尤其是视力上)需要特殊照顾的群体用户都是可能的潜在用户,都需要在网站可用性设计中被考虑。

2.1.5　本书对可用性的理解

我们采纳的可用性定义为:产品被特定用户在特定环境中使用,以达到其目的而产生的效果、效率和满意度。在这里,效果指的是用户使用产品时得到的准确性和完整性;效率指的是任务完成程度与资源消耗程度的比率;满意度指的是产品用户的满足程度。可用性范畴说明简图如图 2-2 所示。

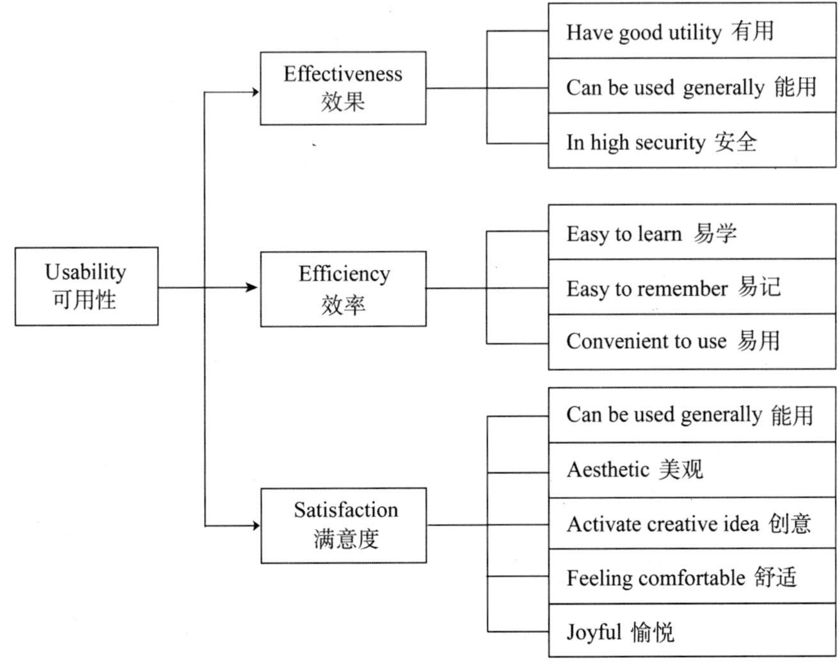

图 2-2　可用性范畴说明简图

2.2 网站可用性

2.2.1 网站可用性的含义

很多人对于“可用性”网站的含义并不非常明确，觉得“可用性”网站就是直观好用的、界面友好的。对此 Thomas A. Powell 在 *Web Design: The Complete Reference* 一书中，对网站的可用性给出了定义：可用性是指在特定的使用环境下，一个站点可以被一组用户有效、高效且满意的达成某个目的所能达到的程度。

从这个定义中可以看出，在讨论网站的可用性的时候，首先要注意的是谁是目标用户。因为对于不同类型，不同目的的网站来说，它的目标用户都是不同的。在限定了网站的目标用户之后才能明确应该提供什么样的信息。而“有效性是指用户是否能够达成他们的目标，如果用户不能或者仅仅是部分能够通过某个站点完成他们事先想要完成的事，这样的站点实际上是不可用的”。[9] 高效是指用户能够有效地完成预期的工作，而不会因为访问网站使工作效率降低。用户的满意则是网站建立的最终目的。以上是对“可用性”的一个很抽象的定义，也有很多对“可用性”的具体的定义。

Jakob Nielsen 给出了决定一个网站可用性的五点具体定义[10]：

① 可学习性。指用户在之前没见过用户界面时，要用多长时间来很好地完成基本的任务。

② 使用时的效率。一旦一个有经验的用户已经了解了这个网站系统，他能多快地完成任务。

③ 可记忆性。如果一个用户曾经访问过这个网站，他是否还是能够充分有效地使用，或者是用户必须重新学习一切？

④ 使用时的可靠性。在用户浏览网站时是不是经常有错误发生，这些错误严重吗(比如死链接)？用户是怎么样对待这个错误的？

⑤ 用户的满意程度。用户有多大程度喜欢这个网站？他还会再次访问吗？

目前，在可用性工程领域，Nielsen 提出的可用性及网站可用性的定义被广泛接受。

“可使用”可以从多个维度来理解，表现在在线信息管理与服务方面主要有三个:一是“能用的和可得的”(available),二是“可及的,无障碍的”(accessibility);三是“易用的”(usability),它可以从有效性、效率和用户主观满意度三个方面观察和测度。

近年来,可用性思想被广泛借鉴到网站建设中。Jakob Nielsen通过大量实验发现,提高网站整体的易用性能显著地增加网站的访问流量和生产力。而提高网站的可及性不仅增加了残疾及有障碍人群获取信息的便利,更提升了所有用户的使用满意度。鉴于可用性思想在网站应用中带来的巨大价值,目前很多国家都开始对政府网站信息的可用性进行研究,通过诸如出台统一的语言规范、建设开放的政府数据资源库、制定具有互操性的技术合作框架等方法来提高信息的可使用性,从而提高用户对信息的利用效率。实践证明,基于“可使用”思想的政府信息化建设改变了电子政务一直以来的投入产出的不成比例、“黑洞效应”比比皆是的现象,为其带来了巨大的投资回报。

伴随可用性研究的深入,相关的研究方法与研究成果不断丰富,如UCD(user center design)设计方法、可用性设计指南、可用性评估方法、可用性辅助工具等,国外可用性网站和可用性研究社团不断出现,研究成果增长迅速。

在我国,对于信息可用性的研究才初见端倪。在现有为数不多的理论研究中,大多研究集中在交互式IT产品(如网站、电子产品等)可用性工程的应用研究上,偏重于可用性技术的实现与测评,研究主体以科研机构与高校实验室为主,而以政府为代表的官方机构对政府信息可用性建设方面的关注却较少,有关可用性建设的相关措施与标准尚未成形。用户对拥有高可用性信息的需求、“可用性”成果在政府信息建设中的成功应用以及国内政府在信息可使用研究领域的落后和不足为本研究提供了研究契机。

2.2.2　网站可用性的价值

网络技术的进步令因特网有了空前的发展,人们在日常生活中越来越多地应用计算机网络进行信息交流、协作以及娱乐。然而因特网上信息量增加的同时又给人们增加了在信息海洋中定位有用信息的麻烦。网站的增多已经使用户在使用网站过程中的耐性显著降低,他们对网站的选择也越来越成熟。图形视觉和可用性中心(GVU)做了一份调查问卷,对用户使用网站过程中产生不满的原因进行数据收集和分析,发现大部分的用户挫败感来自于网站低劣的可用性。

而在最近的 Tea-Leaf technology 进行的一项调查中,约 90%的网民曾经在因特网的电子商务过程中由于流程过于复杂或者不稳定而放弃;40%的用户表示不会再重新回到让他们有不愉快经历的网站做第二次的交易。一些很普通的网络应用错误,譬如业务循环或者商务上的逻辑混乱,往往会造成一个公司在电子商务部分的成千或者上万美元的损失。由于忽视网站可用性问题造成的损失使得很多著名的商业企业开始重视网站可用性的价值,如 IBM、阿里、腾讯等公司均设有专门的网站可用性测试和交互部门。对于可用性的价值与意义,虽然评价不同,但认同却是一致的:

- IBM:在提高网站可行性上,1 元的投入能带来 10~100 元的收益。
- Jakob Nielsen:网站可用性的重新设计能够使销售转换率提高 100%。
- 网易科技:可用性仅次于可赢利性。

作为网站的一个核心竞争力,可用性在网站建设中的重要程度不言而喻。有着较好可用性设计的网站不仅能提高用户的工作效率以及总体满意度,还可以减少后期维护,降低开发成本,缩短工期,提高用户接受度,减少培训和技术支持费用,通过提高用户工作的舒适满意程度,提高系统建设投资效益和使用效益。而在电子政务领域,由于较多地采取建设外包,独立或半委托运营的模式,政府网站的可用性往往成为"三不管"地带,没有受到应有的重视,也正因如此,在用户对政府网站的满意度评价中,一直处于较初级的水平。

2.2.3 可用性网站的设计理论与方法

这些年来,人们开发了几十种不同的可用性工程方法,在工业界用于产品和网站开发生命周期的各个阶段。代表性的方法有可用性规划、投入产出分析、使用环境分析、任务剧情、ISO9241 应用分析、竞争力分析、纸面原型、录像原型、计算机原型、伪装(Wizard-of-oz)原型、并行设计、专家评审、可用性检查、CELLO 审核、ISO9241 符合度评估、反馈搜集型用户测试、绩效评估型用户测试、协同测试、全局界面协调、用户满意度问卷调查、用户面谈、焦点小组、认知负担度量等等。这些方法的运用可以使得所开发的产品具有较高的可用性质量。

而网站可用性的研究目前已经成为可用性研究领域的一个热点。多年来,国内外的许多可用性专家为改善和提高网站的可用性,在借鉴已有的可用性工程方法的基础上，结合网站建设的特征，从不同的角度出发，研究了各种各样的方法和途径以及相应的实现技术，很多技术和方法都已经在实践中得到广泛使用。综合目前改进网站可用性的各种途径和方法，具体归纳有如下四类常用方法：UCD方法、可用性设计指南、可用性评估、可用性辅助工具。

• UCD方法：以用户为中心的开发方法应用于网站开发，它侧重从方法论的角度在网站开发的各个阶段强调用户参与，使网站设计符合用户需求。

• 可用性设计指南：通过可用性专家或网站设计者结合在可用性研究和网站开发过程中的成果和经验，对网站开发提出的设计指导原则。

• 可用性评估：通过用户测试或专家评估的方法衡量网站可用性质量、发现可用性问题、给出改进方案的方法。

• 可用性辅助工具：开发工具软件采集网站可用性数据，自动评测和分析网站的可用性质量，提出改进意见。

2.2.3.1　UCD方法

以用户为中心的设计方法的基本原理是用户和系统的功能恰当分配，用户的主动参与，反复设计以及多学科组成的设计团队。以用户为中心的设计方法通常采用原型法来实现，强调用户在产品或系统开发生命周期的各阶段的全程参与，以便反馈的意见能及时采纳，从而开发出更容易理解和使用的具有更高可用性的产品或系统。这种方法可以帮助开发者更加关注用户而不是技术，以创建更加具有可用性的网站。

以用户为中心设计方法的主要内容包括：

1. 用户的观察和分析

基于使用者的观察方法形成：设计师让自己深入到用户的生活场景中(如和他们一起完成与工作和家庭相关的任务)，参与并观察用户的生活，常常会聊一些与当下所做的事或者与他们习惯有关的事。以用户为中心的设计强调设计者要沉浸在用户的环境中：它能揭示出一些其他途径不能表达只有全身心进入用户环境中才能发现的问题。尤其是在那些产品或服务需要多人在一起合作时(如护士和病人之间或者多组工作人员之间)，这种观察能发现他们之间完整的互动。

用视频、照片等方式展示研究的结果，让那些没有直接参与研究的人也有清晰的认识。在你的项目空间里展示用户的图片、故事,可以起到“保鲜”的作用。对观测来的结果进行分析,并总结出几个主要的设计主题。通常用视觉化的形式(视频或图画)来展示给设计团队,以便突出重点,让他们有思考的基础。越生动的介绍和分析,就越能影响设计团队,影响产品或服务的发展。

2. 展现用户全部的需求

用户研究的目的在于激发设计团队并让他们聚焦(在某些关键点),而不是积累数据资料(虽然它们可能在最后阶段测试中有用)。在时间和预算有限时,重点应放在最大限度地收集更广泛的用户需求(多数产品和服务都有许多不同类型的用户)。你需要理解全部潜在的设计需求,而不是重复观察同类用户,或听取他们的意见。

像一个团队一样一起去解释研究结果及其对设计工作的影响,不要以为简单机械地做完研究跟其他人讲一下结果就可以了。要使你的观点让人印象深刻,对设计有指导作用。比如,你可以画个图表来展示用户的需求,哪些需求的优先级更高,也可以为设计的必备属性列个清单,用简洁有趣的语言来提醒那些有特殊要求的用户的存在,或是为这些用户写一些脚本,包含你的理解、你对设计的建议。

3. 原型、评估、迭代

随着设计理念和思路发展,UCD 设计师会继续收集用户反馈的信息,我们要么让他们直接参与开发,要么向他们展示基于前面的工作所建立的(产品或服务的)原型以获得他们的看法。据项目的不同和概念的深化程度,原型会有不同的展示方式,脚本、手绘板、展板,通过纸介质或荧屏,一直到最后的拥有全部功能的工作模型。随着原型的发展,用户可能会被邀请“漫步”其中,就好像要用它完成某项任务,或利用它们进行模拟的或真实生活中的任务。这些原型能让用户提出对整体上是否满足用户的需要以及它的一步一步可操作性的反馈。

对意见、反馈样本进行分析评估,把得到的结果推展到设计思想,以进行下一轮的设计和评估(如此不停地迭代直至满意为止)。在这里,生动的介绍同样很有必要,它能说服没有参与评估的设计者,告诉他们哪儿有问题。因此,把整个过程录制下来是个好主意,这样你可以回过头去看看究竟发生了什么事,而且也可以为你的观点提供有力的支持。

以用户为中心的网站开发方法是从方法论的角度将可用性工程与网站开发结合起来的方法。它侧重于将以用户为中心的思想贯穿于网站开发的整个过程，根据不同开发阶段的特点选择相应的可用性方法。以用户为中心的设计方法具有系统性和规范性的特点，能够从网站开发的全过程中保证其可用性质量。这种方法自 20 世纪 80 年代以来开始在国外软件工业界广为运用，已有机地融入到许多企业的软件产品及网站的开发过程中，在提高可用性质量方面取得了显著成效。国际标准化组织发布了 ISO13407 以用户为中心的交互式系统设计方法国际标准，推动了这种方法的广泛使用。

2.2.3.2　可用性设计指南

“可用性指南”是经过研究和反复验证后，能够达到最好的用户使用体验效果的网站设计和运营原则与标准(如 ISO 体系中就有专门的可用性指南)。目前，网站可用性设计指南方法主要通过可用性专家或网站设计者结合在可用性研究和网站开发过程中的成果和经验，对网站开发提出的设计指导原则。

2.2.3.3　可用性评估

Jennifer Preece、Yvonne Rogers 和 Helen Sharp 所著的《交互设计——超越人机交互》一书中将可用性评估定义为：“系统化的数据搜集过程，目的是了解用户或用户组在特定环境下，使用产品执行特定任务的情况。”[11] 更通俗地说，可用性评估就是指通过用户测试或专家评估的方法衡量网站可用性、发现可用性问题、给出改进方案的方法。可用性评估在网站可用性工程的工作中有着基础性的地位，是目前普遍应用的可用性方法。

2.2.3.4　可用性辅助工具

传统的可用性评估方法，结果容易缺乏系统性。如何让可用性评估结果更具系统性呢？一个解决办法是增加测试小组的数量和增加测试对象的数量，另一个办法就是开发可用性辅助工具，自动进行评估。除了发现各种不同类型的错误和问题，增加评测的覆盖面和完整性，利用辅助工具自动进行评测还能在几种设计方案间进行对比测试。这可以减少因开发人员可用性评估水平差异造成的发现问题的差异，增加发现问题的一致性，减少可用性评估的开销。可以根据辅助工具在已有方法中的应用将其分为四大类：测试、评价、调查和模拟。测试和评价是具体有针对性的，它们发现设计中具体的可用性问题；调查方法是总体性的，它能得出对网站的总体评价；模拟方法是运用工程方法的可用性评价，测试人员可以使用界面模型来预测可用性问题。

2.3　服务产品可用性的国际标准

2.3.1　可用性判断标准

可用性对于交互式 IT 产品/系统，是尤为重要的质量衡量指标，对一般产品而言，是指产品对用户来说有效、易学、高效、好记、少错和令人满意的程度，即用户能否用产品完成他的任务，效率如何，主观感受怎样，实际上是从用户角度所看到的产品质量，是产品竞争力的核心体现。而评估和改进产品的可用性质量，需要有一种客观、统一和定量的衡量标准作为参照系。然而，怎样建立这样一种标准，一直是个难题。

经过可用性工程界多年的不懈努力，对可用性衡量标准的看法逐渐趋于一致，即可用性是特定产品在特定使用环境下为特定用户用于特定用途时所具有的有效性(effectiveness)、效率(efficiency)和用户主观满意度(satisfaction)。这里的有效性、效率和满意度这三个指标往往是通过用户评估或测试来获得的。这一定义已被纳入 ISO-9241 国际标准，美国 CIF 的可用性测试报告标准也采用了这一定义。这三个指标的内涵与衡量标准如下。[12]

2.3.1.1　有效性指标

有效性指用户完成特定任务和达到特定目标时所具有的正确和完整程度。一般是根据任务完成率、出错频度、求助频度这三个主要指标来衡量的。

1. 完成率(Completion Rate)

根据任务性质的不同，完成率指标的含义可以有以下两种：

(1) 当任务不可分，即只有完成和未完成任务两种状态时，完成率为完成任务的用户所占的百分比。

(2) 如果任务可分，即存在部分完成任务的情况时，用户有效完成的工作占该任务的比例称为目标实现率。例如，某任务是让用户使用绘图软件画出 5 个不同的几何图形，那么该任务的目标实现率就应取决于用户所画出图形的数量，如果画出了 4 个，则目标实现率应为 80%。如果考虑到各图形复杂程度的差异，还可以给各图形赋予不同的权重。因此在任务可分时，任务完成率应为用户的目标实现率。

2. 出错频度(Errors)

出错频度是通过用户执行某个任务过程中发生错误的数来衡量的。

3. 求助频度(Assists)

这是指用户在完成任务过程中遇到问题而无法进行时,求助于他人或查阅联机帮助、用户手册的次数。在提供服务完成率指标时,应区分有帮助和无帮助情况下的完成率。

2.3.1.2　效率指标

效率指的是产品的有效性(完成任务的正确完整程度)与完成任务所耗费资源的比率。这里的资源通常指时间,这时的效率为单位时间的工作量。在相同使用环境下,用户使用效率是评定同类产品或同一产品的不同版本孰优孰劣的依据之一。

效率的计算公式为:效率=任务有效性/任务时间

这里的任务有效性一般是用户的任务完成率,任务时间为用户完成任务的时间。效率刻画了用户使用产品时单位时间内的成功率。一个高效的产品应当可以让用户在较短时间内以较高的成功率完成任务。同样,对效率也应区分有帮助和无帮助两种情况。

2.3.1.3　满意度指标

满意度刻画了用户使用产品时的主观感受,它会在很大程度上影响用户使用产品的动机和绩效。满意度指标通常使用问卷调查手段来获得。目前有多种广泛使用的标准问卷,如SUMI、WUMMI、ASQ、PSSUQ、SUS等,它们所采用的指标体系各有不同,一般问卷调查的综合满意度指标为“0～70”,平均值为50。

这三个指标及测度标准因其较为简单的测量性与广泛的适用性,被认为是产品可用性目前通用的国际标准。

2.3.2　服务产品可用性的国际标准简析

服务产品可用性应用非常广泛。可用性工程实践目前应用于各个领域,常见于各类交互式IT产品的开发,包括计算机软硬件、网站、信息家电以及以嵌入式软件为核心的各种交互式仪器设备,设计用户手册、联机帮助和培训课程等。

目前,由美国国家标准技术局(the U.S. National Institute of Standards and

Technology, NIST)组织发起的 IUSR 计划是目前国际服务产品可用性标准的主要代表。[13]

鉴于许多国际企业在软件生产和使用中由于可用性问题遭受的巨大的损失,如生产成本和周期的增加、产品竞争力的降低、企业内外部培训和技术支持的费用、用户操作错误造成的损失、产量和工作效率的降低等,针对这些问题,1997 年 10 月,美国国家标准技术局顺应来自各方面的普遍诉求,联合自愿参加的主要软件产品供应商和采购商发起了工业可用性报告计划(Industry Usability Reporting, IUSR)[14]。参与此项计划的美国主要软件供应商有 IBM、Microsoft、HP、Sun、Oracle、Compaq 等,大的软件采购商有如 Boeing、Northwest Mutual Life 和 State Farm Insurance 等。IUSR 计划致力于提高软件产品可用性质量的可见性,这主要是通过对软件产品的可用性质量进行标准测试并提供测试结果的标准报告格式来实现的。这项计划最终要达到三个目的:

(1) 鼓励软件供应商和采购商更好地理解用户的可用性需求和任务;

(2) 建立一个通用可用性质量报告规范,使可用性信息更加规范以利于相互沟通和共享;

(3) 进行先导试验来确定 IUSR 可用性报告规范的使用效果和在软件采购中的使用价值。

IUSR 计划所开发的可用性质量测试结果的报告规范被称为通用工业规范(Common Industry Format, CIF),目前为 1.1 版。CIF 报告所提供的是采购商在评价产品可用性质量时所需的最基本的信息,在对具体产品使用 CIF 报告的时候可以选择增加内容。CIF 报告的基本内容包括产品说明、测试目的、测试对象、测试任务、测试环境、测试的方法和过程、指标体系和数据采集及数据分析结果等,CIF 是对测试方法和测试结果进行详细说明的标准格式。CIF 报告对可用性测试起到了指导和规范的作用,实际上给出了一种软件可用性测试的标准,适用于软件产品包括网站的可用性测试。

2001 年 1 月 19 日在美国国家信息技术标准委员会(NCITS)的会议上正式通过并颁布成为 ANSI 加 NCITS354 - 2001 号标准(可用性试验报告的工业通用格式),作为可用性测试的标准报告。[15] 目前,该标准已经成为国际通用的服务产品可用性的国际标准。

2.4　信息可及性——信息无障碍理论

2.4.1　可及性的一般概念

英文“accessibility”一词，有“可接近、可达到”的意思，中文有“可及性”“可达性”和“无障碍”的译法。

ISO－TS16071：2003(人机接口可及性导则)对可及性的定义为：一个产品、服务、环境和设备可以被尽可能多的人使用。可及性的研究是为了尽可能地扩大产品与服务的用户范围，使产品与服务能够在不同环境中为不同能力的用户使用。[16]可及的产品和服务应该能够被所有的用户使用，特别是老年人和残障人士，在其设计过程中应该考虑到各种用户能力上的不同。用户使用(包括感觉、理解、肢体操作)产品和服务的能力可能会受到来自于身体、心理、年龄、环境和技术等诸多因素的影响，这种影响可能是暂时的也可能是永久的。

可及性研究领域是很广泛的，其中有两个方面很重要：一方面是用户使用产品和服务时遇到的可及性障碍和需要的辅助技术；另一方面是产品和服务的设计要能够避免可及性障碍和支持这些辅助技术。目前，在IT业界，网站、计算机软硬件、信息及以嵌入式软件为核心的各种交互式设备仪器等都广泛开展了可及性问题的研究。

可及性设计具有重要的意义，表现如下：第一，可及性可以促进公民平等权的实现。可及性为有残障的用户打开了信息化社会的大门，提高了他们独立生活的能力，推动了社会的文明和进步；第二，保证部分IT产品的可及性是世界上一些国家和地区的法律规定；第三，可及性可以为所有的用户带来益处，可以让用户更方便地使用产品；第四，可及性推动着技术的不断创新。总之，提高产品和服务的可及性对用户、政府、社会和企业都是十分有益的。

2.4.2　网站可及性或信息无障碍(Web Accessibility)

信息可及性或信息无障碍(information accessibility)的概念则是2000年在八国首脑会议的《东京宣言》中伴随着数字鸿沟等相关问题而提出的，其理念是强调网络信息时代信息无障碍较之城市设施无障碍对残疾人的生存与发展具有同等重要的意义[17]。联合国将“信息无障碍”的定义为：“信息无障碍是指信息的获取和使用对于不同的人群应有平等的机会和差异不大的成本。”联合国具体列出了信息无障碍概念涵盖的四类人群：① 身体机能丧失或弱化已经在日常生活工作中对信息使用产生影响的人群；② 信息手段使用习惯和通常信息系统设置有差异的人群；③ 文化习惯和周边信息系统环境有明显差异的人群；④ 信息使用能力或周边环境条件和通常信息使用环境条件存在差异的人群。[18]

信息无障碍是可及性的代名词，是指任何人(无论正常人还是残疾人，无论年轻人还是老年人)在任何情况下都能平等地、方便地、无障碍地获取信息、利用信息。可及性研究涉及的范围很广，本书将主要讨论网站的可及性。

IBM 认为残障人士能成功地访问信息和使用信息技术就是可及性。[19]万维网联盟 W3C(World Wide Web Consortium)下属的 WAI(Web Accessibility Initiative)将 Web 可及性定义为：Web 可及性意味着任何人士(包括残障人士)都能使用和访问 Web。Web 可及性的定义明确了残障人士能感觉、理解、操纵 Web，使他们能投身于 Web 中，与 Web 互动。[20]当然，可及性并不是单单针对残障人士，尽管这是创建具有可及性站点的主要原因。一个具有可及性的站点对任何人来说，显示效果都同样出色，无论他是不是残疾人。可访问性、可及性、无障碍是一个成长的用户群的一个重要的议题，这个用户群不但包括那些先天残疾的，而且也包含那些经过偶然事故、疾病或衰老经历而残障的用户。

2.4.3 网站可及性的主要研究内容

在浏览网站的过程中，最突出的可及性障碍来自于用户的视觉障碍、认知障碍和技术环境的限制。

(1) 视觉障碍造成用户不能正常使用一般的图形浏览器(如 IE 和 Navigator)，而要借助于其他的辅助技术。提高网站的可及性，辅助技术起了至关重要的作用。这里的辅助技术是指访问网站的各种浏览器软件和硬件，主要包括文本浏览器、屏幕阅读器、盲文阅读器(一种以盲文为基础专门为盲人设计的触摸式的输出设备)和语音合成器等。这些浏览器大多只能处理网页上的文本信息，而无法处理网页上的图形、图片和动画等多媒体信息。因此，为多媒体信息提供相应文本形式的描述是非常必要的。

(2) 认知障碍在网站浏览中表现得最为明显的是网站导航机制的不足,用户在浩如烟海的大量信息中,不能高效、准确地找到所需的信息。此外,认知障碍还包括用户对网站内容的理解感到困难。在实验中,我们对网站进行可用性测试,结果表明绝大多数用户认为准确地查找信息还是很困难的。克服这种可达性障碍主要依靠网站可用性的提高,例如提供网站地图、一致的导航栏、合理的链接深度、清晰易懂的网页内容。

(3) 技术环境的限制主要有:不同版本的浏览器对网页的显示效果会有不同;浏览器的版本过低,不能支持一些新的技术;显示器分辨率不同会对图形及图片信息的显示不足;单色显示器会影响依赖于颜色的信息,如超链接;由于网络速度和流量的限制,有的用户会关闭一些功能,如图片、声音、动画等;不同操作系统、不同的硬件配置等因素都会影响用户对网站的访问。因此,网站的开发人员要考虑到这些技术上的限制给用户带来的可达性障碍。[21]

2.4.4　网站可及性设计指南

可及性指导方针能帮助和满足开发者及软件供应商了解为什么要做到无障碍,需要怎么做才能使他们的技术和信息对残障人士是可及的。

目前世界上很多IT业公司、政府和国际组织为改进和提高网站的可及性做了大量工作,包括微软、IBM在内的许多厂商也为改进和提高网站的可及性提供了各种硬件和软件的辅助技术。很多国际协会和组织制定了各种网站可及性的标准。其中万维网联盟在网站可及性方面的工作更为权威、规范和具体。

1997年4月,万维网联盟提出了"网站可及性倡议",即WAI,其主要目标是改进和制作高可及性的网站。W3C/WAI于1999年5月推出《网站内容的可及性指南1.0》(即WCAG1.0),按照该指南设计网站内容,基本上可以克服网站设计中出现的可及性问题,使网站能够面向更广泛的用户群体。其主旨包括两方面:一方面确保网页上不同表现形式的信息能够被各种浏览器访问;另一方面确保网页内容的易理解性。目前使用的版本为WCAG2.0,它以WCAG 1.0为基础,旨在广泛适用于现在和未来不同的Web技术,可以用自动化测试和人工评估相结合的方式进行测试。

2.4.5 可及性与可用性

可及性属于可用性的研究领域,可及性与可用性是密切相关的,它们都强调"以用户为中心"的设计理念。可用性的设计目标是提高用户使用产品的效率、有效性和用户的主观满意度。可及性的设计目标是尽可能地扩大产品的用户范围,让产品适合不同能力的用户使用。换言之,可及性设计就是广泛的设计、普遍性的设计、面向所有用户的设计。[22]达到可及性标准的产品、服务或信息,其可用性程度能够得到提高。

2.5 网站信息构建

2.5.1 信息构建的一般概念

信息构建(Information Architecture, IA)作为一种新兴的信息组织和管理的理论,最早由美国建筑师沃尔曼(R.S Wurman)于 1975 年提出,后来由路易斯・罗森菲尔德(Louis Rosenfeld)与彼得・莫维尔(Peter Morville)两位图书情报专业的学者将其发扬光大, 20 世纪 90 年代末期得到广泛推崇和快速发展。信息构建的定义为:"组织信息和设计信息环境、信息空间或信息体系结构,以满足需求者的信息需求的一门艺术和科学。"[23]

从广义来说,信息构建是一个整理信息、斡旋信息系统与使用者需求的过程,主要是要将信息变成一个经过组织、归类以及具有浏览体系的组合结构。这样的结构性设计将使得使用者对于信息的内容存取更直接,让使用者的任务更容易完成,它也可说是设计网站时,在结构与分类上的艺术与科学,帮助我们更快捷地寻找信息并更高效的管理信息,使信息易于理解,能够被访问,在信息和用户之间建立起直观高效的互通,并使用户获得良好的体验。

信息构建的过程分为初始研究、战略制定、概念设计、实施制作和管理维护等五个阶段,其构成的核心是组织系统、标识系统、导航系统和搜索系统。组织系统决定内容如何分组,是内容分类的途径;标识系统决定如何称呼和调用哪些分组内容,并创建一致的标识方案;导航系统决定使用者如何浏览和检索分组内容,通过精心制作不同的导航路径,帮助用户四处游历和浏览内容;搜索系统帮助人们制定与相关文档相匹配的检索表达式,以满足用户的信息需求。

2.5.2　网站的信息构建

信息构建思想在网站建设中有着广泛的应用。具体而言，可以在它的指导下建立网站的组织系统、标识系统、导航系统和搜索系统以及设计控制词汇表等，这样便于形成一个优化的信息空间，让网站中的信息有用和可用；还可以在它的指导下，利用一定的方法和工具，形成网站建设的策略和设计过程，这样便于建造一个具体网站[24]。

网站信息构建不仅是一项综合方法和技术，更是一种理念。有学者将网站信息构建定义为"主要指借助图形设计、可用性工程、用户经验、人机交互、图书馆学信息科学(LIS)等的理论方法，在用户需求分析的基础上，组织网站信息，设计导航系统、标签系统、索引和检索系统、内容布局，帮助用户更有效地查找和管理信息"[25]，这种观点侧重从技术方面来探讨网站信息构建的组成及其实现的方法，代表了人们对网站信息构建的一类观点。网站信息构建固然需要一定的技术来实现，也是通过技术载体展现给用户的，但是其更重要的是一种以用户为中心、以人为本的网站设计、经营管理和服务的理念。信息构建以提供积极的用户体验为目标，使用户能快速、及时、高效、轻松地获取所需信息，使用户满意。这就要求在信息构建生命周期的整个过程中，都时时刻刻地要融入"以用户为中心"、让用户满意的思想。

在使用网站的过程中，用户可以直接触摸到的是一些单个的元素，如站点地图、嵌入式链接、搜索界面等；事实上，它们隶属于各自网站主体部件——组织系统(organization systems)、导航系统(navigation systems)、标识系统(labeling systems)和搜索系统(search systems)。因此，网站 IA 的核心也是由四大系统——即组织系统、标识系统、导航系统和搜索系统构建组成的。其目标表现为如下两个方面：从信息的处理结果看，要达到信息的清晰化和信息的可理解；从用户的使用结果看，要达到网站信息有用性、可用性强和使用者具有良好的用户体验等两个目标[26]。因此，信息构建思想对于指导政府网站建设具有较强的实际意义。

2.5.3　信息构建与可用性

信息构建的目的是让使用者与用户容易查找与管理信息，其实也是提高信息可用性的一种手段与方式。Newman 和 Landay 的研究表明[27]，网站是一个包括内容、导航和外观的多维复合体，如图 2－3 所示。

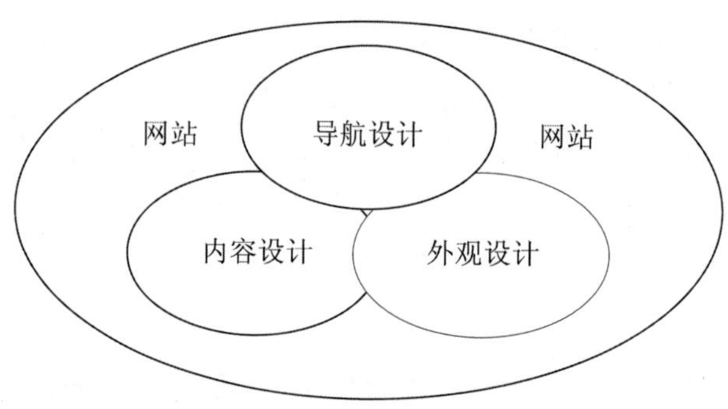

图 2-3 网站构建示意图

内容设计主要是进行信息构建，具体包括确定信息内容、组织信息结构、标识信息类目等。导航设计重点开发导航机制，包括建立导航栏、超链点、站点地图等。外观设计专注网站的展现和布局，比如网站色彩的搭配、多媒体素材的选用等。导航和外观可以明确地归入可用性的范畴。值得争议的是，内容设计是否也属于可用性的范畴。由于网站内容设计实质是信息构建问题，所以这个问题实质上是信息构建和可用性的关系问题。Rosenfeld 和 Morville 认为信息构建是一门组织信息的艺术和科学，涉及组织系统、标识系统、导航系统和搜索系统的设计，目的是帮助人们在网络环境中更有效地发现和管理信息，更有效地解决用户的信息需求。[28] 他们认为信息构建虽然不是可用性工程，但是认为信息构建和可用性工程是互为因果、互相补充的。虽然信息构建与可用性侧重点和范围不同，前者主要用于实际设计组织事物(信息内容)，后者侧重用于分析评价已有事物(信息内容)，但是进行信息构建的目的就是为了提高网站的可用性，可用性也是进行信息构建的依据。所以从分析评价的角度看，信息内容依然可以作为可用性的一部分，其主要目的是为了增强网站的有效性。

根据众多学者的观点以及网站建设实践的考察，本书认为信息构建应该被列入网站可用性应考虑的范畴内。

2.6 以用户为中心的设计

2.6.1 以用户为中心的一般概念

以用户为中心的设计(user-centered design, UCD)，简单地说，就是在进行产品设计时从用户的需求和用户的感受出发,围绕用户为中心设计产品,而不是让用户去适应产品,无论产品的使用流程、产品的信息架构、人机交互方式等,都需要考虑用户的使用习惯、预期的交互方式、视觉感受等方面。以用户为中心的设计强调在整个的产品开发过程中要紧紧围绕用户这个出发点,让用户积极参与,以便及时获得用户的反馈并据此反复改进设计,最终满足用户的需求。

以用户为中心的设计和评估最基本思想就是时时刻刻将用户摆在所有过程——从产品生命周期的最初阶段到设计开发阶段以及后期评估、反复设计阶段的首位。[29]以真实用户和用户目标作为产品开发的驱动力,而不仅仅是以技术为驱动力。

1991年Gould、Boies和Lewis提出了以用户为中心的设计的四个重要原则:

① 尽早以用户为中心。

② 综合设计:设计的所有方面应当齐头并进,而不是顺次发展。

③ 尽早并持续性地进行测试:在开发的全过程引入可用性测试,使用户有机会在产品推出之前就设计提供有效的反馈意见。

④ 反复式设计:大问题往往会掩盖小问题的存在。设计人员和开发人员应当在整个测试过程中反复对设计进行修改。

整理这四个重要原则,可以将其设计为图2-4。

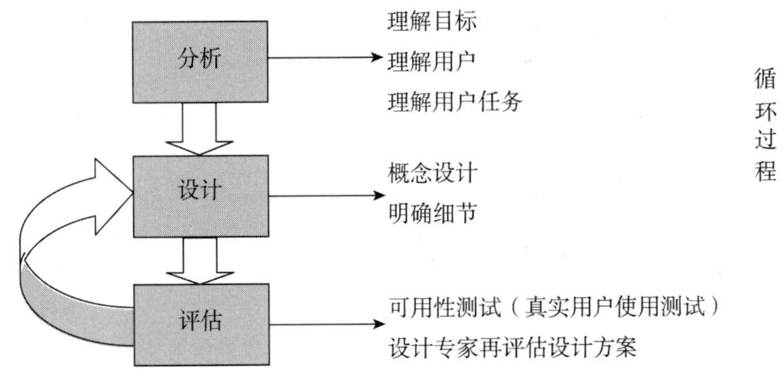

图2-4　用户中心设计(UCD)的设计流程[30]

2.6.2 以用户为中心的一般产品开发流程

对于一个以用户为中心为主要思想的产品开发流程一般包括五个阶段,包括调查研究阶段(research stage)、概念定义阶段(concept stage)、界面设计阶段(design stage)、执行测试阶段(implementation stage)和发布阶段(launch stage),具体流程图如图 2-5 所示。[31]

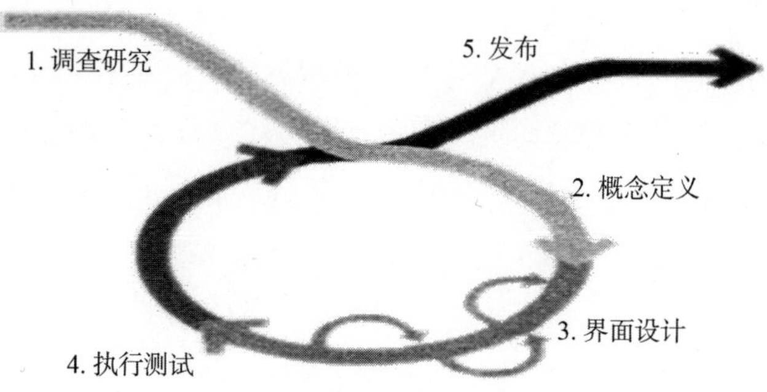

图 2-5 以用户为中心的一般产品开发流程图

伦敦交互流程设计研究组认为以用户为中心的一般产品开发流程各部分的具体工作如下:

1. 调查研究阶段

- 背景研究 (context studies)
- 关注群体 (focus groups)
- 竞争对手对比 (competitor comparisons)
- 深度面试 (depth interviews)
- 问答 (questionnaires)
- 用户角色与场景了解 (user personas and scenarios)
- 用户目标 (user goals)
- 可用性目标 (usability goals)

2. 概念定义阶段

- 概念模型 (concept models)
- 使用场景 (usage scenarios)
- 简易原型 (paper prototyping)

- 可用性测试（usability testing）
- 专家评估（expert evaluation）

3. 界面设计阶段

- 产品结构示意图（product structure diagram）
- 程序流程（process flows）
- 框架（wireframes）
- 交互原型（interactive prototypes）
- 卡片分类排序（card sorting）
- 可用性测试（usability testing）
- 易用性评估（accessibility evaluation）
- 专家评估（expert evaluation）
- 功能型详述（functional specifications）

4. 执行测试阶段

- 可用性测试（usability testing）
- 专家评估（expert evaluation）
- 易用性评估（accessibility evaluation）

5. 发布阶段

- 可用性测试（usability testing）
- 专家评估（expert evaluation）
- 易用性评估（accessibility evaluation）
- 关注群体（focus groups）
- 竞争对手对比（competitor comparisons）
- 测量（metrics）

2.6.3　以用户为中心的设计与可用性

可用性的一大特色就在于它和"以用户为中心的产品设计"在思想上是一脉相承的。可用性的首要观念就是在一个物品或产品的设计过程中始终要考虑到用户的生理和心理的要求。因此设计师始终要把用户的需要放在心中，甚至在设计的过程中邀请目标用户参与到设计的过程中来。因此，在可用性研究中，"以用户为中心"作为核心理念，贯穿于可用性设计的全过程中。可以说,在设计中,只有以用户为中心,从客户需求出发,才能做到设计出的产品可用、易用。

2.7 用户满意

2.7.1 用户满意的一般概念

CS 是英文 customer satisfaction 的缩写,意为“客户满意”。Philip Kotler 认为“满意是指一个人通过对一个产品的可感知的效果(或结果)与他的期望值相比较后,所形成的愉悦或失望的感觉状态”。[32] 该定义清楚地表明,满意水平是可感知效果(perceived performance)和期望值(expectations)之间的差异函数。当可感知效果低于期望时,顾客就会不满意;当可感知效果与期望相匹配时,顾客就满意;当可感知效果超过期望,顾客就会高度满意、高兴或欣喜。这一定义既符合心理学上对满意的理解,同时也是对顾客满意度进行测定与分析的理论支持。[33]

一般认为 CS 由顾客对企业的理念满意(mind satisfaction)、行为满意(behavior satisfaction)和视觉满意(visual satisfaction)三个系统构成。如图 2－6 所示。

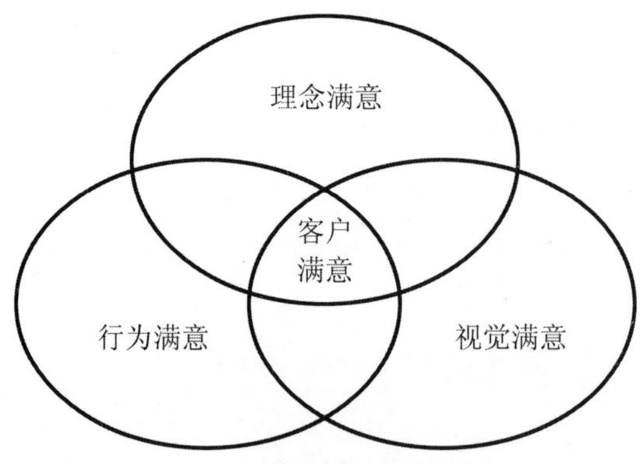

图 2－6 客户满意的整合系统

所谓 CS 战略,则是这三个方面因素协调运作,全方位促使顾客满意的整合结果。作为一项十分复杂的系统工程,CS 的价值取向是以顾客为中心,最大限度地提升用户满意度。用户满意理论开辟了企业经营战略的新视野、新观念和新方法。因此,在多个领域如工业制造、商业等领域都充分引入 CS 的服务理念，并制定相应的实施战略。

在公共领域的用户满意又可以被称为公众满意(citizen satisfaction)。而公众满意度，又可称群众满意度，是指在对政府工作有一定了解的基础上，政府部门服务对象对政府工作的满意程度，是对公众心理状态的量化与测量，是顾客满意度测评指标体系在公共管理领域的具体应用，有时候也称公共满意度(public satisfaction degree)。本书中所提到的用户满意，由于在公共服务领域，受众群体为公众(包括公民、企业和单位)，是他们通过对政府提供的电子服务的感知效果与其期望相比后产生的愉悦或失望的感觉状态。作为公共服务提供质量与效果检验的直接指标与体现，因此，用户满意是一项重要的考虑因素。

2.7.2　用户满意与网站可用性

网站的可用性是留住用户、引导继续使用，并产生满意感的关键。一个能让用户获得良好的用户体验，获得高的用户满意感的网站首先应该是易用程度高、可用性强的。作为可用性建设的目标，用户满意度评估在可用性建设中举足轻重。用户满意可以间接地反映出网站的可用性建设水平，因此用户满意度又常被作为检验可用性标准的具体指标。在可用性专家 Nielsen 及 Alan Dix 等人提出的可用性要素中，用户满意都被视为主要因素而列入其中。

参考文献：

[1] SEARS A. Introduction: Empirical Studies of WWW Usability[J]. International Journal of Human-Computer Interaction, 2000, 12(2): 167－171.

[2] SEFFAH A, METZKER E. The Obstacles and Myths of Usability and Software Engineering[J]. Communications of the ACM, 2004, 47(12): 71－76.

[3] SHAKEL B. in: Preeca and Keller (Eds), Human computer Interaction, Prentice Hall, Hemel Hempatea, 1990.

[4] BEVAN N, KIRAKOWSKI J and MAISSEL J. What is Usability? [C] Proceedings of the 4th International Conference on HCI, Stuttgart, September 1991.

[5] NIELSEN J. Usability engineering[M]. Boston: Academic Press, 1993: 13－16.

[6] DIX A, FINALAY J.人机交互(第2版英文版)[M].北京：电子工业出版社，2003.

[7] ISO.ISO/DIS9241－11 Ergonomic Requirements for Office Work with Visual Display Terminals, Nonkeyboard Input Device Requirements, Draft International Standard, International

Organization for Standardization，1998.

[8] HORNBAEK K. Current Practice in measuring usability：Challenges to usability studies and research[J]. Human-computer studies 64(2006)，79.

[9] POWELL T A. Web Design：The Complete Reference[M].北京：机械工业出版社，2001.

[10] NIELSEN J. Web 可用性[M].北京：人民邮电出版社，2000.

[11] PREECE J.交互设计——超越人机交互[M].北京：电子工业出版社，2003.

[12] BEVAN N. Measuring Usability as Quality of Use[J]. Journal of Soft-ware Quality，1995(4)：115 - 130.

[13] IUSR whitepaper，June，1999 [EB/OL]. http://zing.nesl.nist.gov/iusr/.

[14] NIST Common Industry Format for Usability Test Reports Washington，DC，November 19，2001.

[15] 美国工业可用性标准报告[EB/OL]. http://zing.ncsl.nist.gov/iusr/，http://www.ansi.org/.

[16] 2003 Ergonomics of human-system interaction-Guidance on accessibility for human-computer interfaces，29. Jan Gulliksen and Susan Harker，Universal Access In The Information Society. Volume 3，Number 1，6 - 16.

[17] 何川.国内信息无障碍的现状及展望[J].现代电信科技，2007(3)：4 - 8.

[18] 中国联通.信息无障碍标准的研究[EB/OL]. [2007 - 05 - 30]. http://www.chinaunicom.com.cn/profile/xwdt/txjs/file1186.html.

[19] IBM Developer Guidelines Overview [EB/OL]. [2006 - 08 - 20]. http://www-306.ibm/able/guidelines/index.html.转引：周晓英，唐思慧.政府网站信息无障碍设计的内涵、政策与举措[J].情报科学，2008(8).

[20] W3C-WAI. Introduction to web Accessibility [EB/OL]. [2006 - 08 - 20]. http://www-w3.org/WAI/intro/accessibility.php.

[21] [22] 霍莉，刘正捷，张海昕，等.网站的可达性设计[J].微型电脑应用，2004(2).

[23] 周晓英.基于信息理解的信息构建[M].北京：中国人民大学出版社，2005：18.

[24] 周晓英.政府网站信息构建的特点：加拿大政府网站案例研究[J].情报理论与实践，2008(1)：51 - 54.

[25] 刘记，沈祥兴.网站信息构建决定因素分析[J].情报科学，2007(2)：267 - 270.

[26] 周晓英.信息构建的目标及其在政府网站中的实现[J].情报资料工作，2004(2)：

5－8.

[27] NEWMAN M W，LANDAY J A. Sitemaps，storyboards，and specifications：A sketch of web site design practice. In Proceedings of Designing Interactive Systems：DIS 2000，New York，2000.

[28] ROSENFELD L，MORVILLE P. Information architecture for World Wide Web. CA：O'Reilly & Associates，Inc.2002.

[29] JOKELA T，IIVARI N et al. The standard of user——centered design and the standard Definition of usability：analyzing ISO 13407 against ISO9241－11. Proeeedings of the Latin American conference on Human-computer interaction，ACM. 2003，4：53－60.

[30] GAMBERINI L，VALENTI E. Web Usability Today：Theories，Approach and Method，Towards Cyber Psychology：Mind，Cognitions and Society In the Internet Age，Amsterdam，ISO Press，2001，2002，2003.

[31] 伦敦交互流程设计研究组[EB/OL]. http：//www.flowinteractive.eom/index.php.

[32] KOTLER P，ARMSTRONG G M. Principles marketing[M]. Prentice Hall，2001.

[33] 于洪彦.顾客满意度涵义诠释[J].中国统计，2003(9)：50－51.

3 政府网站信息可用性实现方式

本书所研究政府网站信息的可用性实际上包括三个层次:信息的有用、可用和好用。其中有用是基础,可用是核心,好用是目标。因此,我们的研究围绕着可用性这个核心,延展到提供有用的信息和保证信息好用这两个层次。

保证政府网站信息可用性实质上是个系统工程,不是仅仅通过确定一个网站建设者遵守的制度或者仅仅通过制定一个行为的规范和指南就能够达到目的,而是要通过一系列的配套措施,从整体上加以保证。

通过对国际电子政务先进国家的实践经验的观察和分析,笔者认为,保证政府网站信息的可用性可以通过三个层面的工作来加以实现:

首先是通过电子政务的战略和顶层设计,确定政府网站建设的思路,确定政府网站的目标和任务;

其次是通过建立政府网站信息可用性的保障体系,保证政府网站在建设、实施和运营过程中维护信息的可用性;

再次是配合保障体系,建立政府网站信息可用性的相关规范,作为政府网站建设和维护的行动指南,具体落实到政府网站的建设和维护的工作中去。

3.1 电子政务的战略规划和顶层设计

3.1.1 战略规划和顶层设计与政府网站信息可用性

3.1.1.1 电子政务战略

电子政务战略所确定的目标和方向是政府网站建设的重要依据,电子政务战略确定了政府通过内部管理、政府之间的连通、政府对社会事务的管理、政府对公众的公共服务的发展方向,电子政务战略确定了通过电子化的方式为公众提供方便快捷的公共服务,这也是电子政务的根本目标和核心价值所在。由于政府网站是信息社会政府公共服务的主要渠道,电子政务战略实际上确定了政府网站按照怎样的思路和目标去建设和完善，也就确定了政府网站信息可用性的建设是否能够成为网站建设的重要理念。

从政府网站内容分析中，我们可以看到政府网站信息管理政策、规范、方法往往与电子政府建设战略同时出现，比如澳大利亚政府财政与行政管理部下属的政府信息管理办公室的职责，在网站上的入口标题就是"电子政府与信息管理"，而在这个板块的出现的信息内容，最开始的部分就是"政府在线战略"。

此外，每一种新的电子政府发展理念，都在政府信息管理的模式和方法中得到了体现。针对国际电子政府建设从综合集成、到网络治理、再到连通政府和响应型政府的发展趋势，在每一个阶段的建设理念，政府都需要制定相应的信息管理措施来加以实施。这反映了一种状况，即在电子政府建设环境中，政府网站信息管理以及信息可用性实际上是以政府在线战略的规定为核心指导思想。

3.1.1.2　顶层设计

1. 顶层设计的概念和特点

顶层设计是来自高端的总体构想，是运用系统论的方法，从全局的角度，对某项任务或者某个项目的各方面、各层次、各要素统筹规划[1]。顶层设计的目标是以大工程的方式和系统化的方式，实现理念一致、功能协调、结构统一、资源共享[2]、构件标准，以集中有效资源，高效快捷地实现目标。顶层设计是大型项目成功的关键所在，正如古语所言："不谋万世者，不足谋一时；不谋全局者，不足谋一域。"

顶层设计是一种重要的思维方法，具有以下特点：

(1) 顶层决定底层。顶层设计是自上而下展开的规划方法，核心理念和目标都来自顶层，因此具有顶层决定底层、高端决定低端的特点。

(2) 关联性和衔接性。顶层设计强调整体性，而不强调部件的独立性；强调部件之间的关联性、衔接性、互联互通性，强调发挥各个部件的能动性，并且各个部分要"劲往一处使"，以使各个部件有机匹配，构成一个和谐统一的整体。

(3) 具体性和可操作性。顶层设计是宏观规划的具体化，具备实践性特质，具有具体的实现手段，具有实际的可操作性和可实施性。

2. 顶层设计引导信息可用性的建设思路

电子政府走向网络治理的过程中,政府日益将电子政府作为一个整体概念来看待,统一政府的概念将意味着在前台提供的服务是由集成、合并的后台处理和后台系统来获得更多费用节省并且改善服务交付。统一政府的突出特点是政府机构和组织分享跨越组织界限的目标,而不是像过去的政府机构那样只是为了实现自己的目标而工作。

解决统一政府所需处理的问题就是要解决整合、协同和共享的问题,解决的办法就是建立电子政府顶层设计框架,包括标准和框架,如互操作框架、协作框架等。

从各国的实践看,电子政府顶层框架设计工作已经在发达国家电子政府建设中已经开展起来,美国政府建立了联邦政府组织体系架构 EIA,该架构由业务模型、数据模型、服务模型、技术模型、评测模型以及指南、法规和框架组成。

欧盟、澳大利亚等很多国家和地区都建立了电子政务互操作框架。以澳大利亚政府的“澳大利亚信息互操作框架”为例,该框架希望使政府具有以统一的和高效的方式跨越多个组织机构和信息系统来传递和使用信息的能力,它提供了政府的技术政策和说明了如何实现协同合作以及保持各公共部门间的信息和通讯技术的一致性,目标是支持机构改善它们的信息管理能力,支持信息交换。互操作框架为政府处理紧急事务、集成和分析跨机构所拥有的信息、跨机构的无缝服务、联合行动时的政府信息管理和服务提供了可能。澳大利亚政府互操作框架指导下的政府信息管理原则是:将信息作为资产和战略资源管理;标准化信息管理实践;产生支持决策的信息;收集高质量信息;从唯一权威来源重用信息;促进信任和自信、权利和义务,使用信息时遵循伦理道德。[3]

尽管目前看来,上述顶层设计的框架所包括的内容还没有足够完备、框架的运用还没有足够成熟,但是各国政府都已经认识到,要进一步提高政府信息管理和服务水平,统一的框架是政府信息资源管理的基础,各国政府正在推行的过程中寻求不断改革和完善的最佳方案。

电子政务顶层设计过程中,政府生成和拥有的信息被看作是国家的战略资产来重视和管理，政府生成和拥有的信息同时被看作是公众可用的资源，要以方便、快捷和有效的方式提供公众使用。顶层设计能够确定电子政务整体发展中各个构成部分具体的发展目标，因此，也确定了政府网站信息可用性建设的具体的思路、路径和规范。

3.1.2　案例分析

以下我们以澳大利亚政府的电子政务战略规划的制定和实施为例，分析电子政务战略对政府网站的信息可用性的影响[4]。

3.1.2.1　澳大利亚政府十分重视政府ICT战略的制定

澳大利亚政府网站的政府信息管理主要由澳大利亚财政与行政管理部(Department of Finance and Deregulation)的政府信息管理办公室(Australia Government Information Management Office, AGIMO)负责，该机构跨政府部门工作以维护澳大利亚作为富有成效地应用ICT技术于政府管理、信息和服务的领导者。AGIMO促进澳大利亚政府部门高效和有效使用ICT技术，提供意见、工具、信息和服务，帮助澳大利亚政府部门使用ICT技术改善管理和提供服务，AGIMO也与政府其他实体一起在地方、州、国家和国际层面上改善和维护澳大利亚作为世界电子政府领导者的地位。[5]

澳大利亚政府十分重视战略规划的制定和实施。至2011年年底，澳大利亚政府分别制定完成了2000年、2002年、2004年和2006年的电子政府战略，提出了各个时期的战略目标。为了实现澳大利亚电子政府战略，政府设计了一系列的ICT改革计划，AGIMO提供的系列的ICT方案和计划，包括七大方面：ICT战略和治理、ICT采购、ICT服务改善和提供、ICT安全和可靠性、ICT最佳实践和合作、ICT基础设施、ICT的投资和预算建议，其中“ICT服务改善和提供”与政府在线信息管理和服务的关系最为密切，是直接为了促进无缝的、顾客为中心的在线信息管理和服务的，其所包括的规范和实施项目有：

• 以提供简单、方便接入政府信息与服务为目的的澳大利亚政府在线服务接入点项目；

• 以改善在线公民参与和促进一致参与体验为目的的澳大利亚政府咨询博客；

• 以通过设定原则、标准和方法支持集成和无缝服务为目的的澳大利亚政府互操作框架；

• 以描述所有政府现行服务为目的的政府服务环境列表；

• 以通过设定高水平战略来促进支持信息分享环境为目标的国家政府信息分享战略；

• 以支持跨机构业务过程集成为目标的国家标准框架；

• 以支持开发跨机构协议为目标的国家协作框架；

• 以支持政府信息发现为目标的澳大利亚政府网站；

• 以指导澳大利亚政府信息发布为目标的澳大利亚政府信息发布；

• 以支持澳大利亚机构认识到发布政府出版物责任为目标的澳大利亚政府出版指南。

至 2013 年年底，澳大利亚政府与时俱进，又陆续制定了《澳大利亚公共服务 ICT 战略 2012—2015》(*Australian Public Service ICT Strategy* 2012—2015)、《澳大利亚公共服务大数据战略》(*Australian Public Service Big Data Strategy*)、《澳大利亚公共服务移动路线图》(*Australian Public Service Mobile Roadmap*)、《澳大利亚政府云计算政策》(*Australian Government Cloud Computing Policy*)、《澳大利亚开放政府宣言》(*Declaration of Open Government*)、《数据中心战略》(*Data Centre Strategy*)[6]。从中可以看到，澳大利亚政府围绕大数据、云计算、移动服务这些新的技术和社会发展特征，通过战略来持续保证政府公共服务的高质量和高水平。

3.1.2.2 澳大利亚政府信息管理与公共服务的特点分析

澳大利亚政府信息管理和公共服务的特点是：建立在电子政府战略的基础之上的、以 ICT 技术的改革和应用为特征的、形成全面配套的、前后衔接、全国一致的 ICT 支持的系列措施来指导开展公共服务。[7]

具体的特征分析如下：

1. 不断完善的电子政府战略

澳大利亚政府所制定的电子政府的战略是随着 ICT 技术和电子政府管理理念的发展而不断完善的。2002 年最初的电子政府战略——《更好的服务，更好的政府》提出了走向更加综合集成的新技术应用于政府信息服务和管理的目标；2004 年发布的信息经济政策文件——《澳大利亚信息经济战略框架 2004—

2005》勾勒了统一政府的方案以维护澳大利亚作为信息经济的全球领先地位，该文件包括了通过有效使用信息、知识和 ICT 技术来提升澳大利亚公共部门生产力、合作和可达性的战略重点；2006 年颁布的电子政府战略——《响应型政府：新的服务日程》描述了政府在电子政府建设中的进步、政府向 2010 年的连通政府和响应型政府迈进所取得的进展。2012 年颁布的《公共服务 ICT 战略 2012—2015》确定了澳大利亚政府以新的和创造性的方式提供更佳的、易于使用的服务，以最大限度满足人们的需要和期望；该战略勾勒出了澳大利亚公共服务将持续使用 ICT 技术推动最佳的服务、改善政府运营、提高生产率，并与人民、社区和企业建立良好的关系；该战略支持更好的、更可接近的政府服务，提供给公众在任何合适时间、任何合适的地点、以任何合适的方式使用政府的服务[8]。

上述电子政府战略不仅持续跟进电子政府发展的国际先进理念，反映了电子政府建设从综合集成向统一的政府，再向连通政府和响应型政府迈进的步伐，体现了澳大利亚政府力图保持电子政府建设国际领先地位的决心，而且为政府在线信息管理与服务提出了明确的奋斗目标和努力方向。

2. 战略目标的明确和务实保证了行动的实施和目标的实现

澳大利亚电子政府战略目标的描述都是朴实和务实的，少有不切实际的豪言壮语，少有难以实现的模棱两可的原则性描述，战略目标明确而且是划分时间阶段的，每个阶段有具体要达成的目标。

以 2006 年的电子政府战略为例，整个战略只是围绕着 2010 年四个主要领域要实现的愿景而展开，即满足用户的需要、建立相连接的服务提供、实现金钱的价值、提升公共部门的能力，每个领域提出所采取的相应的具体行动和达成目标的时间期限。

电子政府战略描述了顾客视角的“连通政府”的愿景，即通过提升政府部门和机构等公共部门的能力，保证实现 ICT 投资的价值，提供连通的服务包括个性化服务选择、可靠性和身份管理、互操作和接入与分布服务，为公民、企业和其他社会团体实现多渠道的包括邮政、面对面、电话和在线的服务。

图 3-1 为连通政府的顾客视角描述图示。

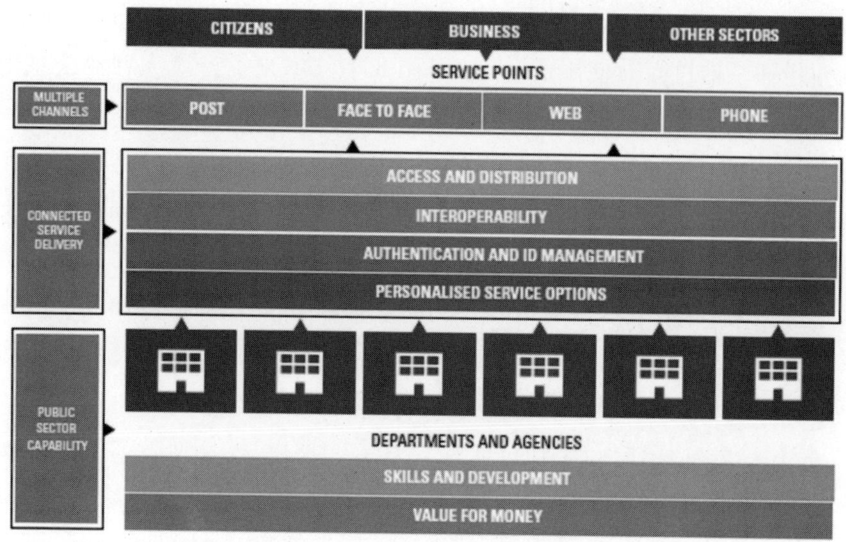

图 3－1 连通的政府:顾客的视角①

该电子政府战略提出了上述四个主要领域在 2005—2006 年、2006—2008 年和 2008—2010 年三个阶段分别要达到的指标和最终成果,四个主要领域的战略重点,以及四个主要领域在 2006—2008 年初期阶段和 2008—2010 年最后阶段各自所采取的具体行动,提出了如何使用创新技术、与产业界合作、管理愿景、测度影响的战略实施方案。

从澳大利亚电子政府战略的内容结构来看,政府的战略体现了朴实和务实的特点,简洁、明确、深入、实用的战略方案不仅显示了政府的实事求是的精神,而且能够保证这一时期政府信息管理发展路径的确立和设定目标的实现,奠定了实现政府信息和服务的高可用性基础。

3. 管理体制和机制保证全国一致的政府信息管理实施

为了保证能够制定全国一致的在线信息管理战略和方案,澳大利亚政府规定了政府信息管理的多个相关机构合作协作和相互配合的方式,特别国务部(Special Minister of State)通过政府信息管理办公室来实施监督和协调功能,政

① 图片来源:Department of Finance and Administration, Australian Government Information Management Office, Responsive Government: A New Service Agenda, http://www.finance.gov.au/publications/2006-e-government-strategy/docs/e-gov_strategy.pdf。

府信息管理办公室与信息管理战略委员会(Information Management Strategy Committee)和信息主管委员会磋商,保证政府战略和向2010年目标的推进的实施,部长将通过在线和交流理事会(Online and Communications Council)与州和地区联络以确保拥有一个完整的全国性解决途径。

为了机构能够在执行政府战略时的协作以及参与共同相关的决策制定活动,政府还继续维护和加强其已经存在的ICT治理结构,政府信息管理办公室拥有在政府机构内使用ICT技术的全面的协调职责,并直接向特别国务部报告。政府治理结构确保了ICT技术相关的决策能够与州和地方政府协作执行政府战略,能够反映全部政府而不是个别机构的作用和利益。

图3-2是澳大利亚政府ICT技术治理模型,图中显示了澳大利亚政府特别国务部负责的管理咨询委员会、信息管理战略委员会、信息主管委员会、政府财政与管理委员会的政府信息管理办公室,州和地方政府负责的在线和交流理事会、跨辖区信息主管委员会和集成办理参考组、信息主管论坛等政府机构和部门之间相互的合作和协作关系。从中可以看到政府机构之间的职责清晰和目标明确的ICT技术支持的政府信息管理思路。

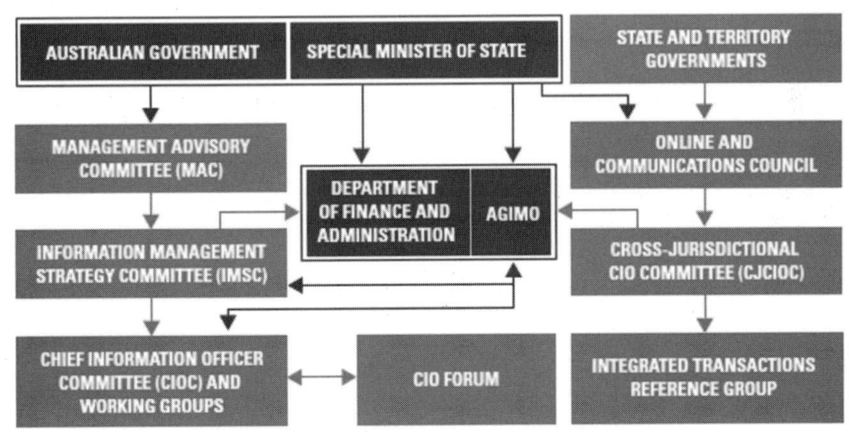

图3-2 政府ICT技术治理模型①

① 图片来源:Department of Finance and Administration, Australian Government Information Management Office, Responsive Government: A New Service Agenda, http://www.finance.gov.au/publications/2006-e-government-strategy/docs/e-gov_strategy.pdf。

4. 规划和架构保证公共服务实现统一的政府功能

实现连通政府的信息管理和服务目标需要政府在技术系统和业务过程中以一种注重实际的方式来执行，需要采取行动来规划和实施连通政府的战略。澳大利亚政府建立了一系列框架共同构成了连通政府的基础，这些框架包括：

- 提供澳大利亚政府服务——服务能力模型
- 提供澳大利亚政府服务——管理多渠道
- 澳大利亚政府技术互操作框架
- 澳大利亚政府业务互操作框架
- 澳大利亚政府信息互操作框架
- 国家服务改善程序和框架
- 国家互操作框架
- 澳大利亚政府电子鉴定框架
- 需求和价值评价方法

尽管陆续在建立统一政府所需要的协作框架，但澳大利亚政府承认这些框架仍不足以解决统一政府通常所遇到的跨机构协作问题。为了引导政府机构和部门，政府提出今后将使用上述框架的集合来开发一个实现服务愿景的架构模型，即跨机构的面向服务的架构(service oriented architecture, SOA)，该架构包括设计和开发计算机系统的原则和标准，使系统提供的每一项服务以一种深思熟虑的、能够被其他系统使用的状态而存在；该架构支持标准化的处理、支持重用系统、支持交互、支持单一来源权威信息和改善投资回报。

要实现连通政府或者统一政府的在线信息管理和服务职能，必须建立包括ICT技术、服务和业务过程在内的基本架构，通过标准化的手段对政府的信息管理和服务行为加以规划和引导。这项工作繁琐复杂，也不是一蹴而就的，但却是达成最佳政府信息传递和政府服务的必要途径。

5. 重视政府服务的协同一致以及政府服务环境的建设

为了统一政府和连通政府所提出的无缝、集成、一致、面向用户的服务目标，澳大利亚政府通过开展简单方便的服务接入项目、建立互操作框架、建立政府信息分享战略、建立国家标准框架等方式，力图实现政府最佳服务目标。

为了让统一政府在线服务水平得到提升，政府信息管理办公室还面向政府机构提供服务，在政府服务环境描述器中，政府信息管理办公室为政府机构列出了所有现行服务，包括数据交换服务、开办网站博客服务、办理表格服务、在线交流服务、搜索服务、澳大利亚政府在线目录等，以完善政府服务环境。上述工作有利于政府机构建成跨机构的服务和从知识共享中获得好处，通过提升已经存在的基础结构和服务确保投资的价值，确定信息技术能力以改变用户需求。

6. 关注政府信息发布和发现

政府信息的发布是从服务者的角度而言的，政府信息的发现是从使用者的角度而言的。为了保证政府信息为公众方便地发现，政府信息管理办公室确定了详细的政府信息发布规则和标准，包括网站建设指南、图书馆寄存方案以及为作者、编者和出版者规定了政府资料使用格式等；为了规范政府机构的行为，提升机构的认识，促进机构满足政府所规定的要求，政府信息管理办公室编制了澳大利亚政府出版指南，详细说明了各种类型的政府文件、以不同的渠道、不同的内容发布，以及分布、归档和陈述时所应该遵循的标准。除了从发布规范上考虑周全之外，澳大利亚设计了有利于公众发现的政府网站结构，建立了政府在线信息管理的元数据标准 AGLS，从多个方面着手来改善政府信息的可发现性。

从上述分析中，我们看到，因为有了战略的规划，政府网站在提供信息和服务的过程中，有了宏观上的指导原则，这便为保证政府网站信息和服务的高可用性打下了坚实的基础。

3.2　政府网站信息可用性的保障体系和规范体系

1. 可用性保障体系

经过分析西方电子政府先进国家和中国的电子政务实践，分析他们在促进和保证政府网站信息可用性的众多因素，笔者将政府网站信息可用性的保障体系的构成归纳为三个大类：第一是指导体系，第二是操作体系，第三是评估体系。

指导体系可以理解为事前指导，强调为政府网站信息可用性建设提供事前的全面的原则和引导。

操作体系可以理解为事中帮助，强调为政府网站信息可用性建设提供事中(进行中)的具体的标准、工具和方法。

评估体系可以理解为事后考察，强调为政府网站可用性建设提供事后的建设效果测评。

因此，保障体系中三个构成体系是通过事前的行政指导、事中的标准遵从、事后的效果评估来保障政府网站信息的可用性。需要说明的是，上述三种划分是依据典型的内容，由于现实工作中的战略、指南、标准、工具、方法并不严格区分是适用事前、事中还是事后，有些实践中的指导方案其实是跨越了事前、事中和事后三个阶段的，表现在保障体系的三种类型在实践中有时是混合在一起而没有严格区分，内容有交叉和重叠的部分。

2. 可用性建设规范

上述政府网站信息可用性保障体系的三个类型包括行政指导、标准遵从、效果评估，在实施的过程中可能都需要依据所制定的一系列政策、规范和标准来推行，因此，规范体系本质上也是实现保障的一种手段。

为了保证政府网站信息的可用性，除了围绕上述三大保障体系建立一系列规范之外，我们也根据国外电子政府先进国家以及中国电子政务建设十多年的实践分析，提炼了政府网站信息可用性建设的核心规范，即：政府网站建设规范、政府网站的可及性规范，以及可用性的专门性规范——可用性规范。

3.3 政府网站信息可用性建设——路线图

根据本章的论述，笔者建立了达到信息的有用、可用和好用目标的政府网站信息可用性建设路线图如图 3－3 所示。

在对电子政务战略和顶层设计做简单的描述之后，本书将在第 2 篇和第 3 篇重点对政府网站信息可用性的“保障体系建设”以及政府网站“信息可用性的核心规范”展开论述。由于该领域的研究目前在国际上尚缺乏系统性的理论研究成果，笔者以为，采用我们的认识框架，侧重从实践的角度来剖析是比较合理的方式，因此，我们采用的研究和论述模式是先阐述基本的概念和理论，再结合国际电子政府建设先进的实践来展开具体的分析，这样有助于读者能够更直观地感受政府网站信息可用性建设这个崭新的领域的发展。

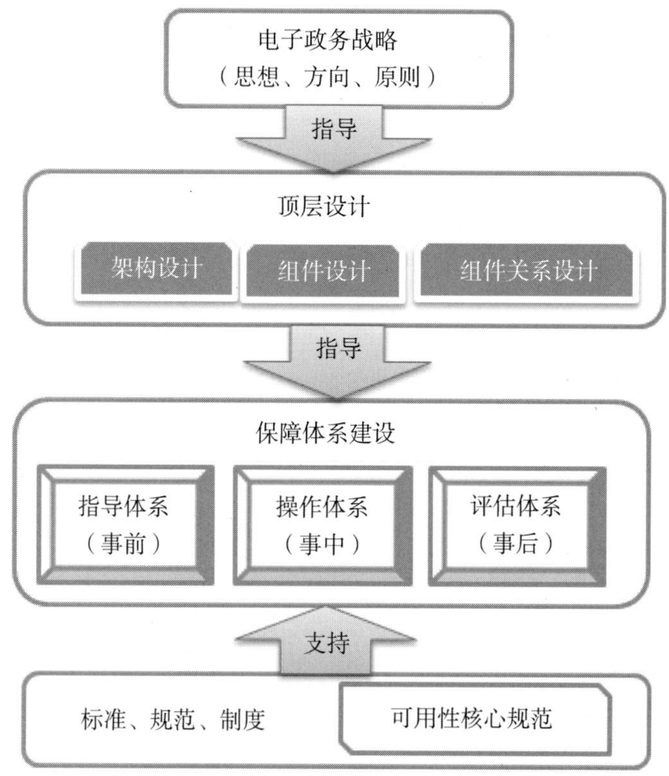

图3-3　政府网站信息可用性建设路线图

北京市政府网站(首都之窗政府网站群)是国内建设水平领先的政府网站，我们在分析国际电子政务先进国家实践的同时，都提出关于这些实践经验对北京市政府网站信息可用性建设的指导和启示的思考，其实这些思考对于中国中央及各级政府网站的建设都具有同样的参考借鉴价值。

参考文献：

[1] 刘松柏."顶层设计"的魅力和价值[EB/OL].中国经济网，(2011-06-22)[2013-02-25]. http://paper.ce.cn/jjrb/html/2011-06/22/content_157846.htm.

[2] 汪玉凯.准确理解"顶层设计"[EB/OL].人民网，(2012-03-26)[2013-02-17]. http://theory.people.com.cn/GB/49150/49152/17489510.html.

[3] 澳大利亚政府信息互操作框架[EB/OL].[2011-03-02]. Australian Government

Information Interoperability Framework，http://www.finance.gov.au/e-government/service-improvement-and-delivery/australian-government-information-interoperability-framework.html.

[4] 周晓英，王冰.政府在线信息管理与服务进展研究[M]//情报学进展(2010—2011年度评论).北京：国防工业出版社，2012：116-156.

[5] The Department of Finance and Deregulation，Australia，http://www.finance.gov.au/e-government/index.html.

[6] Policy，Guides & Procurement，Australia Government Department of Finance.[2014-01-03]. http://www.finance.gov.au/policy-guides-procurement.

[7] Department of Finance and Administration，Australian Government Information Management Office，Responsive Government：A New Service Agenda，http://www.finance.gov.au/publications/2006-e-government-strategy/docs/e-gov_strategy.pdf.

[8] Australia Government Information Management Office，Department of Finance，Australia Government. Australian Public Service ICT Strategy 2012—2015.[2014-01-03]. http://www.finance.gov.au/policy-guides-procurement/.

第2篇

政府网站信息可用性保障体系的建设与实践分析

4　可用性指导体系的建设与实践

4.1　可用性指导体系

4.1.1　指导体系的含义和特征

在本书中,可用性指导体系是指那些为了保证政府网站信息具有有用、可用和好用特征而制定的,针对政府网站建设、管理和运营的具有原则性、引导性和规定性的一系列制度和规范。

指导体系可以理解为网站建设、管理和运营的事前指导,强调为政府网站信息可用性建设提供事前的全面的引导、规划,保证政府网站建设的协调性和一致性。

指导体系在保证政府网站信息可用性方面的价值在于,它为网站的建设、管理和运营提供了引导、指导和帮助,从认识层面保证对相关问题的理解的一致性,从而确定网站建设的思路。

指导体系的特征在于: ① 指导体系提供宏观的引导,可以由操作体系提供具体的指南; ② 指导体系侧重对人员的引导、帮助和培训。

4.1.2　指导体系和操作体系之间的区别

本章所论述的指导体系和下一章所论述的操作体系之间的区别主要在于:

(1) 指导体系侧重原则、指导、培训和帮助,操作体系侧重技术、技巧;

(2) 指导体系更加宏观,操作系统更加具体;

(3) 指导体系更加注重知识和认识,操作体系更加重视具体和实际操作;

(4) 指导体系针对人员,侧重对人员水平的提升;操作体系针对问题,侧重问题的技术解决方案。

虽然本书所论述的政府网站信息可用性指导体系和操作体系有上述差别,但由于政府所制定的电子政务服务体系常常考虑到一个整体,所制定的原则、制度和规范往往结合在一起,从整体的角度出发。其中既有针对人员的,也有针对问题的;既有指导的因素,也有操作的因素;既有原则性的内容,又有实施性的内容,所以实践中操作体系和指导体系之间有时有互相交叉的内容,往往难以严格区分。因此,本章和下一章对指导体系和操作体系实践的分析,我们选择所分析的实例时采用的方法是:考察它们主要属性更符合指导体系还是更符合规范体系,从而决定是从指导体系的角度分析还是从操作体系的角度分析。显然,由于实践的综合性特征,我们所分析的具体内容之间也会有一定的交叉。

4.1.3 本章对指导体系实践的研究

本章的第2、第3节选取了欧盟和美国两个地区政府网站信息可用性的指导体系建设实践来进行详细分析和研究。

4.1.3.1 欧盟

欧盟对网站可用性提出了明确的定义和目标,建立了网站信息可用性的指导体系。

1. 可用性定义和目标

欧盟政府对其网站的可用性进行了如下定义:网站可用性是指在用户无需接受特定培训的情况下,就能让网站对于用户更为易用的一种方法。

欧盟网站还对网站可用性的目标进行了概括,包括如下内容:① 清晰简洁地为用户展示信息;② 显而易见地为用户提供正确的选择;③ 根据行为的结果减少不确定性;④ 把最重要的事情放在网页或网络应用的合适的位置上。[1]

2. 可用性指导体系

欧盟对政府网站的可用性有自己明确的定义,可见其对政府网站可用性的重视。欧盟通过制定一系列的政策、通过行政管理形成的组织保证、通过专门的信息可用性技术和方法的保证、通过确定政府网站质量控制方法、通过使用可用性操作方法、通过吸纳用户反馈等全面的措施,来保证政府网站信息的可用性,形成了欧盟特色的政府网站信息可用性指导体系。

4.1.3.2 美国

美国联邦政府为了引导美国政府网站的建设者和管理者们,专门建立了HowTo网站,形成了较完备的政府网站信息可用性的指导体系,实现其指导和告知相关人员“如何做”的目的。

1. HowTo.Gov 网站概述

HowTo.Gov 网站是美国政府管理用户服务渠道(如网站、社会化媒体、联络中心)所需的联邦要求和最佳实践的权威来源。它在原先的几个聚焦用户服务的网站内容的基础上优化整合而来,正式运行于2011年12月,由公民服务和创新技术办公室(Office of Citizen Services and Innovative Technologies, OCSIT)和联邦网站管理者委员会(Federal Web Managers Council, FWMC)共同管理该网站。在本书校对期间(2014年7月), HowTo.Gov 网站的内容正在迁移到一个新的平台 Digital.Gov,以谋求在数字化顾客体验、公民参与以及内容管理方面更好的发展。

1) HowTo.Gov 网站的服务对象以及建设目的

该网站旨在通过共享新理念和面临的挑战、分享经验教训与成功经历来帮助政府工作人员为公众提供更好的客户体验。美国联邦政府网站的管理者是该网站的主要服务对象,各州和地区以及其他国家政府的网站管理者也可以使用相关服务并发表评论、提供建议或提供有用资源。通过该网站,网站管理者可以分享成功经验,探讨工作中遇到的困难和挑战,同时可以利用该平台相互学习,交流新思想,促进共同进步。因此可以说,HowTo.Gov 是帮助管理者管理机构网站的实用向导。

2) HowTo.Gov 网站的管理者

联邦网站管理者委员会和总务管理局(General Services Administration, GSA)下属的公民服务和创新技术办公室对 HowTo.Gov 进行管理。公民服务和创新技术办公室集中了联邦政府为公众提供的数据、信息和服务,识别和应用新技术以提高政府运作效率和公众服务效能。而联邦网站管理者委员会力图将美国政府网站建成以公众为中心的、用户友好的网站,主要职责除了管理 HowTo.Gov 网站,还有为政府网站管理者开设培训项目、开发实践工具和指导手册。同时,其他实践社区对 HowTo.Gov 网站给予一定程度上的支持。《HowTo.Gov 网站治理》详细记录了该网站建立的过程以及相关政策。

3) HowTo.Gov 网站的服务内容

HowTo.Gov 网站提供的实践案例、培训和指导主要涉及以下方面:战略规划和整合的客户服务渠道;网站相关的联邦政策要求;云计算、应用程序、数据和网络基础设施的工具;通过社会媒体和开放政府实现网上公民参与;网页内容管理、可用性及网页设计;联络中心服务。政府工作人员可以通过该网站查找相关政策法规指导、培训课程与相关内容、最佳政府网站管理实践;该网站可以帮助网站管理者参与相同领域的实践社区的交流;HowTo.Gov 为网站管理者搭建了学习管理策略、提高管理合作能力的平台;HowTo.Gov 更搭建了一个与其他人进行交流合作的平台,例如,网站使用者可以通过提交案例研究报告、贡献相关管理经验内容、实现资源共享、提供反馈等,来帮助政府网站管理者改进服务工作,更好地建设服务型政府网站。HowTo.Gov 以主题板块的形式将网站分成"网站内容""社会化媒体""移动政务""挑战与竞赛""联络中心"和"客户体验"六大部分。

4) HowTo.Gov 自身的管理制度

HowTo.Gov 网站政策涵盖的内容丰富,涉及了用户和网站管理、网络技术及安全、网站链接、培训、法律等各个方面,具体包括了用户隐私权、用户满意度调查、评论的管理、技术信息的搜集和储存、Cookies、网站安全、免责声明(降低责任承担的范围)、链接外部网站、网站资料的利用、电子政府大学(Digital Government University, DGU)、可及性、文档格式和禁例。经过同性质事物的归类,网站政策主要内容如下:

在用户方面:① 尊重用户隐私权。HowTo.Gov 承诺决不为商业目的收集或创建用户的个人信息,除了用作回复用户之外,个人信息如 E-mail 不做他用。② 可及性。HowTo.Gov 为残疾人提供信息的访问,遵守"《康复法(修正版)》508 节",帮助残疾人都能获取和利用信息和数据。③ 用户满意度调查。满意度调查由美国总务管理局负责,并具有政府管理预算局(OMB)的管理编号,使调查具有官方的授权,被访问者可放心作答。

在网站管理方面:① 网站对用户的评论进行管理。为了保证网站的秩序,对暴力、种族主义、淫秽、亵渎和恶意中伤的评论、威胁和有损任何个人和组织名望的评论、任何形式的教唆和广告、八卦和重复的帖子、有个人信息的帖子都予以删除。② 禁例。HowTo.Gov 不会链接任何具有仇恨、偏见或歧视的网站,HowTo.Gov 拥有拒绝或删除错误信息、未经证实的主张的权利。

在网站技术和安全方面:① 网站采用 Google 分析软件来度量网站的流量,

确认系统的性能。② 对于 Cookies 的利用，HowTo.Gov 予以了说明，指出对 Cookies 的利用遵守“网络度量和定制技术的在线利用指导”。用户可以改变浏览器设置禁用 Cookies。③ 网站安全。政府计算机系统采用商业软件程序来管理网络通信，以辨别未经授权的上传或改变信息，或其他可能的破坏。除非授权执法调查，否则不会去识别个人用户或用户使用习惯。原始数据记录不会用于其他目的，且会根据“国家档案和文件管理指南”进行定期销毁。

在网站的链接方面：HowTo.Gov 链接外部网站，可以是其他政府网站或是非政府网站。总务管理局的公民服务和创新技术办公室和联邦网站管理委员会管理网站，评估外部链接。网站提供的这些链接仅用于提供用户信息和方便用户之用，建议用户点击外部网站链接，要遵守外部网站的隐私权和安全策略。

此外，网站政策还包括 HowTo.Gov 资料的利用说明、电子政府大学的说明和链接、HowTo.Gov 文档 PDF 格式的使用说明。

2. HowTo 网站指导体系建设特征总结

从对 HowTo.Gov 网站的研究中，我们对美国联邦政府信息可用性指导体系的建设特征分析结论是：

(1) 建立了一个帮助机构建设政府网站的平台：美国联邦政府通过 HowTo.Gov 网站建立了一个针对政府网站建设者和管理者的服务平台，网站“以帮助机构提供最佳的用户体验”为建设宗旨。

(2) 提供政府网站建设涉及的内容和技术处理的实践指导：提供了针对网站的内容建设、社交媒体、移动网站建设、服务质量反馈、政府与公众交互等方面的实践指导。

(3) 通过培训整体提升网站管理者人员素质：网站还通过电子政府大学为网站管理者提供网站建设、新媒体应用、公众参与服务等内容的培训，为网站工作者和网站项目管理者提供理论指导和实践技巧，整体提升网站管理者的人员素质。

(4) 引入竞赛机制促进创新：网站通过挑战赛制度促进政府和公众共同为面临的问题提出创造性的解决方案，竞赛机制有效地激励和促进了创新性解决方案的生成。

(5) 通过建立社区来引导互助学习:网站不仅提供培训,完成从上至下的教育和引导,还通过建立的 7 个社区、数字政府博客的方式来实现让网站管理者互助学习、共同提高的目标,这也充分体现了 web2.0 和 Gov2.0 的设计理念。

4.2 欧盟政府网站信息可用性指导体系建设实践研究

欧盟政府网站在可用性的实施方面做了大量的工作,本书重点分析欧盟在指导政府门户网站可用性建设方面的策略与具体措施,其中包括政策与行政的保障,相关技术标准和方法的保障,基于用户反馈的网站可用性改善策略等,以期为北京市政府网站可用性的建设提供比较和参考。

政府门户网站以应用为灵魂,以便民为目的,将为人民服务、网上办事作为重中之重。政府门户网站的这些特点必然要求网站能够提供给用户好的体验,用户在使用网站时不仅能够有效、高效地完成任务,而且还需要在使用网站时得到更好的其他方面的体验。若用户在使用网站时得到好的体验,必然会再次使用,网站才能实现本身的价值,由此看来,对政府门户网站的可用性研究在政府在线服务中是非常重要的。

4.2.1 欧盟政府网站可用性定义的内涵

从欧盟门户网站涉及的相关的可用性的定义可以看出,可用性是从用户体验的角度表现出政府在线信息服务的方式或模式的使用效果,对可用性的研究和完善是实现政府门户网站提供易于获取、使用和理解的信息服务的关键所在。

4.2.2 信息可用性的政策保障

相关政策和规范的颁布对于政府网站可用性的研究和实施的规范性起到了一定的保障作用。欧盟关于政府在线服务的相关政策可以追溯到 1999 年,并在随后的几年中得到了完善和补充,其中 2001 年所颁布的相关的政策规定较多。欧盟最初的政府在线服务的战略目标是为了保证政府在线服务的有效性以及普及型,而近年来随着信息技术的不断发展,欧盟政府网站提供的信息服务逐渐向智能化和个性化方向发展,越来越趋向于面向用户、面向信息的可用性。

1999 年欧盟委员会(European Commission)启动了“电子欧洲项目”

(eEurope-an Information Society for All),其目的是以政府网站为基础建立面向欧洲公众的“大众的信息社会”以提供相应的在线服务,并制定了相应的政策予以规定:“信息社会”是面向所有欧洲用户的,通过在复合的网络平台上建立和完善互动的服务,使所有人都能够得到相应的信息和服务。[2] 该战略政策的推出,主要目的是促进欧盟公众可以通过政府网站来获取相关的信息,是对欧盟网站信息服务的推广和普及,这是保证政府网站信息可用性的基础。

2001 年 6 月,欧盟委员会公布了该年度的“欧盟信息与交流战略”(Information and Communication Strategy For the European Union),其中强调了“新的欧盟的网站特征应该包括互动性、快捷性以及权威性,并且要研究如何获得公众的满意度,以及如何实现对每一个人的简单的行政实践”。[3] 在该战略中,欧盟对于政府网站信息服务强调的重点从对于信息服务的推广转向了对于政府网站信息服务的特性和功能的要求,并在其中强调了用户的满意度,从而对网站信息服务的可用性进行了初步的规定。

2001 年 7 月上旬,欧盟进一步对政府网站可用性进行了强调和说明,提出:“欧盟网站提供的信息服务要提供让所有人易于获取,有更新的内容,用户友好性的界面,基于用户需求的多语种信息。”[4] 此次在 2001 年 6 月公布的政策基础上,专门强调了面向用户需求,以人为本的理念,进一步从可及性、有用性、易用性等三个角度对可用性进行了详细的阐述和规定,明确了欧盟网站信息服务的发展要求。

2002 年,欧盟公布了该年度的欧盟信息与交流战略,文中强调了“欧盟政府网站是使政府机构更加贴近普通公众,并且有利于欧洲各国人民相互联系的基本工具。另外,政府网站所提供的信息服务应该覆盖更为广泛公众的需求,要直接地链接到用户所要找寻的关键性信息,进一步提高获取信息的快捷和效率”。[5] 对可用性的涵盖内容添加了新的内容,例如遵循 Web Accessibility Initiative 的要求进一步满足特殊人群在使用政府网站的需求,从而提高老年人和残疾人等少数人群的使用网站的便利性和可用性;进一步强调了政府网站用户寻找相关信息的效率以及死链接等问题。

另外,还有其他政策也强调了对于弱势人群在利用网站时对于可用性和可及性的要求,如面向残疾人可访问的信息社会,基于网站可及性的欧盟交流策略

(EC Communication on Accessibility)。欧盟还在每年的残障人士欧盟年会上强调政府网站对残疾人的可访问和可用性。

此外,2004 年及其以后的政策中也对政府网站可用性进行了强调,但并没有太多具体内容,更多的是实施政府网站可用性以有利于政府决策的传播以及政府与公众间、公众与公众间的互动。

通过对政策的总结和分析,可以发现相关政策中直接关于政府网站信息可用性的内容并不多,其中有不少是直接关于信息可及性,由于可及性作为可用性实现的基础,对于可及性的政策保证是在很大程度上对于可用性的保证。另外,我们在逐年的政策内容中也可以发现对于政府网站在线服务可用性的关注度是逐步提高的,对可用性及其规范性的要求也是逐步提高的,政策中也较多地融入了借助可用性和可及性对弱势人群的关怀。

4.2.3 信息可用性的行政管理保证

对网站可用性的行政保证,一方面来自于网站管理内部机构的合理的组织机构的设置,一方面来自于与网站可用性相关的不同机构间的共同合作。

4.2.3.1 内部组织机构设置的保证

为了保证站点的信息服务和管理的有序进行,欧盟政府门户建设了较为合理的组织结构。欧盟门户站点的管理组织机构如图 4－1 所示,其顶层为欧盟门户网站的管理机构 Commission's Directorate General for Informatics (DIGIT)[6]。

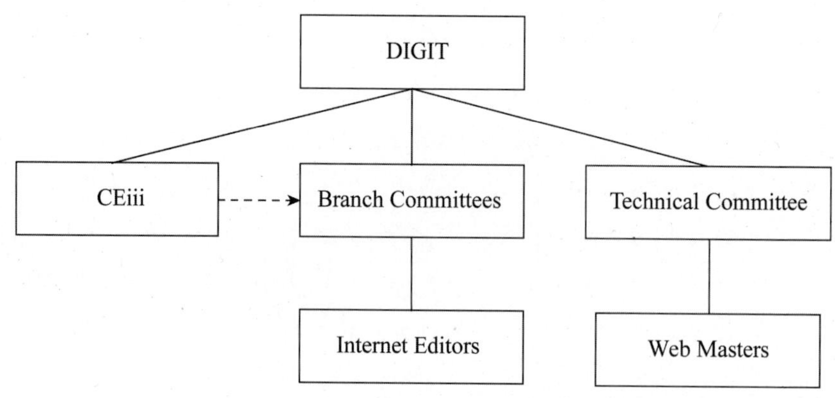

图 4－1 欧盟政府门户网站组织结构设置

EUROPA Editor 是在欧盟委员会直接领导下，对整个欧盟门户的运营和建设进行负责，下设各个分支机构的次级门户网站管理机构 Branch Committee、分支机构间的协调管理机构 Interinstitutional Editorial Committee (CEiii)以及技术委员会(Technical Committee)。

由于欧盟委员会网站的管理主要采用分权式的管理方式，因此每一个分支机构或者提供相关信息服务实体都可以灵活地对自己的站点和网页进行直接管理和负责。[7]这样的管理方式的优点是：可以有利于较快地添加和更新相关信息内容，并且可以使得信息更加贴近信息的发生源头，保证信息的准确性和可用性。在各个分支结构下还设立专门的网站编辑小组以保证自身网站信息的日常管理。

欧盟门户网站的管理层在各个分支机构和服务实体之间，设置网站管理和编辑的协调机构 CEiii，该机构由各分支机构的站点管理人员共同推荐组成，主要帮助各分支机构网站的建设和发展，以协调各个分支站点的信息管理和共享，并制定相应的标准以供各分支机构站点使用，以保证信息资源的有效利用和可用性，但其并没有被赋予相应的决策权。[8]

此外，网站建设的技术委员会则主要由网站技术专家组成，该机构的设立则为各个层次网站的信息服务和管理带来了技术保证。

该组织结构的设置，一方面保证了各个分支网站管理机构的灵活性和独立性，从而有利于不同信息来源机构对信息可用性的有效保证；另一方面通过设立相应的协调机构，也较好地促进了欧盟政府网站各个分支机构站点之间的有力配合，促进了信息资源的共享，在一定程度上避免了资源的重复建设，促进了信息资源的可用性的提高。

4.2.3.2　外部机构合作的保证

DIGIT 机构需要与欧盟外部的其他机构进行紧密合作，只有这样才能充分保证该信息资源的管理和信息服务提供的准确性和目的性。这些机构的紧密协作也是保证欧盟所有站点在线服务顺利进行的保障。[9] DIGIT 机构的协作关系如图 4-2 所示。

其中 DIGIT 是负责欧盟站点计划、建设和管理的核心机构，主要负责创立、设计和维护站点的计划和规定，开展对用户反馈信息的统计和分析以及发布，还兼具对网络工具的具体开发工作。[10]

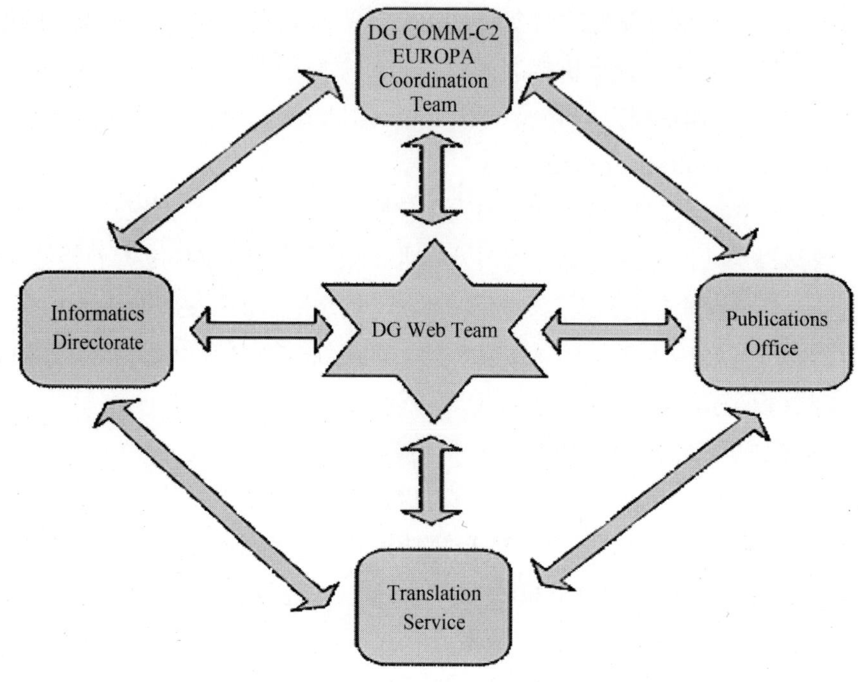

图 4-2 DIGIT 机构协作图

DG Coordinator 主要起到协调与提供信息服务相关的不同机构的作用,负责向其他各个机构通知 DIGIT 所制定的计划和规定,并对计划和规定的实施的有效性进行检测。另外,该机构还对所要发布的网页进行质量检验。

Informatics directorate 主要作用有:定义欧盟的 IT 战略,提供 IT 基础设施和所提供在线服务各种问题的解决方案,负责在 e-Commission strategy 战略框架下,开发相应的信息系统以支持欧盟站点各个业务的进程。该机构更多的是对信息和信息服务发布的技术进行支持,是 DIGIT 制订计划和方案的技术支持机构。

Publications Office of the European Union 是欧盟发布信息的主要官方机构,负责出版和发布欧盟有关的纸质或多媒体版本的出版物,如欧盟办公期刊、欧盟行动报告以及欧盟发展政策等。该机构通过与 DIGIT 进行合作对网站所发布的信息进行建议和监测,确保站点发布信息的准确和一致性。此外, Translation 机构主要负责对 DIGIT 所发布文档进行各种翻译,确保信息翻译的准确一致性。

正是在上述不同机构的紧密合作下,欧盟才能够对站点所提供的信息服务的可靠性和可用性有所保证，从而进一步提高政府信息公开的力度，增强欧盟各国政府在政府信息服务间的协作性和一致性。

通过上述行政管理的两个方面的保证，才能够在制度上对于政府网站信息可用性的发展和维持起到重要的保障作用。

4.2.4　信息可用性的技术标准和方法保证

欧盟政府网站所建立或应用的具体标准包括：可及性(WCAG2.0)、文档格式(HTML 和 PDF)、置标语言[HTML, Web Content Syndication (RSS2.0), XML]、图片格式、多媒体格式、CSS、插件、日志等标准。

除了这些较为常规的标准外，欧盟还通过一些其他标准化的措施来对信息服务以及网站的可用性等方面进行保证，具体包括如下内容。

4.2.4.1　标准化模板

为了使政府网站的可用性能够得到较为具体的表现以及更为规范，欧盟政府网站在设计网页和网站时提供了标准化的模板，以对政府网站的可用性进行指导。标准化模板规定将会为用户和网站设计人员带来明显的优势，通过对统一的外观和网页的位置的识别进行功能的标准化，提供贯穿于各个级别网站的一致性的功能；对于使用者具有横向和纵向的导航帮助。根据相关规定：标准化模板必须应用于所有网站最新开发的网页，同时也要将模板引入现存的网页以替换原来不标准的模板；另外，所有采用该模板的网页至少要包含规定版本中的所有元素。

标准化模板包括：各个机构内的标准模板和委员会标准模板。机构内模板应用于欧盟网站列表中的所有机构，是对该机构网站内容和设计的具体规范，比较详细，包括了对元数据、标题、图形设计等的具体规范化的设计模板，各个机构可以根据自身的情况进行选择性的设计，网站的界面以及导航等具有一定的个性化。委员会标准模板则主要应用于所有欧盟网页的总体设计，是对各个机构网站共有界面和标识符的规范化设计模板，目的是能够对各机构的网站和网页所提供的信息服务等进行有效整合。

上述两种模板所包括的标准模板内容大体一致，主要有元数据的引入和应用、网站标题标签的设计标准模板，此外还有图形描述规范模板，这其中还包括了一些较为细节的标准化模板，如服务工具与法律声明标准模板、标识符标准模板、语言选择、导航路径以及一些相关脚本的设计模板，内容比较详尽，其中标识符、导航路径等方面的标准化模板,直接为指导提高政府网站的信息可用性提供了保障。

4.2.4.2 标准化的网站层次结构

欧盟政府网站体系拥有大量的站点,范围包括了从最顶层的欧盟主站点,公众进入的第一入口,一直延伸到为特殊人群提供信息的特定站点[11],为了能够使信息的可用性得到提高,用户容易寻找到相关信息的入口,欧盟委员会的网站管理机构设置了一个标准化的网站层次结构。如图 4－3 所示。

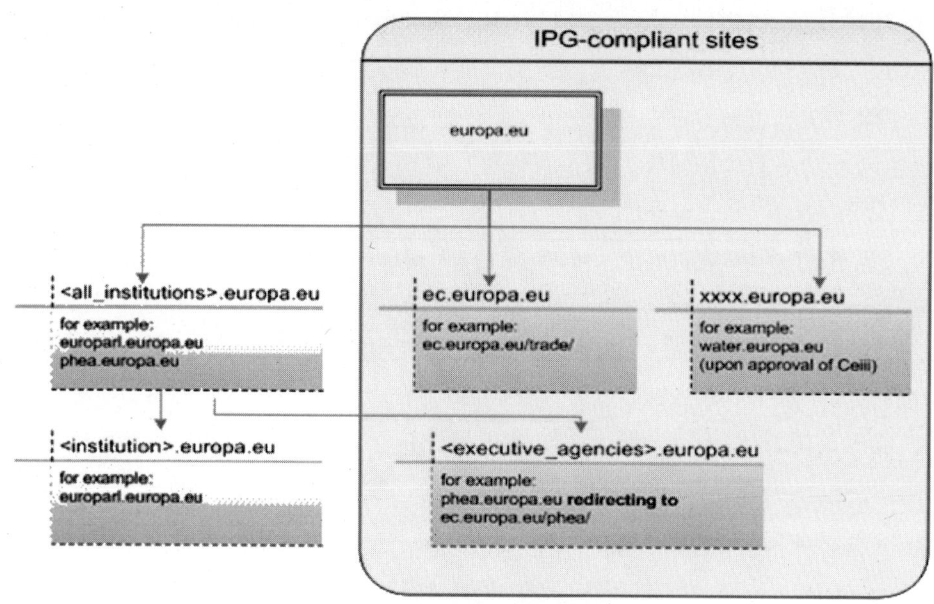

图 4－3 欧盟政府门户网站层次结构①

欧盟站点主要分为三个层次,欧盟网站顶层的站点 http://europa.eu 是大众用户最先接触和进入的站点,所有分支机构的站点以及欧盟主站点相关信息服务的入口作为第二个层次,都可以通过顶层站点进入,最后一层则是各个分支机构站点的相关信息服务的进入点。简单明了的网站层次结构也为用户进入站点带来了便捷方便,从而提高了网站信息服务的可用性。

4.2.5 保证信息可用性的网站质量控制

欧盟政府网站还设立了自身评估机制和标准,并在其质量控制清单(quality

① 图片来源: http://ec.europa.eu/ipg/basics/structure/index_en.htm。

control checklist)中予以明确和展示。该质量控制清单可以帮助网站设计和开发人员评估自身的网站是否符合 IPG 的相关要求,以及是否达到了最佳实践的要求,通过对网站设计和应用的质量的控制,对于提高政府网站信息服务的可用性具有很强的促进作用。[12]

该标准清单主要分成 80 多项主题,每个主题下还有若干项的细节内容,通过归纳,可以对该清单主题分布进行的描述如下:可及性、信息构建、导航路径测试、网站模板设计、链接、网站维护与信息更新、元数据要求等。

4.2.5.1　信息可及性的质量控制

欧盟网站对可及性的质量控制又作了进一步的划分,主要从信息的可及性、与信息可及性相关的编辑质量、对于残障或其他相关人士的信息可及性以及可及性声明这几个方面进行规定和质量控制。表 4－1 中对可及性的各个方面的具体内容进行了描述。

表 4－1　可及性质量控制清单

信息的可及性	站点应该能够在搜索引擎中易于找到并且很好地被标引
	指向不同信息的不同入口一定要有序(如采用主题排序、字母或者时间排序等)
	网站中的信息一定要清晰明了,具有一致性
	不要对信息进行复制,而是提供直接指向信息源的链接,直接链接到站点可以有效地解决信息重复展示的问题
	各种信息入口一定要全面地展示出来,如 contact page、about this site、site map、site index 等
信息可及性的编辑质量	网页具有易读性,并且采用不同的编写风格来匹配内容和用户的需求
	网页编写的规则要得到体现
对于残障或其他相关人士的信息可及性	网站的技术规格需要与 WCAG2.0 中的 AA 级别保持一致
	网页服从 WCAG2.0 和 AA 级别
可及性声明	在网页中要对网站的可及性政策进行说明,并对网站中未能够遵守 WCAG2.0 中的 AA 指南的原因进行解释,在网站中清晰的显示出免责声明

4.2.5.2 网站信息构建的质量控制

对于网站信息构建的质量控制的具体内容包括：① 欧盟各个站点的 URL 要在 europa.eu 的域内，并且各个 URL 要经过站点架构专家以及欧盟网站小组的批准；② 文件夹和网页的命名要用小写，不能采用空格或者其他特殊符号，所有命名要采用英语；③ 网站信息的组织要采用主题组织的方法，而不是根据字母排序；④ 网站的结构要清晰，具有连贯性，以保证它的易管理性；⑤ 除了在开发的项目之外，网站的内容与开发用服务器和正式运行服务器上的相同，且彼此的服务器之间没有交叉，特别注意的是，在两种服务器上都要有删除过时文件和单独文件的服务，并且能收到自动重新定向指令的文件夹；⑥ 默认的多语言的主页要能够在站点或者次级站点中较好地呈现出来。

4.2.5.3 对链接的质量控制

具体内容包括：① 保证链接的有效性；② 链接总是能够指向信息的来源站点；③ 通常情况下链接在没有受到访问限制的情况下只能指向网页，当站点中的一些链接对用户访问有一定限制时，要在该链接旁边进行声明；④ 需要遵守的一些规定，如所有的 URLs 只在 EUROPA 站点中应用，以及相同站点中要采用相关的 URLs 进行信息的导航等等。

此外，该质量控制清单中还对指向图片、文本和 JAVA 脚本的链接的质量控制作了相关规定。

4.2.5.4 站点导航的质量控制

对于导航质量的控制主要分为三个方面：可导航性、导航路径和语言导航。主要内容如表 4 - 2 所示。

表 4 - 2　站点导航的质量控制相关清单

可导航性	导航策略以及相应的标签要贯穿于整个网站
	易于从一个网页导航至欧盟站点中的其他相关网页，网站的其他相关部分，或者是欧盟站点中的其他站点
导航路径	导航栏要包含在每一个页面中，并且导航指向的是同一种语言的链接
语言导航	利用一种语言展示所有页面
	保证具有导航层次的一致性；在不同的语言环境中保证内容的一致性

4.2.5.5　页面模板设计质量控制

主要从网站页面的标志、网页中服务工具的设置、主索引的引入以及标题等方面对模板进行相应的质量控制。具体内容如表 4 - 3 所示。

表 4 - 3　模板设计质量控制

标志	EU 的旗帜中的颜色和形状要在网站中得到尊重
	EU 的标志要在不同的语言的页面中都进行呈现
	标志上不存在链接
	使标志的尺寸标准化
服务工具	服务工具的设置要与模板所推荐的服务相一致，如果有必要的话可以采用链接对服务工具进行连接
	联系方式链接要包含在每一个页面中，并指向有效的 E-mail 地址或者指向站点联系页面
	搜索功能链接要包含在每一个页面中，该链接要指向 EUROPA 搜索页面或者是该站点中的特定的搜索功能
主索引	主索引主要在页面的底部进行呈现，当页面长于两个垂直屏幕时，需要在页面之间引入主索引
页面更新日期	这个信息需要展现在每一个页面中
页面的标题	每个页面都具有标题
	标题要具有清晰明了、有用、可用、有价值的特点

4.2.5.6　信息更新的质量控制

其具体控制内容有：① 提供的信息需要定期进行检查，查看是否过期；② 对网站中不同语言版本的信息进行一致性检查；③ 要在不同的服务中删除废弃的信息；④ 对于那些虽然过时，但是仍然具有一定价值的信息可以采用归档的方式对其进行保存。

4.2.5.7　用户反馈的控制

在质量控制清单中，对于用户反馈的管理主要是从用户的角度来对相关的质量进行管理和控制。对于用户反馈的获取和控制的手段，主要有：① 最好每年能够通过在线访问的形式对用户满意进行度量；② 定期对网站中的用户行为进行监控；③ 对于任何的询问进行迅速的响应；④ 对于问题的出现频率进行分析并适时的创建 FAQ(frequently asked questions)。

另外，该清单还包括了对站点的元数据的质量控制、图片设置的质量控制、声音处理的质量控制、文件格式等方面的控制管理标准，比较全面地涵盖了网站设计中所需要注意的问题，其中比如可及性、信息构建、导航、信息更新等方面的控制直接体现出了对于网站信息可用性质量的保证与控制。其他如模板和元数据等也在一定程度上保证了网站信息可用性的标准与实施。上述规定在一定程度上说明了网站信息的可用性的保证也是该网站的设计标准和质量控制中相当重要的一环。

此外，为了方便对网站的质量进行控制，欧盟政府网站还专门在其站点中提供了质量测试工具，如用来测试站点导航和易用性的工具、测试可及性、死链接、站点焦点地图等、测试用户界面的友好性的工具等。

4.2.6　可用性方法的具体应用

除了建立一定的标准和实施质量控制对欧盟网站信息可用性进行保障外，欧盟站点还通过采取一些能够提高可用性的经验性和实验性方法完善本站点的信息可用性，如信息构建和可用性测试的相关方法。

4.2.6.1　信息构建的应用

随着信息构建(information architecture, IA)在国际范围内研究和应用的越来越深入和广泛，越来越多的政府和企业也对信息构建的实施和应用越来越重视，欧盟也将信息构建的相关理论和方法应用于其政府网站建设和开发，并通过对网站实施信息构建来作为提高政府信息资源可用性的手段之一。

欧盟网站上对信息构建的定义如下：信息构建是通过整合信息组织，标注和导航模式来帮助人们获取他们所需的信息的方法和知识。信息构建是一个成功的网站设计的基础，通过它来对网站中的信息和服务进行定位，对它的应用将会为用户带来方便，促进信息资源的高可用性。有效的信息构建能够满足用户的信息需求。[13]

欧盟门户网站将信息构建的相关方法列入了网站建设和开发的规划阶段，并对 IA 具体应用进行了叙述，其具体应用主要包括：识别信息服务的业务目标，对用户进行定位；根据定位，对信息服务的内容进行定义；分类和标注信息内容；明确一个合理的信息内容层次；为网站中的信息创建出有代表性的标签，使其更易识别；设计信息内容的导航模式；等等。[14] 从上述规定可以看出，欧盟政府网站应用 IA 来建设网站的最终目的仍是提高信息的可用性。

4.2.6.2　可用性测试

可用性测试是通过要求用户完成某种特定的任务来衡量网站的易用性，响应时间以及用户体验等体现网站可用性的各个方面的一种方法。可用性测试可以对以用户为中心的设计起到辅助的作用，能够通过可用性测试深入地了解用户的需求以及用户的体验。因此，可用性测试的实施对于提高网站中信息资源的可用性有很大帮助，欧盟网站也对这一方法的应用和实施步骤进行了阐述：

(1) 制定详细的测试规划：对测试的地点、参与人员、地点和预算等问题进行详细的计划和规定。

(2) 开发测试的脚本(情节)：为用户选择相关任务；随时对脚本进行试验和修订，以确保脚本内容的清晰和明确。

(3) 选择试验用户：选择那些能够准确描述试验状况的用户；考虑通过一个专门公司来进行可用性的测试；如果你自己进行试验，需要建立一个用户的数据库，以备将来测试的需要。

(4) 指导可用性测试：确保参与者能够知道他们正在帮助测试网站的可用性；使参与者表达出他们的反应；不要对参与者提出具有导向性的问题，那样会歪曲参与者的反应；要注重观察而不要强调推断。

(5) 记录结果：汇编来自所有参与者的数据；列表参与者所出现的问题；根据问题的优先级别和频率对问题进行分类；开发问题的解决方案；对修订的方案再一次进行测试以确保可用性的设计是正确的。

4.2.7　基于用户反馈的网站信息可用性改善策略

网站信息的最终使用者是用户，通过用户的反馈和体验可以为站点的建设和运营提供提高信息的可用性与信息服务质量的方向。为了能够不断提升欧盟站点信息可用性的水平，提高用户使用的效率和满意度，欧盟采取了一些利用用户反馈信息的措施对站点及其可用性进行改善，该站点对利用用户反馈所要达到的目的进行了阐述和说明：① 明确和知晓站点的用户是谁；② 更好地理解用户的需求；③ 了解用户是如何看待站点的；④ 纠正站点可用性的一些问题；⑤ 对站点实施更深层次的改变和完善。

关于收集用户的反馈信息的主要方式有：WEB数据统计方式、用户反馈在线调查、用户反馈表格等。

(1) WEB数据统计方式。该方式主要通过测量用户在网站的行为的原始数据来进行统计。它主要借助于欧盟委员会的网络服务器中的统计工具，对用户IP、点击行为、所用浏览器的类型、访问的网页的地址、页面停留时间、访问的数据等进行记录，该统计结果能够在一定程度反映出用户的反馈，比如可以测量出用户访问站点的次数，他们如何找到站点，他们找到站点所使用的关键词。这种方式能够为识别用户行为趋势和期望带来有价值的客观的数据[15]。

(2) 用户反馈在线调查。欧盟委员会网站管理者还借助于IPM(interactive policy making，一种可定制的开源应用软件，它可以创建和进行相关调查，并且可以通过该软件将调查结果发布在网页上。这个软件覆盖了调查的全生命周期，如设计、测试、翻译、启动，并且可以翻译欧盟中的23种语言，也可以回收问卷并对结果进行分析)进行在线用户调查，以此来评估网站信息服务的效率。

(3) 用户反馈表格的应用。欧盟提供信息服务的站点一般会将用户反馈表格放在网页上，其中在欧盟主页上面的用户反馈表格向用户提问：① 你找到你要找的信息了吗？② 你有什么建议吗？另外，关于该表格的利用率，据欧盟站点管理者统计平均每星期有800～1000人对表格进行使用和提交意见。

(4) 面对面的测试。欧盟对于站点信息服务的维护还通过与用户面对面的直接的可用性测试，来维持和改善网站的信息服务的可用性。如组织非正式的焦点小组进行测试，即组织一些用户在一个特定的房间内来讨论站点，如果有可能的话可以进行一对一的讨论。进行中的可用性测试可以帮助评估站点服务的性能。

对于用户反馈的具体管理和分析，欧盟站点小组[EUROPA Team (DG COMM)]每周都对统计的反馈进行分析，如果有必要的话，需要对结果显示的需要改进的内容立即进行修改。然后每个月将各周汇总的反馈信息进行汇编，并整理成报告。该机构还定期在每个月中举行两个小时的会议来根据反馈意见分析结果对站点的信息服务的长期和短期的改革提供决策建议，站点的管理层则主要通过评估分析结果来分析所作出站点决策的成本，进一步考虑所作决策的影响，并最终作出决策。另外，为了能够准确收集到反馈信息，目前该机构正在制订计划来提高问卷或者调查的规范性以促进其统计结果和测试结果的规范性和准确真实性。

通过对上述关于欧盟用户反馈的收集和管理的叙述，我们可以发现欧盟站点通过多角度、多个方式借助用户在站点中所反馈的信息来改善本站点的内容，包括可用性、站点的组织、服务等等。在一定程度上来说，用户的反馈对于该站点管理层所作出的决策方面起到了很大的作用，说明欧盟站点在建设和运营过程中将用户体验和以人为本作为重要的标准，为站点信息可用性的信息服务指明发展方向，为可用性的持续提高和发展带来了保证。

4.2.8　提高网站信息可用性的便捷服务

欧盟政府网站在其建设阶段就对其基本的在线服务进行了规划和设计，并已经得到了具体的实施。各项服务主要包括：互动服务（interactive services）、检索服务（search）、网络播报（Web streaming）等。

1. 互动服务

有很多互动服务的方式存在于欧盟政府网站之中，这也为政府和大众之间的沟通提供了很多有效的途径。

互动的信息交流服务，其中包括了：博客（Blogs）、论坛（Forums）、Feedback Form、RSS 等。丰富的交流方式使大众和政府的沟通更加方便，提高了政府在线服务的可用性。

用户互动参与的服务：电子投票（evoting polls）、网站服务评级（rating system）等，使用户可以参与政府相关活动的决策的投票，体现了政府的透明性以及民主性，有助于在线服务的进一步扩展。另外，网站服务的评级可以通过用户对网站服务和信息的评价，不断完善政府网站在线服务，从用户的角度提高在线服务和相关信息的可用性。

2. 检索服务

欧盟政府网站的检索服务主要分为两种形式：自助式检索、在线辅助式检索。

其中自助式检索,主要包括简单的关键字检索以及高级检索。关键字检索,用户可以通过输入相关的关键字进行较为模糊的检索,这也是目前网络中比较常用的检索形式,限制条件比较少,需要用户自己筛选有用的信息。而高级检索,则除了对关键字、标题、格式、全文与否等方面的填写与选择外,由于欧盟内各成员国所用语种不同,该站点的高级检索还对语言进行了限制。此外,欧盟检索服务还对信息进行了相应的分类,如农业、商业、教育等,用户可以通过各个类别限制信息的范围,进一步提高检索的效率与准确性。

除了用户自己进行检索外,欧盟站点还提供了在线支持检索业务,用户如果通过自助式检索没有找到自己需要的信息,可以通过这个服务,直接链接到欧盟网站在线服务中心,并通过与相关专业人员在线咨询的方式来得到自己所需的信息。该项业务可以通过在线咨询、电话、邮件等方式进行。服务语种主要采用英语、法语以及德语。

3. 网络播报服务

除了提供较为周到的检索服务外,欧盟政府网站还提供实时的网络播报服务,该服务旨在使用户可以随时了解在欧盟范围内会议、研讨会以及一些相关活动的进展和实时动态,并结合了相关的互动服务,如电子投票系统、在线聊天等,使用户可以随时参与会议等活动的互动。

该服务通过传递与活动相关的实时图片、影像以及声音等多媒体资源的方式对相关活动进行播报,用户可以根据自己情况选择多媒体的格式、语言种类、入口路径等。目前该项服务为收费服务。另外,该服务还提供对以往会议记录的检索和传递。

作为整个欧洲信息的主要发布中心,这些在线服务的实施与整合,使欧盟所发布的信息的准确性、及时性和透明性都得到了一定程度的提升,从而通过这些服务进一步提高了政府在线服务和信息的可用性,提高了用户与政府间的互动性,从而进一步提升大众对政府在线服务的可信度。

4.2.9 对北京市政府网站建设的启示

欧盟委员会借助委员会政府的网站为整个欧洲地区的用户提供信息服务,其中对于网站信息及信息服务可用性的保障,即对信息可及性、有用性、易用性的保障,则是保证能否提供全面、准确、可靠、用户满意的信息服务的重要条件。

因此,欧盟政府网站采取了一系列相关的措施来对政府网站信息和信息服务可用性进行保障。本节正是对欧盟政府网站所采取的措施进行介绍和分析,以期能够作为北京市政府网站在实施信息可用性保障时的参考。

通过对上述分析,可以发现欧盟政府网站对于可用性的指导和保障所采取的措施具有以下三个重要特点:制度化、标准化以及人性化的特点。

首先,对政府网站信息可用性的制度化的保证,主要体现在相关政策的制定和行政管理机构的设置。欧盟政府制定了一系列关于直接或者间接保证信息可用性的政策,在保证所有相关用户对信息可获取、可用、易用的权利的基础上,还着重于弱势人群的可用性的保证,从政策层面上对政府信息的可用性进行了制度上的规定和保障。另外,欧盟政府网站还拥有独立的管理组织,其组织结构较为清晰,并且与外部相关机构的合作也是十分紧密和规范,这就在一定程度上对于整个网站信息资源的建设带来了组织上的保证,从而为政府网站信息可用性的维持和发展带来了管理制度上的保障。

其次,对政府网站的信息可用性的技术标准上的保障。这里所说的标准化,更多的是指网站建设中所需要的相关的技术标准和方法。欧盟政府网站在遵守一些相关的国际标准的基础上,结合自身的特点,也主要通过自身的标准化页面模板以及网站层次结构,质量控制的相关标准等来对站点信息的可用性进行保障的,欧盟站点还通过采取一些能够提高可用性的经验性和实验性的技术方法如信息构建方法,可用性测试等来完善本站点的信息可用性。

最后,对政府网站的信息可用性的人性化的保障。注重用户体验是保证信息可用性持续发展和提高的保证。欧盟政府网站管理层采取了丰富的方式来积极收集和分析用户反馈,并将其作为站点改革决策和改善信息可用性的重要依据,从而从人性化的角度对欧盟政府网站的信息可用性提供了保障。

总之,欧盟网站建设和发展过程中,对于信息可用性实施的三个层面上的保证,也正是从宏观到中观,再到微观不同层面上的保障,并且三个层面的保障相互联系和促进,以此保证了欧盟政府网站信息可用性以及所提供的信息服务的发展在全世界领先的地位。这些也是北京市政府网站建设过程中需要进行借鉴的。

4.3 美国政府网站信息可用性指导体系建设实践研究

美国联邦政府在围绕政府范围内的网站改革、网站平台指导、社区论坛交流以及培训等各种策略和行动方面,都有专门的机构或网站来承担指导职责。其中突出的是以 HowTo.Gov 为代表的政府网站管理向导。通过 HowTo.Gov 网站帮助政府管理者更好地建设政府网站、搭建为用户服务的良好渠道。联邦网站管理者委员会以及社区论坛充分利用电子政府大学等高质量培训资源,来帮助政府网站统一建设、管理和改进职能。

以下几个小节,我们将对该网站提供的指导体系的主要构成内容作具体的分析研究,主要说明内容建设、社交媒体移动网站、电子政府大学、创新促进方法、服务质量反馈几个方面的指导方法。

图 4-4 HowTo.Gov 网站主页

4.3.1 内容建设的指导

HowTo.Gov 的网站内容板块包括了网站构建的相关要求与最佳实践、可用性和设计指导、服务指导、无障碍浏览、技术指导、管理内容、网站管理和治理、数字指标和多语种网站九部分,通过以上功能指导机构如何更好地建设网站。

4.3.1.1 相关要求和最佳实践

HowTo.Gov 网站提供的法律、法规、政策和其他指令一般只适用于美国联邦公共网站，并不适用于机构内联网、司法或立法分支机构或美国地方政府网站(特别注明除外)。许多指令说明最佳做法可以更好地使网站受益，政府网站建设机构应遵循这些要求和指令。同时，这些政策可以直接在网站上找到并链接到具体的实施指导内容[16]。例如，由美国管理和预算办公室(OMB)发出的针对联邦公共网站的政策，可以有效地帮助机构遵守联邦信息资源管理的法律、政策，促进以公民为中心的政府。

HowTo.Gov 网站提出的最佳实践办法和案例对联邦公共网站的建设具有指引作用，可以帮助政府网站管理者在实践中应用相关规定、政策以及指导建议，使他们所建设和维护的网站更以用户为中心，更加人性化和个性化。

4.3.1.2　可用性和设计指导

HowTo.Gov 网站分别从可用性原则和技术、可用性测试、可用性需求和行业规范、受众分析、通过对比检测来改善网站设计、“第一个星期五可用性检测”计划和模板设计这七个方面对网站可用性和设计进行了分析指导。[17]

1. 可用性原则

网站可用性是衡量用户体验质量的指标之一。信息构建、可用性检测、投入回报分析(return on investment，ROI)是可用性原则的重要内容。

1) 信息构建

IA 是网站的结构基础，通过对信息的组织、标记、分类来实现高效的可供浏览的结构，以节约用户查找信息的成本和网站团队的管理成本。HowTo.Gov 网站提供了实现 IA 的 10 个简单步骤、10 个常犯错误，并通过提供链接，具体解释 IA 的概念、原理和具体要求。[18]

2) 可用性检测

可用性检测是检测网站功能的最佳方法，可以通过典型案例实验，观测一个用户使用网站完成任务的过程并做记录，以发现网站问题所在。针对用户在网站上搜寻信息时，花费大约 60%的时间在无用信息上，无法快速找到所需信息这一问题，HowTo.Gov 网站强调了可用性检测和评估的必要性。[19]

可用性测试通常包括两类方法：一种是 20～100 人甚至更多用户的大规模的定性测试，通常用于大型电子商务网站和其他大型企业，以收集用户完成任务的成功率指标；另一种是 3 至 5 人的小型定型试验，通过连续几轮的测试观察用户行为,得到可用性反馈。大多数测试是后一种,因为小型试验最具成本效益,并能得到良好的可操作的数据。

网站管理部门 GSA(General Services Administration)设计了“第一个星期五可用性检测”项目,该计划最初的目标是希望网站每月可以利用该计划检测自身网站,从而提高网站可用性。项目于 2011 年开始实施,旨在为各机构的网站或应用程序提供简便、低成本的用户测试,特色之处在于每个月的第一个星期五举行,发现并解决基本的易用性问题。除了帮助各机构改进其网站性能,该项目还培训 GSA 和其他机构员工学习如何自己组织并开展测试,这样使得易用性测试的最佳实践成为各机构日常运行的例行程序。

HowTo.Gov 列出了网页可用性检测的常见问题的回答,还提供了另一个网站 Usability.gov 的链接以满足进一步的需要。另外,网站的电子政府大学开设了网络研讨会和为期两天的课程,为网站管理者培训网站可用性、设计等内容。通过“第一个星期五产品测试项目”作可用性测试并且整理优化网站管理者大学(Web Manager University, WMU,现改名为电子政府大学)的培训信息。

虽然该项目只是处于起步阶段,但是已经显示出了很高的投资回报率。如果各机构想要从政府外部的私营部门获得同样的产品测试服务,将会多花费成千上万美元,而通过为各机构集中提供这种服务则可以节省大笔资金。这个项目证明为各政府机构提供一个十分必要的共享服务优于单一机构自己开发冗余的测试程序。

HowTo.Gov 给出的相关链接资源十分丰富,包括站内的电子政府大学、可用性检测项目、用户体验社区,以及其他网站的相关资源。在 2011 年,网站的访问量在 2010 年的基础上增长了近 12%,用户满意度评分持续高位,与 USA.gov 网站处于同等水平。

3) 网站投入回报分析和风险管理

一方面, ROI 是一种使投入网站的资源能得到成功的信息和服务产出的方法,以用户为中心的设计可帮助管理者在网站开发早期识别常见陷阱和可能的无效投入;另一方面,风险管理战略可以帮助识别潜在的问题和解决方案。HowTo.Gov 对 ROI 分析和风险管理的实施步骤进行了介绍。[20]

2. 可用性实施步骤

HowTo.Gov 提供了可用性实施步骤和相关建设指南。[21]

1）关注核心目标

网站设计者首先要明确网站的建设目的、服务对象和内容，这是网站的主要目标，也反映着用户核心需求。明确核心目标，可以从用户反馈的邮件或电话中倾听用户的问题，对网页进行数据分析了解信息需求，或者走出办公室，与不同的用户群体进行近距离访谈，通过调查访问，了解用户希望网站怎样为其进行服务以及实际操作过程中的使用难度。设计者了解用户主要目标后，要从其浏览的起始页面开始考虑其在网站浏览的整个流程，优化浏览路径，使用户能快速、成功地完成任务。

2）实施可用性检测

采用一致性浏览导航。一致性导航是指对整个网站采用相同的浏览计划，当用户访问一个新的页面时无需熟悉新的导航方式。包括在每个页面上同一位置设置导航项，采用统一的页面布局、外观设计和风格，保证网页间的链接跳转方式一致性等。

3）相关指南

要求按照以下指南进行网站建设：基于研究的网页设计和可用性指南、联邦浅显文字指南、网页内容无障碍性指南（WCAG2.0）。

3. 可用性要求及行业规范

可用性通用行业规范（Common Industry Specification for Usability Requirements, CISUR）[22]是由美国国家标准与技术研究院开发的可用性要求标准，通过定义网站和 Web 应用程序项目的可用性要求、确定可用性评估指标、规定可用性测试方法，来帮助网络管理者、可用性研究专家和 IT 项目经理创造有用的、能用的产品。该标准将可用性要求分为三个等级，第一级是上下文的使用，提供满足目标用户群体和利益相关者的主要需求，提供完成目标所需的技术支持、物理环境和培训文档；第二级是可用性指标，包括绩效指标，例如衡量完成用户任务的效力和效率等，以及满意度指标，可用问卷进行用户调查；第三级是测试方法，对可用性需求的测试和验证进行定义。HowTo.Gov 网站提供了 2007 年的 CISUR 最新文档以及相关链接。

4. 受众分析

简单地说,网站的受众分析是弄清是谁使用或者应该使用网站,他们需要什么信息,以及哪些任务必须完成,将客户的需求有效地传达给管理层。实现受众分析有多种方法,包括网站数据分析、可用性检测、用户满意度调查、焦点观察实验组、网络用户市场调研、Web 服务器日志分析,通过用户联系的电子邮件、电话等了解网站主要面向的工作单位和领域,搜索数据分析,以及第三方网站用户统计产品等。[23]通过这些途径,可以根据受众的需要和期望建立起虚拟人物角色(或客户档案),代表几种典型的用户类型,帮网站管理者想象真正客户,形成人物角色的模型框架,从而使网站内容有更好的针对性和用户体验。HowTo.Gov 网站给出了 USA.gov 网站上最受美国人欢迎的网页链接,以及皮尤互联网与美国生活项目、斯坦福大学网站可信度调查、尼尔森在线测量等非政府资源的链接,以供读者作进一步了解。

5. 利用对比试验改进网站设计

对比试验是对多个版本的网页进行对比测试[24],与全面的重新设计不同的是,对比试验通过小的增量变化来逐步改善网站设计,是一种十分简单、低成本的方法。HowTo.Gov 推荐了 CrazyEgg 等热绘图软件,以考察前后视图中网页基本测试指标的变化,例如点击次数、浏览量等。在介绍过程中 HowTo.Gov 还使用了真实案例进行更为形象生动的阐述。例如,在叙述通过对比检测来改善网站设计时,引用到 USA.gov 的案例,对该网站重新设计前后进行用户关注聚焦点的对比试验,从而提出网站改进意见,使其介绍更为生动化,也利于查询者更好地使用指导内容。

6. 设计模板

HowTo.Gov 还提供了“关于我们”页面、“联系我们”页面、用户的问题和指导页面、网上表格等标准模板[25],需要了解更多数字信息发布的案例可以参考“发布标准和风格指南”。

4.3.1.3 搜索

HowTo.Gov 网站对政府公众网站如何设置搜索框、如何优化搜索引擎、如何利用关键词实现搜索引擎的优化、孩子们如何进行搜索等几个方面进行了详细介绍和说明。[26]

4.3.1.4　无障碍浏览

无障碍浏览主要指要确保残疾人士可以顺利进行网络查询，确保内容是“可感知的、可操作的、可以理解的、强大的”。同时，HowTo.Gov 网站建议如果想实现无障碍浏览，需要为广泛的用户提供通用的访问、提供适当的访问数据、使用适当的文件格式、创建无障碍 PDF 文件、创建 Accessible 影片等。

4.3.1.5　技术指导

技术影响着联邦机构为美国公民提供服务的各个方面，联邦机构使用技术，以改善客户服务和内部的业务流程。HowTo.Gov 网站介绍了内容管理系统的实施过程，并推荐了应用程序编程接口、云计算、数据共享、USA.gov 手机应用程序库等免费开放的政府工具，以及数字技术的最佳实践展示。[27]

4.3.1.6　管理内容

在数字世界中，特别是由于移动网络和社交媒体的普及，网站内容的重要性已成为普遍共识。好的内容管理应当实现对关键主题和信息、推荐话题、内容的创建意图、元数据框架和相关内容属性的定义，其核心在于“一次创建、多次发布共享”(COPE)，以免造成不必要的重复劳动和成本浪费，涉及的工作是多方面的，比如在线内容的编辑管理形成内容的编辑日志，基于用户体验的网络文档写作培训，元数据管理策略、增加网页内容相关性以搜索引擎优化，内容生命周期和工作流管理，社交媒体、电子邮件、移动应用程序等内容分销渠道管理等。这部分主要内容包括 Web 编写、开发和组织内容、核心目标的实现，以及相关内容管理工具等，管理者可以利用这些工具管理网站。[28]

4.3.1.7　网站管理和治理

HowTo.Gov 对如何进行网站管理和治理作了说明，定义了网站管理的策略、角色、职责、政策、程序以及组织结构。例如，如何组织团队和人员进行网站管理，Web 工作人员角色和职责的说明，如何管理网站内容，如何建立自我治理评估核对表等。[29] HowTo.Gov 提供了大量参考案例，展示美国政府机构以及各州和地方政府如何管理数字资产。

4.3.1.8　联邦机构数字测评指标

数字指标可以有效地测量、分析和报告一个网站、移动门户、社会媒体和其他的数字频道。每一个机构应该有一个指标结构来衡量绩效、用户满意度与参与度，并且利用这些数据来进行持续改进,为客户提供服务。该部分分别对报告要求、常用工具、通用指标的基本原理、框架、案例进行了详细介绍。[30]

该部分的测评内容我们将在第6章的评估体系中具体展开研究。

4.3.1.9 多语种网站建设

HowTo.Gov 指出网站建设应考虑到非英语母语的人群,特别是一些重要通知应推出多语种表达。[31]

4.3.2 社交媒体的指导

社交媒体资源可以使机构工作更加高效化、开放化。该部分着重介绍了社交媒体的类型、社交媒体在政府中的应用和联邦兼容的服务协议条款。

1. 社交媒体类型

政府机构经常利用社交媒体来与用户进行交往,从而提高他们自身的服务能力,同时能在一定程度上削减征求意见与建议的费用。通过社交媒体,人们或团体可以创建、组织、编辑、评论、整合和分享自身所感兴趣的内容,在这个过程中,用户参与度的提高其实有助于政府机构实现其服务目标和使命。社交媒体的类型包括博客、社交网络、微博、维基、视频、播客、论坛、RSS 订阅、照片共享、员工思维能力计划、游戏化等。[32]

2. 社交媒体在政府中的应用

社交媒体工具目前为合作化政府提供了前所未有的机遇又带来了挑战。社交媒体可以让公众持续跟踪并监督机构网站,在一定程度上有利于促进网站的建设和完善。[33]同时,社交媒体正在改变政府与公众的沟通和服务方式,政府机构可以利用社会媒体以更快捷和有效的方式来共享和传递信息服务。社交媒体还逐渐用于预测和情感分析,使用来自社交媒体平台的大量实时数据来预测趋势并帮助政府机构研究相应对策。

3. 联邦兼容的服务协议条款

联邦兼容的服务协议条款是联邦政府和供应商免费为社交媒体工具提供的特别协议。社交媒体的关键是通过帮助联邦机构与用户的有效沟通来完成自身的使命。然而,相对自由的社交环境使得一些社交媒体产品不符合联邦法律法规或实际情况,所以为了解决这一问题,联邦机构联合供应商为社交媒体开发并制定了相关协议条款,从而使社交媒体建设与其相关行为更为规范化。[34]

4.3.3　移动网站的建设指导

HowTo.Gov 从 API、移动政务和移动训练资源三个方面为网站的移动性提供了指导。

4.3.3.1 、API

应用程序编程接口(application programming interface)是一些预先定义的函数,目的是提供应用程序与开发人员基于某软件或硬件的以访问一组例程的能力,而又无需访问源码,或理解内部工作机制的细节。API 可以允许开发机构或者政府以外的机构来建立 APP、Widget,还可以帮助网站提高自身服务力、节约时间和成本、加快产品发展速度和建立良好的市场。[35] HowTo.Gov 对 API 的好处、API 基础、API 资源和工具、API 设计文档等进行了详细介绍,方便使用者更快捷、更方便利用 API。

通过观察用户社区的留言,可知用户对 HowTo.Gov 网站的 API 功能有较高评价,如图 4－5 所示。

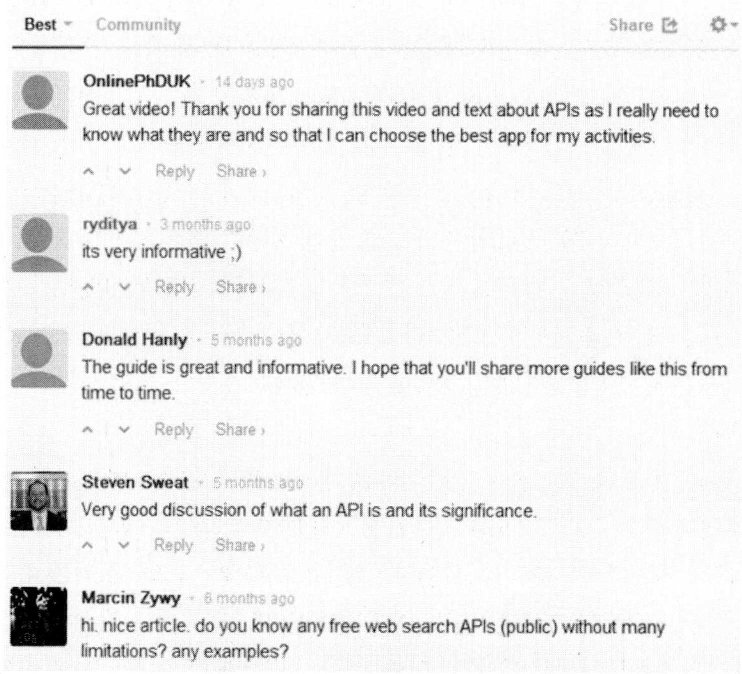

图 4－5　HowTo.Gov 网友评论

4.3.3.2 移动政务

移动政务主要是指移动技术在政府工作中的应用，通过诸如手机、PDA、无线网络、蓝牙、RFID 等技术为公众提供服务。手机已经成为人们生活工作不可或缺的一部分。随着 2012 数字政府战略的开展，移动政务的建设和发展是非常有必要的。

HowTo.Gov 网站的移动政务实践社区成员创建了一百多份相关移动政务文件，包括手机的定义和手机设备能力评估、优秀手机软件的介绍、移动政务的经验等，以帮助机构更好地建立一个移动战略和面向用户的移动产品。[36]网站同时对移动政务博客、移动政务实践社区和移动应用程序库进行了介绍和说明。

4.3.4 电子政府大学移动技术培训

电子政府大学原名网站管理者大学，随着信息化社会的不断发展，机构通过数字媒体和公民参与为客户提供服务的需求也在不断增长，而电子政府大学这一名称就是为了反映这一不断增长的需求而诞生的。电子政府大学作为联邦政府为网站、新媒体和公众参与等领域的工作者提供的培训项目，将帮助各机构通过各种用户渠道提供杰出和创新性用户体验的能力来建立自身的项目目标，主要为网站工作者和项目管理者等提供可以快速应用的实践技巧。电子政府大学每年持续为数以千计的政府信息管理者提供有价值的信息，增加他们在数字政府最佳实践方面的知识。[37]比起在线信息管理者等联邦员工在私营部门参加类似的培训，电子政府大学为各机构节省了大量的时间与资金且提供了更有效的高质量培训，同时它也是同类型的培训项目中唯一为政府网站管理员、电子政府和新媒体专业人员提供培训的项目，成为政府网站专业人员实现协作共享的一个重要途径。

4.3.4.1 电子政府大学通过在线培训为政府网站建设者提供指导和帮助

电子政府大学提供的培训课程具有多元化的特点，培训内容涉及社会媒体、公共参与、移动、网站管理、简约语言、挑战和奖励、联络中心管理、新兴技术等多个领域，涵盖了网站管理工作的各个方面，为参与者提供了管理数字媒体和公众参与工作中所需的改进网站和提高服务的多种技巧。同时，电子政府大学的参与者所涉及的领域也很广泛，它的培训对象包括项目管理者、网站和新媒体领域的专业人士、首席信息官(CIO)和 IT 工作人员和高级领导者等,使得电子政府大学成为一个政府网站专业人员交流思想和分享经验的平台。[38]总之,如果你想通过数字媒体获得更好的客户体验,那么你就能从电子政府大学的培训课程中获益。

电子政府大学提供的培训课程一般可以分为在线培训、面对面培训和按需培训等几种类型,在具体实施时大概有下几种方式: ① 课堂培训,它属于面对面培训,是一种深入的专业发展培训,专注于核心竞争力,有特定的学习目标,一般是 1 或 2 天; ② 网络研讨会,它是通过网络呈现的交互式培训课程,属于在线培训,一般 1 到 2 小时; ③ 新媒体会谈,它是政府对新媒体工具的使用以及和行业思想领袖的讨论的演示; ④ 工作室,它是以政府和行业思想领袖为重要角色的教育和联谊活动[39]。

在 HowTo.Gov 网站的 Training 项目下,有电子政府大学的课程时间表,会定时更新,图 4－6 是 2013 年 9 月 27 日更新的 10 月份的课程安排表。电子政府大学提供的培训活动具有高质量、高性价比的特征,除非版权特别指出,一般它提供的资料都是免费的,而且可以自行复印和发布。电子政府大学的师资力量也很强大,它的讲师都是全世界公认的网站管理和新媒体领域的思想领袖,如 Gerry McGovern、Kristina Halvorson、Candi Harrison、Alex Langshur 等。

Date	Event	Instructor	Location	Fee
Oct 3	How to Create an Annual Metrics Report	Sarah Kaczmarek	Webinar	Free
Oct 8	How to Use Assistive Technology to Comply with Section 508	Howard Kramer & Kathy Wahlbin	Webinar	Free
Oct 9	A New Way to Build Websites: Healthcare.gov	Brian Sivak	Webinar	Free
Oct 22	Using RSS to Post Jobs: EPA's Case Study	Jeffrey Levy	Webinar	Free

About New Media Talks

Content Lead: DigitalGov University Team
Page Reviewed/Updated: September 27, 2013

图 4－6　电子政府大学 2013 年 10 月份培训时间安排表

4.3.4.2　电子政府大学的服务效果

电子政府大学作为联邦政府的网站和新媒体专业人士的培训计划,每年为数以千计的联邦雇员提供高品质、高质量的培训项目,不仅为提高美国人民的利益、提高美国的政府网站质量做出了巨大的贡献,也为全世界政府网站建设工作提供了参考和帮助,它的成功以及服务效果可以从以下几个方面体现出来。[40]

第一,电子政府大学的社会影响力较大。除了开展一些培训课程外,电子政府大学也主办每年的政府网站和新媒体会议,它是美国最大的政府网站和新媒体专业人士的聚会,是针对网站内容管理者、网站编辑等为政府网站提供内容的在线信息管理者而举办的年度最主要的网络和教育活动,可以获取来自行业的最新趋势和工具,了解政府机构范围内的创新并与国内同行交流,参与者超过500人。一些知名的主讲人也会加入这个会议,包括来自OMB、白宫和联邦机构的高级主管,还有一些来自顶尖在线服务商如Twitter、YouTube和Amazon等的首席专家。此外,电子政府大学也举办政府交流大会、挑战与奖励大会及研讨班等。

第二,电子政府大学的参与者不仅人数不断增加,而且所涉及的领域也不断扩展。事实上,很多内阁机构和独立机构都送了学员到电子政府大学参与培训,而且这些培训内容一般都会超过学员的学习期望。2011年,电子政府大学通过在线培训和面对面的培训方式主办了81场培训活动,培训者来自联邦州和地方机构,人数超过10 000,这比2010年的参与人数增长了40%。如今,电子政府大学正在原有成功经验的基础上不断扩大服务内容并推广给潜在参与者,吸引其他多种学科的学员,如项目管理者、公共事务官、技术专家、金融专家、司法人员以及高级主管等。

第三,参与者对电子政府大学的培训活动满意度较高。对电子政府大学培训课程满意度的调查结果显示,若满意度评分以满分5分计算,参与者对电子政府大学课程的满意度至少是4分,其中将近三分之一给了5分的评价。由此可见电子政府大学提供的培训活动是得到公众认可的,能够为政府网站工作人员提供实际帮助的。

4.3.5 促进创新的手段——挑战和竞赛

挑战和竞赛是HowTo.gov为了更好地管理而收集创新方案的一种手段。挑战平台是一个在线工具,它为问题发布者发布问题、号召活动并邀请社会各界人士提出建议、相互配合、判断解决方案提供了一个论坛,总的来说,它是联邦政府用来推动创新和解决以任务为中心的问题的一种工具。自2010年来,联邦政府已经组织了超过290次的竞赛活动,在挑战赛中,问题的提出者向解决者发出挑战,要让他们为特定的问题找出解决方案,或者鼓励参赛者完成目标,解决方案可能是创意、设计、标识、视频、成品、数字游戏或移动应用等。[41]

挑战赛使得政府和公众实现了共同创造。它允许政府涉足公众的集体知识和资源,并且帮助公众更加容易地发挥他们的专长,以找到更好的解决方案。联邦政府可以使用挑战、奖品和其他以激励为基础的战略找到创新并且具有成本效益的解决方案。非奖金的激励包括:有重要官员参与的会议,参与会议并发言的机会,在机构网站或者颁奖典礼上获得认可等。

此外,行政管理和预算局 2010 年的备忘录中也概括了挑战赛的一系列优点,例如突出显示人类努力激励,启发和引导他人的杰出表现,增加解决特定问题的个体、组织和团队的数量和多样性等。

一般来说,准备、管理和衡量竞赛结果的方法有很多种,在 HowTo.gov 的网站上,列举了很多政策、按需培训、技巧、资源、示例和技术平台的列表等内容,这些内容都可以帮助网站管理人员开展和举办成功的挑战赛。具体来说,举办一场成功的挑战赛一般要经历规划、落实、改善和运行挑战赛结果等这样几个阶段。

1. 规划挑战赛

为了更好地规划挑战赛,HowTo.gov 为政府部门提供了一些工具包,同时规划一个挑战赛也需要完成以下步骤[42]:

第一步,确定是否应该发起挑战赛。具体包括: ① 定义目标; ② 确保发起的挑战是支持机构使命的; ③ 明确挑战赛及其作品成功的标准。

第二步,明确挑战赛的要求。HowTo.gov 提供的一些相关政策、备忘录和法律可以为此带来帮助。

第三步,为挑战赛制定战略方针。比如创立挑战赛计划,这个计划应该包含沟通策略。这将帮助管理层展示业务情况并且在这个过程中进行引导。

第四步,选择一个挑战赛平台。有多种平台可以用来开展挑战赛,包括 GSA 运行的 Challenge.gov,也可以是其他平台,其中有免费的,例如 YouTuBe 等,也有一些收费的。

第五步,确定挑战赛规则。虽然各挑战赛的规则可能各不相同,但是制定规则时所有的挑战赛都必须考虑参赛员资格、每个参赛员可提交的作品数目、作品要求等。在制定挑战赛规则时,一定要征询机构的法律顾问,并且在启动挑战赛之前，找一个同事回顾相关规则和其他内容，以确保所有规则都是用通俗易懂的语言写的。

第六步，为挑战赛确定资源需求，包括员工、合作伙伴、承包商和资金。

第七步，选择和培养竞赛评委。评委不仅要有专业知识，还要保证来自不同的国家和地区，并且不能有个人或者财物的冲突。

第八步，选择和训练竞赛管理员。管理员不仅要牢记挑战赛规则，而且要有良好的服务态度，能认真回答公众的问题。

第九步，衡量挑战赛的成功。如何衡量挑战赛的成功是非常重要的，并且对开展下一个挑战赛也非常关键，因此在启动挑战赛之前，要确定通过哪些度量因素来衡量挑战赛的成功。

2. 落实挑战赛

落实挑战赛的第一步是在 Challenge.gov 上发布挑战赛，该过程需要说明挑战赛的具体信息，包括名称、规则、评判标准、评委、相关日期和奖品等。第二步是促进挑战赛。该过程需要参考挑战策略和推广计划让公众了解挑战赛，例如向 Challenge.gov 社会媒体频道、相关领域出版物和学生等特殊受众进行个人宣传等。第三步是建立参赛者社区。该社区的主要作用包括回答问题、鼓励团队、提醒截止日期等。第四步是宣布获奖者并颁发奖品。[43]

3. 改善挑战计划

完成对挑战项目的改善需要做到以下几点[44]：

第一，评估是否达到挑战赛目标，例如提交结果是否与期望有差别，是否有达到成功标准的作品等。

第二，确定跟踪和测量结果的方法。例如，对应用程序挑战赛需要追踪获奖应用程序被下载的次数；视频大赛则监控获奖视频被观看的次数；创新挑战赛需要指定专人跟踪获奖创意的落实情况等。

第三，在参加挑战或者比赛时，记录学到的东西，通过思考判断其中的对错，并通过群和在线论坛方式进行分享。

第四，记录内部程序，例如普通的法律顾问审查，以及如何支付奖金。

第五，和新社区保持联系。例如当创建了新的合作时，将这些个体加入联系群，并与他们保持联系；也可以使用 Challenge.gov 提供的更新功能向所有参加挑战赛的人发送感谢信。

第六,处理用户反馈。Challenge.gov 有一个内置的讨论板能力。回顾讨论板块的问题,可能找到挑战赛未来的改进方式。例如,得到很多关于不清楚或不完整规则的问题和意见。

4. 运行程序或移动应用竞赛

应用程序挑战赛通过要求公众创造使用特定数据集的应用程序来解决现有问题或者注意某些数据来收集新的创意。征集应用程序的挑战赛有时也被称为参与性竞赛,因为创作者往往根据给定的领域寻求多个创作型应用程序,并且不仅仅是一个获奖者。运行一个程序或者移动应用竞赛也需要遵循一些特殊的要求,并且要按照规划、落实和提高等步骤进行[45]。

4.3.6　服务质量的反馈机制——用户体验

当用户服务超出期望并且期望比以往更高时,大客户服务就产生了。人们根据自己的条件与政府互动,并希望通过他们自己选择的渠道获得真实、准确和易于理解的信息。

为提供大客户服务,政府机构必须理解客户的需求,并且要适应改进满足这些需求的方式。此外,要提供大客户体验,就必须参与到用户中去,听取他们的反馈意见,在所学知识的基础上做出改进[46]。收集用户反馈需要做到以下几点:

(1) 定义用户服务目标。包括为什么收集客户反馈、组织购买、概述调查范围、了解常见反馈选项、快速跟踪流程。

(2) 实现用户反馈收集,完成这项工作需要我们使用正确的反馈工具。

(3) 提高用户反馈的工作质量,要求政府网站管理人员对用户反馈中发现的问题采取行动。

4.3.7　政府—公众交互平台

当前,联络中心正在成为联邦政府为实现他们的使命,用来收集有价值决策信息的枢纽。联络中心已经不只是一个投诉中心,而是越来越作为一个提供高质量用户体验的操作平台,为用户发挥自身价值。公众不再像过去那样,仅仅通过电话的方式和政府沟通,他们更多的时候想要通过网络、社会媒体和移动技术与政府进行对话,同时,一些从事于政府部门服务工作的人员也希望能够及时、准确的答复公民的问题和需求。联络中心一个重要的功能是提供了关于规划一个联络中心的技术、操作和管理以及要求和最佳做法的信息。

联络中心主要通过提供培训、提供交流社区和平台、提供指导性服务和工具的下载,还有在线提问等方式为网站建设者提供即时的指导,主要包括以下四个方面的内容。

4.3.7.1 培训

联邦传播专家通过联邦传播者网络(FCN)最大化地利用他们的群体、知识和资源。近二十年来,FCN 已经免费为来自于联邦政府机构的许多联邦传播者提供培训、时间和网络资源。通过加入 FCN,成员将会有机会通过电子论坛接触到其他数百位服务于公众想法分享、辩论和讨论的传播专家,更有机会获得良好的训练、网络传播技巧消息。FCN 成员还将获得组织内专家关于媒体关系、内部沟通、与国会协同工作、写作、编辑和其他交流方面的顶尖技巧和建议。

4.3.7.2 交流社区

联络中心提供的交流社区包括了网络内容组、社交媒体组、联络中心组、信息技术组、移动政务实践社区、研究组和联邦传播者网络七部分。[47]

(1) 网络内容组。政府网络社区每天都在不断地壮大,该网站目前提供了一系列值得我们借鉴、学习的群组。主要群组有:网络内容管理者论坛(如 Web Content Managers listserv)、联邦网络管理者委员会、实践社区(如移动政务社区、用户体验社区、技术和创新社区、训练和发展社区等)、简易语言行动与信息网络、全国政府网络管理员协会、联邦内部网络内容监管小组、高等教育网络专家。

(2) 社交媒体组。主要包括以下网络和群组:挑战及奖励实践社区、移动政务实践社区和社交媒体移动社区。

(3) 联络中心组。网站列出了一系列有益于政府联络中心的领导者网络和群组,主要包括:政府联络中心委员会(G3C)和政府联络服务实践社区(cGov)。[48]

(4) 信息技术组。网站列出了一系列政府 IT 网络和群组,主要包括:首席信息官委员会、Drupal4Gov、联邦云计算计划、开放数据社区、联邦知识管理工作组、军事开源软件群组和移动政务实践社区。[49]

（5）移动政务实践社区。移动政务社区是一个跨政府、多学科的社区组织，致力于创建开放系统和技术支持工具，以便能随时随地建立一个以公众为中心的政府通道。社区的成员创办了移动政务百科，包含了一百多条有关于移动政务的文章和实践，其中的工具和资源帮助诸多机构建立移动策略并执行面向消费者的移动产品，免去他们自己设计、建立的麻烦。

（6）研究组。网站列出了一系列政府研究群组，主要包括：

① DoDTechipedia——服务于 DoD 科学家、工程师、政策制定者和合约者的论坛。为其提供了一个开放、合作的环境来讨论发展中的项目。

② NASA-Dashlink——合作研究的网上家园。科学家可以分享关于系统安全和数据挖掘的相关信息以便于提高航空安全。

③ 高级计算机研究组织——大学太空研究协会（USRA）和美国航空航天局艾姆斯研究中心联合协作项目，致力在计算机方面进行基础和应用研究，覆盖了航空社区广泛的研究课题。

④ 联邦知识管理计划——联邦 FM 工作组的下属群组，拥有 650 名联邦雇员、承包人、学者和有兴趣的公众成员。计划通过实行知识管理增强联邦政府中的合作力、知识和学习能力。

4.3.7.3　DigitalGov 博客

HowTo.Gov 开通了 DigitalGov 博客，主要使用数字化工具提供联邦政府使命和以用户为中心的经验。这个博客是为政府部门中使用数字媒体获得机构使命和提升用户经验的个体准备的，作为一个交流、学习和分享的地方存在。

4.3.7.4　服务和工具

在促进资源共享方面，HowTo.Gov 为许多联邦机构在不付费或者名义付费的条件下分享服务和工具，GSA 的公民服务和创新技术办公室为其他联邦机构提供了需要的资源，例如，第一星期可用性测试计划、Web 员工职位描述、网站风格指南和标准、核对表、模板、联邦兼容的服务协议条款、社会化媒体注册表、数字分析程序工具等。

由于策划和建立一个成功的联络中心是一项复杂的工作，我们更多的是需要了解联络中心的含义、高性能联络中心的属性、明确联络中心的要求、用户联络渠道和策略、联络中心选址标准等信息。

支持网络中心的技术固然很多，但其目的只有一个，旨在提升用户体验，提高经营和管理效率，或者是降低运行联络中心的总体成本。这些技术包括：① 自动呼叫分配系统技术；② 电子邮件响应管理系统技术；③ 智能呼叫路由技术；④ 交互式语音应答系统技术；⑤ 知识管理系统技术；⑥ 通信技术；⑦ 免费电话服务技术；⑧ 中继电路网络技术；⑨ 网络聊天技术；⑩ 人力资源管理系统技术。

在联络中心的经营和管理中，众多因素在一定程度上会影响到联络中心的服务质量、经济和可持续发展，因此经营和管理一个联络中心需注意多个方面，以帮助提高联络中心的性能，包括：① 控制联络中心成本；② 显示器质量；③ 避免欺诈收费电话；④ 呼叫校准；⑤ 呼叫流程基础；⑥ 灾难规划和恢复。

联邦机构运营和管理的联络中心在建设与管理过程中，必须遵循一定的法律、法规、政策和其他指令，除非特别指出：由国家或地方政府运营和管理的联络中心不用遵守同样的要求。

4.3.8 Howto 经验对北京市政府网站建设的启示

HowTo.Gov 网站为美国数以千计的联邦、州和地方政府专业人员提供指导、培训、最佳实践和共享工具，以此来改进对政府机构的用户体验，更好地建立服务型政府。它通过实用的“如何做”格式的最佳实践为机构带来高价值，避免了各机构再单独开发自己的最佳实践。据统计，至少有 45 家政府机构经常使用该网站帮助其更好地管理自己的网站和联络中心等，如果他们自己再开发并维护同样的最佳实践知识库，至少要花费 2200 万美元[50]。

电子政府大学的成立为更好地指导政府工作人员提供了一个良好平台。在电子政府大学，政府工作人员可以学习最新的管理技巧和建设维护新技术，同时可以促进培训者的相互交流，通过分享经验、相互学习，将所学内容更好地应用到实践中去。电子政府大学已经以其高社会影响力、高参与度、高满意度成为美国联邦政府网站和新媒体专业人士的重要培训平台。

HowTo.Gov 网站关于“可用性”指导的介绍对政府网站建设具有重要意义，简便、低成本的可用性用户测试可以帮助政府网站的建设更加人性化，提高了用户对政府网站的使用率和满意度。例如，“第一个星期五产品测试项目”拥有来自 GSA 所有重要项目办公室和 20 多个其他机构的近 300 名参与者和观察员。这就会产生一种巨大的乘数效应，参与者可以回到原机构后成功地进行自我检测，从而更好地设计完善政府网站。同时，由 HowTo.Gov 网站集中为各政府机构提供“可用性”指导和项目可以帮助政府机构节省费用，节省自己开发测试软件的时间。

HowTo.Gov 网站重视为使用者提供交流、共享平台，特别强调政府机构对社交媒体、移动政务等的关注度，指导政府网站工作人员如何更好地使用新媒体、新技术进行政府网站建设、维护和完善，及时了解用户需求，将政府网站建设过程变成一个以人为本的“联合化”“动态化”的过程。

服务是政府网站的核心和生命力。政府网站除了要对公众提供良好的服务外，也需要有一个完善平台对政府网站工作人员提供服务，以便工作人员通过该指导服务平台更好地为公众提供服务，建设服务型政府。目前，我国并没有出现类似 HowTo.Gov 的政府网站指导平台，缺乏对政府网站的指导性规范，北京市政府网站群作为全国最佳的省级政府网站也尚未开展类似的工作，政府网站群体的建设结构比较松散，导致每个部门都在建设网站，但缺乏统一指导和建设标准，使得建设成本增加，财政负担重。同时，我国政府网站包括首都之窗网站全都普遍存在着公众使用率低、可用性低、满意度低等一系列问题，缺乏对政府网站工作人员的有效培训，缺乏对新媒体、新技术的“敏感度”，未能做到“以用户为中心，以应用为导向”。

北京市在政府网站管理上可以借鉴 Howto 的做法，建立良好的政府网站指导性平台，使得网站建设和维护有统一标准进行规范和参考，建立和培育自己的“电子政府大学”对政府机构工作人员进行高质量的培训。加强对政府网站可用性测试和分析，使得政府网站更满足用户需求，同时注重对移动政务、政府社交媒体等新技术的开发建设和使用，创新网站管理体制，确保网站健康可持续发展。

参考文献：

[1] European Commission. Web usability [EB/OL]. [2013 - 12 - 09]. http://ec.europa.eu/ipg/design/usability/index_en.htm.

[2] eEuropean Information Society for All [EB/OL]. [2011 - 02 - 11]. http://ec.europa.eu/information_society/eeurope/2005/index_en.htm.

[3] Information and Communication Strategy for the European Union [EB/OL]. [2011 -

02－12]. http://eur-lex.europa.eu/LexUriServ/site/en/com/2002/com2002_0350en02.pdf.

[4] Communication by the President to the Commission in Agreement with Vice President Neil Kinnock and Mr. Erkki Liikanen ib EUROPA 2nd Generation [EB/OL]. [2011－02－11]. http://ec.europa.eu/dgs/communication/pdf/e2g_en.pdf.

[5] 2002 information and communication Strategy for the European Union [EB/OL]. [2011－02－12]. http://eur-lex.europa.eu/LexUriServ/site/en/com/2002/com2002_0350en02.pdf.

[6] 欧盟站点的管理机构[EB/OL]. [2011－02－13]. http://ec.europa.eu/ipg/basics/management/index_en.htm.

[7] CEiii 机构简介[EB/OL]. [2011－02－14]. http://ec.europa.eu/ipg/basics/management/committees/ceiii/index_en.htm.

[8][9] Day-to-dayofCoordination [EB/OL]. [2011－02－11]. http://ec.europa.eu/ipg/basics/management/day_to_day/index_en.htm.

[10] Structure of EUROPA [EB/OL]. [2011－02－14]. http://ec.europa.eu/ipg/basics/structure/index_en.htm.

[11] Quality control checklist [EB/OL]. [2011－03－01]. http://ec.europa.eu/ipg/quality_control/checklist/index_en.htm.

[12] 欧盟网站中对 IA 的定义[EB/OL]. [2011－02－11]. http://ec.europa.eu/ipg/plan/inf_archit/index_en.htm.

[13] Information Architecture [EB/OL]. [2011－02－11]. http://ec.europa.eu/ipg/plan/inf_archit/index_en.htm.

[14] Maintain your website [EB/OL]. [2011－03－01]. http://ec.europa.eu/ipg/maintain/index_en.htm.

[15] e-services [EB/OL]. [2011－03－05]. http://ec.europa.eu/services/index_en.htm.

[16] http://www.HowTo.Gov/web-content/requirements-and-best-practices，访问时间：2013－12－20.

[17] http://www.HowTo.Gov/web-content/usability，访问时间：2013－12－20.

[18] http://www.usability.gov/what-and-why/information-architecture.html，访问时间：2013－12－31.

[19] http://www.HowTo.Gov/web-content/usability/testing，访问时间：2013－12－31.

[20] http://www.HowTo.Gov/web-content/usability/return-on-investment，访问时间：

2013－12－31.

[21] http://www.HowTo.Gov/web-content/usability/principles-and-techniques，访问时间：2013－12－31.

[22] http://www.HowTo.Gov/web-content/usability/cisur，访问时间：2013－12－31.

[23] http://www.HowTo.Gov/web-content/usability/audience-analysis，访问时间：2013－12－31.

[24] http://www.HowTo.Gov/web-content/usability/comparison-testing，访问时间：2013－12－31.

[25] http://www.HowTo.Gov/web-content/usability/design-templates，访问时间：2013－12－31.

[26] http://www.HowTo.Gov/web-content/search，访问时间：2013－12－20.

[27] http://www.HowTo.Gov/web-content/technology，访问时间：2013－12－20.

[28] http://www.HowTo.Gov/web-content/manage，访问时间：2013－12－20.

[29] http://www.HowTo.Gov/web-content/governance，访问时间：2013－12－20.

[30] http://www.HowTo.Gov/web-content/digital-metrics，访问时间：2013－12－20.

[31] http://www.HowTo.Gov/web-content/multilingual，访问时间：2013－12－20.

[32] http://www.HowTo.Gov/social-media/social-media-types，访问时间：2013－12－20.

[33] http://www.HowTo.Gov/social-media/using-social-media-in-government，访问时间：2013－12－20.

[34] http://www.HowTo.Gov/social-media/terms-of-service-agreements，访问时间：2013－12－20.

[35] http://www.HowTo.Gov/mobile/apis-in-government，访问时间：2013－12－20.

[36] http://www.HowTo.Gov/mobile/making-government-mobile，访问时间：2013－12－20.

[37] http://www.HowTo.Gov/mobile/mobile-training-resources，访问时间：2013－12－20.

[38] http://www.HowTo.Gov/training/about，访问时间：2013－12－20.

[39] http://www.HowTo.Gov/training/schedule，访问时间：2013－12－20.

[40] [50] 金龙.面向在线信息管理者的美国政府信息服务策略研究[D].北京：中国人民大学，2012.

[41] [42] http://www.HowTo.Gov/challenges/definition，访问时间：2013－12－20.

[43] http://www.HowTo.Gov/challenges/implement,访问时间：2013-12-20.

[44] http://www.HowTo.Gov/challenges/improve,访问时间：2013-12-20.

[45] http://www.HowTo.Gov/challenges/run,访问时间：2013-12-20.

[46] http://www.HowTo.Gov/customer-experience,访问时间：2013-12-20.

[47] http://www.HowTo.Gov/communities,访问时间：2013-12-20.

[48] http://www.HowTo.Gov/communities/contact-centers,访问时间：2013-12-20.

[49] http://www.HowTo.Gov/communities/information-technology,访问时间：2013-12-20.

5 可用性操作体系的建设与实践

5.1 可用性操作体系

5.1.1 操作体系的含义与特征

本书中,政府网站信息可用性操作体系是指那些为了保证政府网站信息具有有用、可用和好用特征而制定的、可具体指导政府网站建设、管理和运营的一系列制度和规范。

操作体系可以理解为政府网站建设、管理和运营过程中提供的指南,强调为政府网站信息可用性建设提供事中(进行中)的具体的标准、工具和方法,具有手册性、实操性特征。

操作体系在保证政府网站信息可用性方面的价值主要在于,它为网站的建设、管理和运营提供了具体可以遵守的制度和规范,不仅保证了众多政府网站的一致性的特征,而且保证了高质量和高效率,提升了网站信息和服务的可用性,此外,它的指导和帮助可以减少低水平的重复开发,直接节省网站建设、管理和运营人员的时间和精力,节省人力和物力。

操作体系的特征在于:

与指导体系的协同一致性——指导体系提供的原则由操作体系来实现,操作体系是在指导体系的规定下建立的,同时操作体系中发现的问题也可为指导体系建立原则时提供思路,因此操作体系与指导体系具有一定的协同一致性。

全面性和配套性——即应该形成包括网站建设的政策、立法、管理、内容、技术等多方面的、配套性的操作指南。

具体性和可操作性——操作体系的指导是具体和可操作的,与网站建设和管理的流程和内容直接相关。

5.1.2 本章对操作体系实践的研究

本章选取英国和澳大利亚两个国家的实践加以分析和研究。

英国政府保证政府网站信息可用性的操作体系的建设特征主要表现在:重视聚焦网站内容和重视建立完备的指导和操作规范。英国政府对在线内容的可用性非常重视,近年来不断通过网站的整合和内容的聚焦来实现网站的高可用度。2002 年至 2010 年间,英国政府制定了可用性、可及性和设计,经营和沟通,立法和技术需求,内容可找到,质量和价值测定,平台和设备,社会媒体等七个方面的操作规范来引导高质量的政府网站的建设和管理。

英国政府所建立的这些操作规范具有全面性和配套性,围绕着英国政府提供高可用性的公共服务的指导原则,具有良好的操作性。

澳大利亚政府信息管理办公室具有利用最佳实践指南来引导网站建设者的传统,他们专门成立了一个最佳实践小组,专门负责这方面的研究,并且与政府业务部门合作开发最佳实践,其最佳实践指南也是不断更新和发展的。2012 年年初,网站提供了 25 项最佳实践经验,帮助政府机关工作人员、政府网站管理人员以及其他相关业务人员更快更好地提高他们对政府网站一系列在线服务的理解,从而帮助他们快速地熟悉和运用这些在线服务。

澳大利亚政府 2012 年的 25 项最佳实践内容涉及了政府网站建设的方方面面,从最佳实践所关注的用户看,既有面对网站用户群体的内容,如政府网站的信息构建、信息内容管理、公众在线服务等,全面地考虑到了公众在使用政府网站过程中的用户体验和服务需求;又有面对内部的工作人员,包括程序员、运营人员及网站编辑等,从工作人员对网站的监督到针对工作人员的内网建设,从工作人员在家办公的支持到对残疾雇员的考虑,充分地将政府网站工作人员的需求考虑在内。既有面对工作人员的后台管理,包括如何更好地利用 cookies 和元数据,以及如何去选择和实施一个适合政府网站的内容管理系统的内容,也有面对用户的前台服务,包括架构设计、可用性、导航等。

从最佳实践所关注的功能看,考虑了网站界面、内容及交互方面的优秀经验。最佳实践针对网站建设的界面架构进行了总结,包括网站的导航系统、搜索机制以及整个网站的信息构建;针对政府网站如何进行内容管理进行总结,包括后台的元数据、内容管理系统到前台的在线内容、知识管理等等;针对交互政府网站交互和可用性方面的总结，包括在线表格如何提供、在线政策咨询服务等。

澳大利亚政府提供的最佳实践指南也同样具有配套性和全面性特点，能够有效指导政府网站的建设和管理，保证网站信息的高可用性。

5.2　英国政府网站公共服务实践研究

英国政府保障政府网站信息可用性的操作体系的建设特征主要表现在：重视聚焦网站内容和重视建立完备的指导和操作规范两个方面。[1]

5.2.1　对在线公共服务的高度重视

政府提供公共服务有许多渠道，包括网络、呼叫中心、移动通讯以及传统面对面交流和邮寄等方式。由于网络具有普及性好、方便、快捷和经济的优势，网络逐渐成为提高公共服务质量的重要途径。英国政府认为网络的普及对于政府服务经济性更强、效率更高、质量更好，政府对提供在线信息和服务与其他服务形式相比较的优势做了总结，认为由于家庭宽带的缘故，公共服务现在很容易被家庭接入。大约 45%的在线政府网站接入是在下班时间和周末，在电话或办公室办理无法进行的时候。对政府和纳税人而言，提供在线信息和处理能比传统的服务如呼叫中心、邮件形式和办公室办理要便宜很多。由于信息与通讯技术的发展，用户越来越普遍地通过因特网接入政府网站，政府网站的公共服务也越来越受到关注，政府公共服务的改革很大程度上是围绕着政府网站来开展的，从基于用户对公共服务的偏好以及未来的发展趋势看，在线信息服务应该是政府公共服务的重点。[2]

英国政府对政府网站的在线公共服务非常重视，采取了一系列的措施来保证其具有高质量、高效率。为了提供更好的公共服务，英国首相提出了四项公共服务改革的原则，强调公共服务应该围绕用户来设计，主要包括以下内容[3]：

——具有国家标准和清晰的可说明性的框架

——向地方分权和授权以鼓励多样性和创造性

——具有灵活性并鼓励在前端实施的优秀的公共服务

——为顾客提供多种选择

从 2000—2005 年，英国政府对电子服务的投资，60 亿用于新 IT 服务，其中 10 亿用于促进电子政府。政府在电子政府上的投资取得了明显的效果，政府的努力使政府网站得到了公众的好评，英国国家审计办公室（National Audit Office，NAO）认为，有证据表明政府网站在2003—2004年变得与最好的私营企业网站相当，大多数政府网站具有与最好私营企业类似的、有效的功能和相当的设计。[4]

5.2.2 政府网站的整合治理和内容聚焦

英国政府网站在经历了自20世纪90年代中期以来近10年的快速发展之后，取得了一定成绩，但是发展很不协调，政府部门甚至不掌握政府网站确切数量。英国国家审计办公室分别在1999年、2002年和2007年发布以研究政府对互联网使用进展为主题的报告，旨在对政府公共服务的网络利用情况有所掌握，以便制定措施来提高公共服务质量。

1999年，英国国家审计办公室发布报告"因特网上的政府"（*Government on the Internet*）；2002年，又发布报告"*Government on the Web* Ⅱ"，2007年7月，NAO根据牛津大学互联网研究院（Oxford Internet Institute）和伦敦政治经济学院公共政策小组（Public Policy Group，London School of Economics and Political Science）的研究结果，发布报告"因特网上的政府：在线信息和服务提供的进步"（*Government on the internet：progress in delivering information and services online*）。该报告采用对300个部门和机构的网站统计数据，153个中央政府组织网站的网络爬虫调研数据采集、对政府官员和私营企业专家的访谈、3个国家的国际比较、政府站点用户的焦点小组和试验、全国1006个成人调查和桌面研究的成果。报告再次肯定了网络带来的方便、快捷、经济性，审视了2002年以来，政府在线信息服务的进步，并针对存在的问题提出了9条发展建议。此次报告表明，政府网络服务由于其内容繁多、复杂，使得用户在使用的时候很难便捷地找到所需信息。其实，自从2004年以来，英国政府就已经意识到这些问题，并制定了目标：重新组织网络信息，提高政府网站可用性。但英国政府部门结构复杂，政府网站的无序增加进一步加深了这一问题的解决难度。此次报告指出，政府部门有义务让民众感受到政府在线服务的优势，并需要了解如何更好地鼓励、教育和支持潜在的政府网络服务用户。这种情况下，政府需要做的是选择和设计最适合民众的信息服务方式，满足他们的需要。[5]

自2004年开始，英国政府为了解决政府网站信息的可找到性问题，通过了一个新的战略计划，力图通过重新组织信息让它们容易被发现，重新表达信息使它们清楚地让市民和企业容易理解，有效整合信息让它们更好满足公民和企业的整体需求。但由于国家政府的部门结构非常复杂，政府网站在十多年间也不断地、非协调性地增长，上述方法实践上面临着诸多的挑战。

政府所做的调查显示，许多用户仅仅知道几个关键的站点，一年之中一两次使用一些常规的网站，也有很多人试图使用一两个交互的电子服务例如填写收入税返还或者更新汽车税。调查还表明用户认为政府部门和机构的信息站点相当复杂、难以理解，需要的信息混合在大量的政策文件和文本之中，同时搜索引擎水平低劣。

由于政府网站不规则增长，也使得政府信息混乱、服务质量难以保证。

为此，英国内阁委员会 2006 年制定了强有力的政策措施，改善政府网站的可见度和操作性能，政府决定开始对政府网站进行聚焦，只增加少量的面向特别用户群体的小站点，将消费者转向两个超级站点来提供政府的电子信息与服务，这两个超级站点就是面向公民的 www.Directgov.gov.uk 和面向企业的 www.businesslink.gov.uk。两个超级站点的关键目标就是让信息更容易为公众所使用，以更加简单的方式传递政府资料信息和提供服务。之后，英国政府又继续将两个超级网站合并为一个国家站点 www.uk.gov，提供更加一致的、完备的政府服务。

要完成网站信息和服务重新整合这个雄心勃勃的任务，至少需要三方面的工作：一是将一些重要机构的面向消费者的基于因特网的内容迁移到 Directgov 和 Businesslink 两个超级网站上。这个任务需要许多不同部门和机构的有效的协同工作，两个超级站点的服务都需要大量后台的过程重构，力图以面向用户而不是生产者的语言产生高质量的信息。二是关闭大量已经建立起来的政府网站。政府确定了 951 个被认为是多余的政府网站，对它们重新考虑，在 2011 年前关闭这些网站。2007 年，其中的 551 个站点已经确定要关闭。三是为了阻止政府网站无序发展情况再度发生，新建网站要受到严格控制。政府的规定是新建网站必须得到议会办公室首席信息官的同意才能建立。

英国政府这些做法在全世界是首创，因此这样的改革措施也面临着风险。要想获得计划中的成功也面临很多需要解决的问题。据英国政府的调查，这个做法取得了早期的成功。[6]

5.2.3 政府网站操作规范的建立和实施

2007 年 11 月,英国政府账目委员会(Public Accounts Committee,PAC,是由下议院指定的对议会公共预算所拨款项账目情况进行审查的机构)在其提交的“政府账目委员会第 16 次报告”(*Public Accounts Committee Sixteenth Report*)中提出了英国政府在线公共服务存在的问题,并提供了相关建议。此次 PAC 提交的报告是未来一段时间,英国提高政府在线公共服务质量的主要指导性文件。报告的结论和建议内容很多,主要包括对政府网站进行联合整治、建立一套供所有部门和机构使用的网站费用评估方法、建立一套方法和制定评估用户数据的一系列指标、建立一套政府网站质量标准、保证英国公共服务的门户网站 Direct.gov.uk(当时的门户网站)的可靠性和高标准维护、保证达到政府网站的可及性标准要求、建立网站预算制度、帮助低收入和文化水平较低的人群上网获取在线公共服务等一系列建议,针对其中的一些建议,政府制定了相应的政府网站建设的指南性文件。[7]

英国内阁办公室在政府账目委员会建议的基础上,决定委托当时的英国中央新闻署(Central Office of Information, COI)具体制定一系列的政府网站标准和指南,这些网站标准和指南为提高网站公共服务质量提供了依据,为英国中央政府部门、执行机关和各部委公共机构 NDPBs 建立高效的政府网站提供了工具。

英国政府在当时的 COI 网站上列出了政府网站标准和规范的所有内容,网站将 2008 年后新制定的标准规范与以前所制定的标准规范整合在一起,共同作为英国中央政府部门、行政机构和各部委公共机构遵循的指南文件,保证国家公共服务网站的高质量。

标准和规范所包括的内容主要由 7 个部分组成,见表 5-1[8]。

表 5-1 COI 标准和指南列表

标准和指南类别	所包含的标准和指南	编号	发布日期
可及性、可用性和设计	Usability Toolkit	—	2009 年 5 月
	Delivering inclusive websites	TG102	2009 年 10 月
	Making PDF files usable and accessible	TG110	2002 年 5 月
	Online video guidelines	TG129	2010 年 6 月

（续表）

标准和指南类别	所包含的标准和指南	编号	发布日期
经营和沟通	Naming and registering websites and social media channels	TG101	2010 年 3 月
	Buying and selling advertising space and sponsorship	TG106	2002 年 5 月
立法和技术需求	Legal issues	TG113	2010 年 3 月
	Minimum technical standards	TG109	2002 年 5 月
	How to use cookies	TG111	2002 年 5 月
	Archiving websites	TG105	2009 年 3 月
	Managing URLs	TG125	2009 年 3 月
	Service availability	TG130	2010 年 10 月
让内容可找到	Exposing your website to search engines	TG122	2009 年 3 月
	Search engine optimisation	TG123	2010 年 2 月
	Structuring information on the Web for reusability：Consultations and Job Vacancies	TG124	2010 年 7 月
	Underlying data publication	TG135	2010 年 10 月
测定质量和价值	Measuring website costs	TG128	2010 年 10 月
	Measuring website usage	TG116	2010 年 10 月
	Auditing websites FAQ	TG116a	2010 年 10 月
	Measuring website quality	TG126	2010 年 10 月
平台和设备	Browser testing	TG117	2009 年 1 月
	Managing mobile marketing and advertising campaigns	TG120	2009 年 11 月
社会媒体和 web2.0	Engaging through social media	—	2009 年 3 月
	Moderating online discussions	TG136	2010 年 1 月
	Principles for participation online（Civil Service website）	—	2009 年 1 月

以下是我们对其中一些标准和指南的基本情况和作用进行的分析：

(1) 可用性工具箱。可用性工具箱(usability toolkit)建立的目的是为所有公共部门网站的网站编辑及网站内容开发人员整合可用性基础材料。2008 年 7 月，英国信息专项小组(Power of Information Taskforce)接受英国中央新闻署委托，进行用户体验测试，找出政府网站不足。为此，它邀请了 Directgov、Business Link、NHS Choices、COI、DEFRA、BERR 的专家进行了测试。研究发现，一些政府网站还不能给公民提供一些基本功能，例如，没有网站导航、没有搜索引擎、没有提供用户需要的语种等。为此，英国信息专项小组撰写了此文件，于 2009 年 5 月发布。该工具箱内容包括网站版面设计(page layout)、导航(navigation)、内容编写(writing content)、特殊类型文件处理(content elements)、窗体形式(forms)、检索设计(search)、质量保证(QA & standards)、一般页面设计(common pages)八个方面，目的是培训和引导网站相关工作人员进一步理解可用性，学习如何将可用性应用到政府部门网站。工具箱还包括对新建网站和已有网站的建议，以及政府网站面临的一些可用性问题的解读。

(2) 保障残疾人使用政府网站的权利。2009 年 10 月 15 日，英国中央新闻署出台了“网站对残疾人的可获取性”(*Delivering Inclusive Websites*, TG102)这一文件，文件主要内容为保障残疾人使用网站的权利。1995 年，英国制定了残疾人歧视法案(*Disability Discrimination Act*, DDA)，2005 年，英国对该法进行了修改，要求增加公共部门对残疾人保护这一条款，包括保障残疾人享受网络等公共服务的权利。为实现残疾人的平等权利，公共部门网站应该采取措施保证网站可获取性。[9]这些规定在残疾人权利委员会(Disability Rights Commission)和英国标准协会(British Standards Institution)于 2006 年制定的“公众获取资源详解”(*The Publicly Available Specification*)[10]中有具体说明。此外，2002 年欧盟议会(European Parliament)为所有欧盟公共部门网站制定了“保证所有公共部门网站对残疾人的可获取性”(*Minimum Level of Accessibility for all Public Sector Websites*)[11]，保障残疾人需要。但是，一项公共部门服务的调查显示，欧盟 70%的网站没有达到该规定的要求。此外，W3C 还制定了 *W3C Web Content Accessibility Guidelines* 来保障残疾人平等使用网站的权利。

在以上背景下，英国中央新闻署制定了文件 *Delivering Inclusive Websites*，旨在为网站设计和建设人员提供实践指导，以保证政府网站对残疾人的可用性，并明确提出以用户为中心的网站可用性建设方法。[12]

(3) 保证 PDF 文件的可用性和可获取性(*Making PDF Files Usable and Accessible*, TG110)：2002 年 5 月发布，指南目的在于网站内容管理标准化。建立 PDF 文件通用标准，并确定 PDF 文件展示方式。

(4) 在线音视频指南(*Online Video Guidelines*, TG129)：2010 年 6 月发布，指南目的是分享在政府网站发布音像制品的实践经验，包括关于如何计划、拍摄、发布音像制品的建议、使用指南、信息的许可、技术标准与案例研究。

(5) 网站名称和注册(*Naming and Registering Websites and Social Media Channels*, TG101)：2010 年 3 月发布，指南包含.gov.uk 注册的管理规定，提供了成功申请需要的信息、命名惯例与条件。

(6) 购买和销售广告(*Buying and Selling Advertising Space and Sponsorship*, TG106)：2002 年 5 月发布，指南描述了广告的购买与销售、与第三方达成赞助商关系的基本原则。

(7) 法律保障(*Legal Issues*, TG113)：2010 年 3 月发布，指南目的是为电子文件提供保护，例如数据保护法案等。

(8) 技术标准(*Minimum Technical Standards*, TG109)：2002 年 5 月发布，指南目的是提供给网站管理者政府网站最低技术标准。

(9) 使用 cookies(*How to Use Cookies*, TG111)：2002 年 5 月发布，指南目的是指导用户如何在政府网站使用 cookies。

(10) 网站存档(*Archiving Websites*, TG105)：2009 年 3 月发布，指南目的是确保网站能由 TNA 国家档案馆进行存档，并提供支持存档程序的网站设计与维护指南。

(11) URL 管理(*Managing URLs*, TG125)：2009 年 3 月发布，指南列出了网络管理的最佳实践经验，以确保网络链接有效使用，将英国政府网站中断链接的可能性降到最低。

(12) 服务协议(*Service Availability*, TG130)：2010 年 10 月发布，指南提供给公共领域网站管理者，以及提供给负责向供应商采购、签署合同与服务协议的人员。

(13) 评估网站费用(*Measuring Website Costs*, TG128):2010 年 10 月发布,指南目的是提供给中央政府部门一个通用的测量网站费用的方法。

(14) 网站搜索引擎(*Exposing Your Website to Search Engines*, TG122):2009 年 3 月发布,指南指出 XML Sitemaps 是改善网络信息被搜索引擎搜索到的重要工具。

(15) 搜索引擎优化(*Search Engine Optimisation*, TG123):2010 年 2 月发布,指南为英国公共部门网站管理者提供了搜索引擎优化的相关知识。

(16) 提高政府信息利用率(*Structuring Information on the Web for Reusability*: *Consultations and Job Vacancies*, TG124):2010 年 7 月发布,提高政府信息利用效率最有效的办法就是增加其链接广度,此指南即是在这方面提供指导。

(17) 数据发布格式(*Underlying Data Publication*, TG135):2010 年 10 月发布,旨在为网站发布的各种内容提供一个通用格式,便于这些内容的管理和再利用。

(18) 浏览器测试(*Browser Testing*, TG117):2009 年 1 月发布,指南为政府网站管理者、开发者与测试者使用,确保网站能在尽可能多的浏览器上浏览。

(19) 移动业务服务(*Managing Mobile Marketing and Advertising Campaigns*, TG120):2009 年 11 月发布,指南涉及移动业务的管理,并且不仅局限于英国中央政府部门网站的移动业务。

英国政府不仅颁布了上述系列指南来规范政府网站的建设和运作,还对政府部门和非部委公共机构遵循上述指南所要达到的基本内容和遵循的具体时间要求有明确的规定,这样就充分保证了上述规范不是流于形式而是能够得到有效实施。

英国中央新闻署于 1946 年作为第二次世界大战时的"信息部(Ministry of Information)"的后继机构而成立,是英国政府的市场营销和通信机构,其行政主管直接向内阁大臣报告。自 2010 年,由于联合政府的仅仅支持基础活动的政策,英国政府在市场营销方面的花费极大减少,于是政府宣布中央新闻署在 2011 年 12 月 30 日关闭,其主要的职能转移到内阁办公室。[13]尽管中央新闻署不存在了,英国政府网站在近几年开展了大规模深度的改革,其管理和实施标准发生了不少变化，但是在之后的政府网站建设和运营过程中，中央新闻署建立的英国政府网站公共服务的操作规范的主导思想和核心内容仍然以不同的形式被新的政策措施、指南和规范所继承运用。

5.3　澳大利亚政府 ICT 技术应用最佳实践

澳大利亚政府信息管理办公室与政府业务部门一起，建立了最佳实践原则和指南，以帮助行政管理人员和业务管理人员、网站管理人员和其他相关人员理解并改善网站在线服务的一系列的问题。澳大利亚政府信息管理办公室分享的最佳实践内容是定期更新的，有些最佳实践的内容会转移到档案馆存档。[14]本书选择 2012 年年初网站提供的最佳实践的部分内容来开展研究，分析其在保证政府信息可用性的实际操作方面的作用和价值。

2012 年年初，澳大利亚政府信息管理办公室网站提供的最佳实践内容如表 5－2 所示。[15]

表 5－2　澳大利亚政府信息管理办公室最佳实践

编号	最 佳 实 践 内 容
1	提供在线表格(providing forms online)
2	网站导航(website navigation)
3	用户网站测试(testing websites with users)
4	在线服务中 cookies 的运用(use of cookies in online services)
5	提供在线服务或产品的销售设施(providing an online sales facility)
6	网站资源中元数据的运用(use of metadata for web resources)
7	对网站资源归档(archiving web resources)
8	管理在线内容(managing online content)
9	选择一个内容管理系统(selecting a content management system)
10	实施一个内容管理系统(implementing a content management system)
11	网站作用的监督和评价(website usage monitoring and evaluation)

（续表）

编号	最 佳 实 践 内 容
12	在线政策咨询(online policy consultation)
13	知识管理(knowledge management)
14	设计和管理一个内网(designing and managing an intranet)
15	网站信息构建(information architecture for websites)
16	实施有效的网站搜索机制(implementing an effective website search facility)
17	在网上提供空间数据(spatial data on the internet)
18	文件的数字化(digitisation of records)
19	网站的可及性和公平性(access and equity issues for websites)
20	电子政务的市场营销(marketing e-government)
21	ICT 对在家办公的支持(ICT support for telework)
22	为澳大利亚政府残疾人雇员的技术支持(assistive technology for employees of the australian government)
23	政府网站的关闭(decommissioning government websites)
24	ICT 资产管理(ICT asset management)
25	管理 ICT 的环境影响[managing the environmental impact of information and communications technology (ICT)]

上述 25 条最佳实践内容涵盖面很广，创建的目的是帮助政府机关工作人员、政府网站管理人员以及其他相关业务人员快速地熟悉和运用这些在线服务。下面我们选择其中的一些最佳实践，按照在线服务、内容管理、信息构建、无障碍设计四个类型来加以研究和分析[16]。

5.3.1 澳大利亚政府网站在线服务最佳实践分析和验证

我们选取在线表格和在线政策咨询两种最佳实践加以分析。

5.3.1.1 在线表格

最佳实践中的“提供在线表格”[17]就如何提供在线表格加以实操性的指导。本部分对这个最佳实践加以分析并提供实际验证。

1. 政府在线表格最佳实践内容分析

公众使用政府网站除了需要获取政府信息和最新的时事新闻外，也希望能够在网站中完成一定的行政服务，也即要求政府网站能够保证公众无需出门就可以在线完成某些公共服务的申请办理等等。在这种情况下，就会涉及需要在网站中在线填写相关的业务表格并提交或打印以取得进一步的进展。政府的终极目标即是提供公共服务，实现为公众的全方位服务。

在在线提供公共服务的过程中，需要在网站中为各种不同的应用设计不同在线表格以方便公众理解和使用。澳大利亚政府最佳实践就很好地概括了提供在线表格使用方面的经验和技巧以及需要注意的地方。

第一，最佳实践中指出在具体操作设计表格之前，政府网站设计者需要明确两个问题：明确不同表格的业务服务目的以及考虑具体表格提供的可行性和必要性。

在明确了不同表格的业务用途之后，也就可以明确这些表格的使用能够带给公众及政府行政机构的便利。所有的公共服务都可以以在线表格的形式提供服务，这些在线表格包括了以下两种形式：在线填写然后打印并传真给相关机构、在线填写并电子提交给相关机构，这些表格可能还具备简单的自动纠错功能以确保所填信息的正确性和完整性。同时，还需考虑成本、用户群特征以及安全性问题。任何一张业务表格都可能以多重形式展现出来，因此需要考虑不同的成本以及政府机构人员处理问题的便利性。

第二，最佳实践中指出了在具体设计表格时需要考虑的七点因素：

(1) 用户信息的保密性。需要在表格的某个部分设置“隐私声明”(privacy statement)，以告知用户所填个人信息的隐私保护声明。

(2) 表格搜索的便利性。在主页中需要设置直接链接能够找到相关表格，同时保证可以通过网站站内搜索找到；为表格设置元数据标签。

(3) 表格功能的说明。为了防止用户填错表格，需要设置不同的友情提醒，比如该表格针对的用户对象，咨询事宜的联系人以及信息错误的警示。

(4) 在线表格的完整性。在线表格可能被一些意图破坏网站的人所利用，因此需要保证表格的有效性及完整性。

(5) 在线表格的兼容性。运用不同的设备和操作系统来测试在线表格的兼容性。Mac 机的用户可能在使用某些类型的表格时会遇到一些困难。在表格设计时需要在不同的设备和浏览器中进行测试以保证所有人对这些表格的可用性。

(6) 在线表格的一致性。通常线下的表格即纸质表格都会使用统一的格式以保持一致性(比如用同样的术语来表示姓和名)。在线表格也需要彼此间保持一致性,同时和纸质表格保持统一。

(7) 完成表格的时间提醒。澳大利亚政府机构时间节省政策[18]规定所有澳大利亚政府网站中为小企业或普通公众提供服务的表格都需要在旁设置一个时间提醒标志,用来提醒用户需要花费多少时间来完成这个表格。

第三,针对不同的表格形式,最佳实践做出了具体的说明:

1) 可在线填写并打印的

(1) 在线表格格式的可用性:比如 PDF 文件可能对于某些视觉障碍的用户不可用,达不到可用性的要求,此时就需要考虑为这些 PDF 格式的表格准备不同格式的备份,包括 HTML、CSV、RTF 等;或可以为这些残障人士提供更为细致的说明,他们可以选择像电子邮件这样的方式作为替代来传递信息。同时,表格里包含的那些空格本身需要提供相关使用说明,告知该空格的意图。每个表格底部需要提供一个电子邮件或电话的联系方式,以方便那些有疑问的用户进行咨询。

(2) 在线表格信息的安全性:各政府机构需要就自己机构涉及的业务表格提供信息安全性的防范措施,具体的操作需要参照政府的相关规定实施。

(3) 为用户完成提交表格提供明确的说明:包括告知用户相关机构处理这些表格需要几个工作日,以及可能涉及的其他后续步骤。

(4) 在线表格的可用性:保证表格对所有用户的可用性,包括那些需要依靠屏幕阅读器或不能使用鼠标的用户;同时保证旧版本的浏览器或不常用的浏览器也能够获取表格信息。

(5) 加快填表速度的功能:比如某些文字能够根据已输入的信息自动填充到空格中,或相关信息能够从一个表格自动导入到另一个表格中,或能够使用数据库查询功能预先填入信息。

2) 可在线填写并电子提交的

在线填写并在线电子提交表格的，需要注意：

(1)　是否有合适的机制能够保证所提交的表格是由表格中所提及的用户亲自提交的，是否允许别人代为填写并提交。

(2)　确保当用户无法在线提交表格的情况下，有其他可选的途径进行及时提交。

(3)　对已提交表格的用户发送确认信息。

(4)　表格需要告知用户提交后的相关事宜和时间安排。

2. 澳大利亚政府网站提供在线表格实例验证

在澳大利亚联邦政府门户网站的“Services”栏目中，为在线服务提供了 A-Z 的表格索引，以引导用户找到他们办理行政事务所需要的在线表格，如图 5－1 所示。

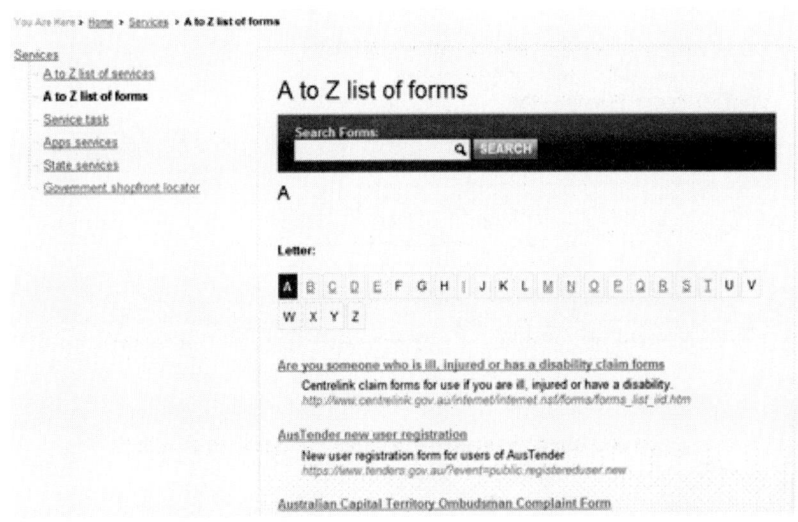

图 5－1　在线服务提供的表格索引

在线表格提供的行政事务办理涵盖了公众工作、学习、生活的各方面，包括教育、税收、房产等各方各面的事务，还充分考虑到了残障人士的需求。

比如在税收方面，澳大利亚政府提供的在线表格给需要更改个人税收信息的公众使用[19]，表格能够在线填写，然后打印并交送到相关税收部门，减去了公众到办事大厅排队填表的时间。

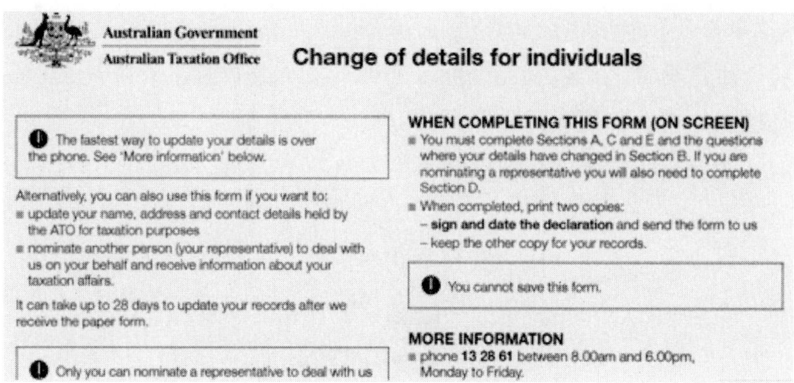

Australian Government
Australian Taxation Office

Change of details for individuals

The fastest way to update your details is over the phone. See 'More information' below.

Alternatively, you can also use this form if you want to:
- update your name, address and contact details held by the ATO for taxation purposes
- nominate another person (your representative) to deal with us on your behalf and receive information about your taxation affairs.

It can take up to 28 days to update your records after we receive the paper form.

Only you can nominate a representative to deal with us

WHEN COMPLETING THIS FORM (ON SCREEN)
- You must complete Sections A, C and E and the questions where your details have changed in Section B. If you are nominating a representative you will also need to complete Section D.
- When completed, print two copies:
  - **sign and date the declaration** and send the form to us
  - keep the other copy for your records.

You cannot save this form.

MORE INFORMATION
- phone **13 28 61** between 8.00am and 6.00pm, Monday to Friday.

图 5-2 澳大利亚政府提供的在线表格[20]

表格的开头提供了表格的功能说明,对用户进行友情提醒。然后从 Section A 开始,填写个人基本信息,重要部分用高亮显示,如图 5-3 所示。

Section A: **Your current details with the ATO**

This section is compulsory. You must complete questions 2 to 5.

1 **What is your tax file number (TFN)?**

QUOTING TFNS

We are authorised by the *Taxation Administration Act 1953* to ask for tax file numbers. You are not required by law to provide us with any TFN we have requested, however, failure to provide us with a TFN may result in a delay in processing this form. If we cannot identify a person from the information you provide, we may contact you for more information.

2 **What is your full name?**

Title: Mr Mrs Miss Ms Other

Family name

First given name　Other given name/s

图 5-3 表格示例[21]

Section B: **Do you want to change your name or address details?**

No Go to Section C.　**Yes** Complete this section.

Complete the following questions where your details have changed.

6 **What is your new full name?**

This is the name that appears on all official documents or legal papers.

If you are in business (that is, a sole trader) this information will be used to update your details on the Australian Business Register. See 'Privacy' on page 6 for more information.

Title: Mr Mrs Miss Ms Other

Family name

First given name　Other given name/s

7 **What is your new postal address?** (Your mail will be sent to this address.)

For example, your home address, your post office box or your registered tax agent's postal address.

图 5-4 表格示例[22]

在线表格的使用将政府的公共服务搬上网，有效地减少了公众办理行政事务的时间成本和精力成本，切实方便了公众，也能保证所办理的公共事务得到及时的处理和反馈。

5.3.1.2　在线政策咨询

1. 关于在线政策咨询

澳大利亚政府电子政务的一个目标就是要提高公众的参与度。通过对新技术的应用，政府机构正在加大与公众的互动，包括在线的政策信息提供、反馈和咨询。在线咨询提高了传统的政策咨询机制的效率并产生了更加好的政策效果。

传统的政策咨询通常都使用类似于研讨会、公众听证会、咨询委员会和问卷调查的形式。在线政策咨询能够提高政府办事流程的透明度，增加决策制定信息的可达性以及公众对政府项目的参与度。在线咨询能够延长政府咨询的办公时间，一周 7 天，每天 24 小时。在线咨询更加安全和精准，政府机构能够更加安全高效地和公众沟通。

2. “在线政策咨询”最佳实践内容分析

“在线政策咨询”[23]最佳实践将相关的优秀经验进行了展示和分享。

考虑在线政策咨询的机构需要考虑以下内容：

1）决定互动的程度

考虑有效的咨询需要多大程度上的互动。这将会影响采用的咨询机制。比如，普通大众的意见是否会被采用，是通过在线调查或是基于讨论的在线论坛或在线会议？政府机构也需要考虑不同方法的组合来收集大量有用的信息。涉及更高级别的互动的咨询机制包含的资源更为集中。

2）决定咨询机制

在线咨询中可以使用广泛的机制，每一种都需要适当的管理。不同的政策循环阶段需要运用不同的咨询机制。

3）在线文件的规定

咨询文件(比如绿皮书、议论文件、草稿等)经常能够在线提供，可以在线阅读或下载。当政府机构在线提供这些咨询文件时，他们将考虑：机构需要确保文件没有被篡改；确保文件的完整性，注意运用合适的格式进行记录；文件保存格式必须对尽可能多的用户可用，比如有些用户不能使用 PDF 格式的文件，尤其是对某些残障人士而言，因此，最好是提供给用户以 HTML、PDF、RTF 格式储存的文件；考虑文件的大小及下载速度；政府机构也可以将文件分成不同的章节，这样用户可以各取所需分开下载不同的部分；同时考虑系统是否能够支持很多用户的同时下载；和纸版文件一样，在线文件也需要标记清楚有效期间，哪些不再处于咨询有效期的文件需要进行归档；互联网的好处之一在于能够为用户提供获取所需文件以外相关性信息的机会。同时，政府机构要保证这么做不会和线下的咨询机制造成冲突，而这些相关信息并不会带来一些偏见。

考虑在线政策咨询的机构需要考虑采用哪种在线交流的方式更为合适，可以选择的交流形式包括：① 电子邮件，在线交流最为基础的方式。② 邮件和新闻群组，允许一群兴趣相同者通过互联网进行交流讨论。③ 在线表格，可以用来进行投票、调查和评论。④ 聊天室，有其独特的在线互动特征。⑤ 公告板，基于网络的对话空间，提供线性的交流空间，用户可以追溯以前的对话记录。⑥ 决定在线咨询如何与线下咨询互补。⑦ 考虑数据管理和数据分析，在线咨询的应用，能够促使政府机构通过在线论坛、电子邮件、在线表格等形式获得相关数据，可邀请专家对所收集的资源进行数据分析。⑧ 决定如何提供反馈意见，是建立一个常见问题(FAQ)的页面、是通过电子邮件回复直接提问、是公布调查的结果、是公开讨论的结果，还是提供在线政策咨询的报告等。⑨ 安全性问题，需要提供用户一个安全的在线服务环境。⑩ 保密性问题，用清晰的指导说明书能够告诉用户，他们的个人信息将得到完全的保密以增加用户对在线咨询的信任度。

5.3.2 澳大利亚政府网站信息公平利用最佳实践

澳大利亚政府信息管理提出的“网站的可及性和公平性”最佳实践[24]，阐述了澳大利亚政府网站如何做到对来自不同语言和文化环境的不同用户的可用和公平。政府的可及性和公平性政策目的就在于要保证政府的公共服务能够满足所有澳大利亚公民的需求，不管他们的语言和文化背景如何，不管他们是健康人还是残疾人。澳大利亚政府也致力于帮助所有背景的澳大利亚公民得到相同的机会来实现他们参与社会的权利。这就意味着要将政府公共服务做到适用于任何文化和任何用户，以用户为导向以及服务的高效便利。

5.3.2.1　澳大利亚政府网站可及性和公平性最佳实践分析

在“网站的可及性和公平性”最佳实践中，确定了从语言、展示与设计、评价与测试三个方面如何达到公平服务于每个澳大利亚人的目标。

1. 语言

(1) 使用简易英语作为澳大利亚政府网站的主要语言：英语作为网站的主体语言有助于不同背景的人群都能很好地理解网站，同样也有助于其他澳大利亚公民理解。检查政府网站的语言应用，在可能的地方尽可能进行简化。让即使是年少者也能够容易使用政府网站上的信息。

(2) 在恰当的地方使用其他语言提供信息：考虑在网站中使用其他语言提供信息，比如在一项与海外的其他国家的商务往来中，政府机构可能需要考虑：目标国的人口大小；目标国对英语的熟悉程度；目标国的移民历史，如果需要使用翻译，那么是简单的翻译合适还是考虑文化因素的翻译合适；政府机构可能希望在他们的网站中提供一个“其他语言”版块，保证导航和搜索机制能够准确找到相关的翻译。在导航系统中，将每一种语言以其自身语言的叫法来列示，而不是以英语的形式，比如使用“Deutsch”来代替“German”。

(3) 使用搜索机制帮助不同背景的用户：母语不是英语的用户可能会在搜索框中输入其他语言词汇，一种方法即是将这些外语词汇导入到搜索引擎的同义词列表中进行匹配，将相匹配的词组作为搜索词，如此一来就能得到想要的信息，即使用户输入的搜索词与找到的内容并不匹配。

2. 展示和设计

(1) 确保设计元素能够全球通用：使用全球通用的标志、词语能够保证不同文化和语言背景的用户都能理解。为了保证用户在使用政府网站过程中能有一个一致的用户体验，建议政府机构各网站之间一致的导航元素，包括“主页”“关于我们”“联系我们”“搜索”，这些导航元素需要放在页面的顶部，而保密性条款、版权说明和免责声明则需要放在每个页面的最底部。

(2) 确保数据表示的全球通用：全球对日期和事件的数字表示并不相同，比如1/12/03在澳大利亚表示12月1日，而在美国则表示1月12日。因此需要考虑采用何种形式才能确保所有的用户都能正确识别。类似的如数字、货币、重量和测量、电话号码、地址等的格式也需要考虑在内。

3. 测试和评价

(1) 测试对象:测试对象除了需要来自英语国家的用户外,也需要考虑来自其他文化背景和语言背景的群体,以确保所有提供的政府资源和提供的方式是合适的。

(2) 测试在线服务:作为建立在线服务标准和客户服务准则的一部分,需要考虑为不同文化和语言背景的用户提供服务,考虑他们如何使用自己的语言获取信息并提供反馈意见。

5.3.2.2 澳大利亚政府网站可用性及公平性实例验证

在本小节中笔者从澳大利亚政府网站中检查相应的网页内容,以确定这些网站是如何应用这些最佳实践指导网站建设的。

澳大利亚联邦门户网站面向的不仅仅是澳大利亚公民,也包括来自世界各地的用户,有想去澳大利亚留学的学生,也有想去悉尼旅行的夫妇,还有想移民到澳大利亚的他国公民,当那些来自非英语国家的公民试图访问网站时,可能语言会成为一大障碍。此时,不用担心,澳大利亚联邦政府网站为各种语言提供了翻译页面,通过“We speak your language”页面,向我们展示了很多其他语言的翻译页面,比如汉语、阿拉伯语等。(如图 5-5)

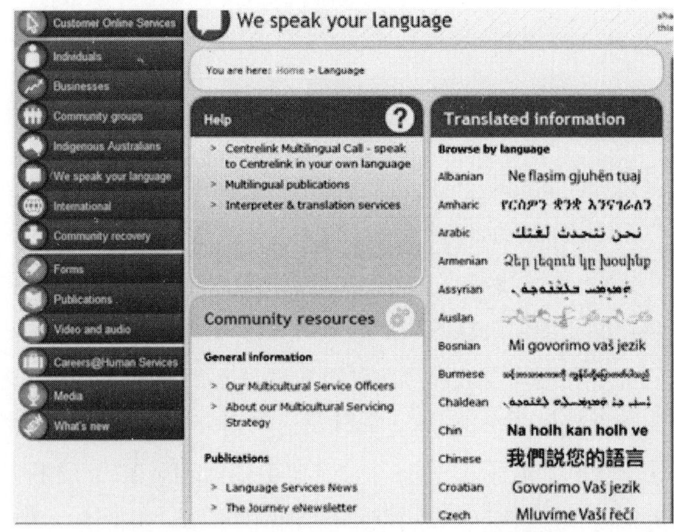

图 5-5 澳大利亚政府网站语言翻译页面

点击“Chinese”后，进入中文版页面，看到以中文显示的说明文字，以及联系方式，如图 5－6 所示。

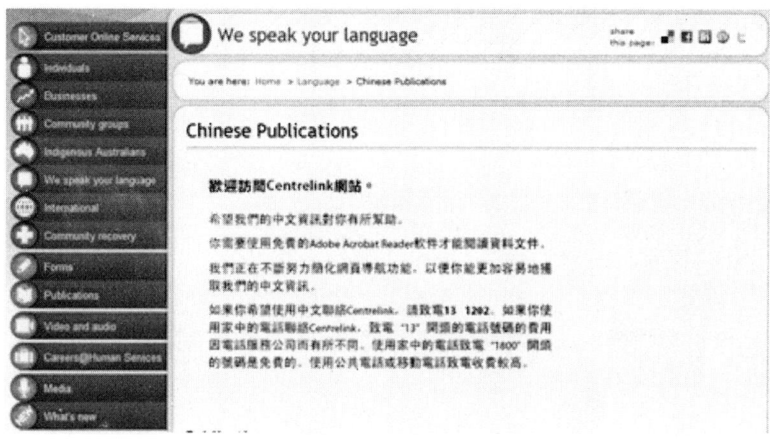

图 5－6　翻译的中文页面

在中文页面的底部，提供了出版物中文版的列表：

点击“Are you leaving Australia”打开 PDF 文件[25]，可以看到中文翻译的该项政策说明，如图 5－7 所示。

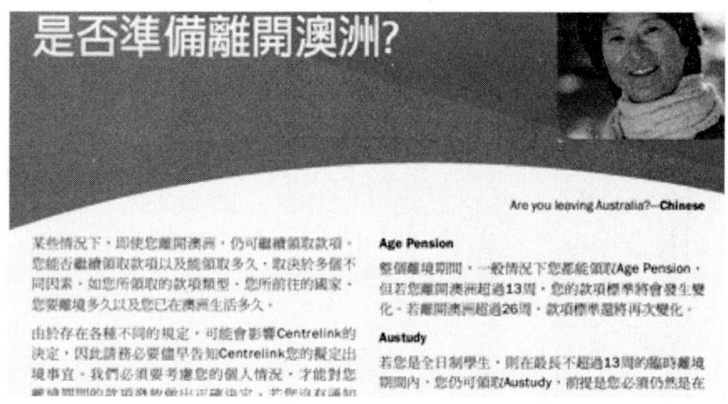

图 5－7　中文翻译的页面

澳大利亚政府网站遵循《残障人士反歧视法案 1992》原则，充分考虑了残障人士使用网站的需求，为他们配备了不同的辅助性设备，在图 5－8 中，可以看到右边有一个喇叭标志“Listen to this page”，这个即是为视觉障碍的人士准备的屏幕阅读器。

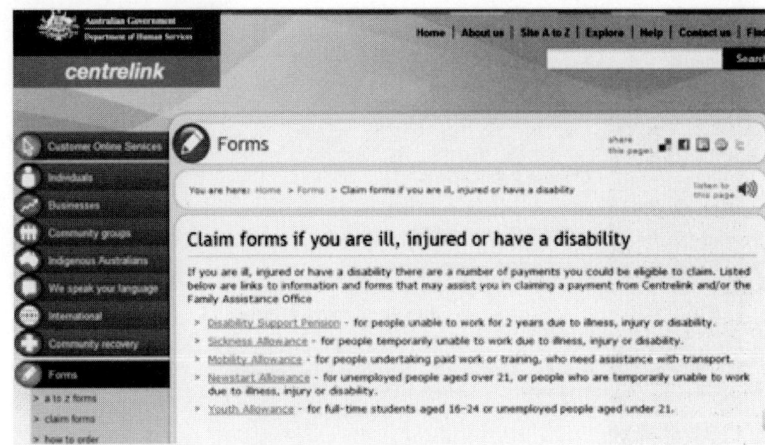

图 5-8　屏幕阅读器页面

点击这个喇叭，就会弹出一个如下页面，会有音频文件自动播放，告知用户该页面的具体内容以及操作指引。(如图 5-9)

图 5-9　音频文件自动播放

5.3.3　澳大利亚政府网站信息构建最佳实践分析与验证

澳大利亚政府认为网站的信息是如何组成的这个信息构建的研究领域对于政府网站越来越重要，没有合适的信息构建，网站将是组织混乱、使用和管理困难的。澳大利亚政府信息管理办公室与业务机构一起建立了专门的信息构建最佳实践规范，引导管理者对网站的信息和服务提供负起责任。

网站的信息构建包括很丰富的内容，跟导航、元数据、可用性测试、使用分析、搜索功能都有关联。澳大利亚政府网站最佳实践中除制定了专门的网站信息构建最佳实践，还制定了网站导航、与用户一起测试网站、为网络资源使用元数据、网站监控和评价、设计和管理内联网、实施有效的网站搜索等最佳实践指南。

“网站信息构建”[26]最佳实践将网站信息构建划分为早期计划、定义内容、分组和标识内容、信息构建的记录、评价和实施信息构建五个阶段，提出了要求完善网站信息构建的做法，具体内容如下：

在网站的早期计划阶段，需要考虑的因素为：确定网站的业务目标，确定网站的目标受众以及他们的需求，确定网站需要提供何种服务、功能或者信息，描述用户将如何与网站交互以满足他们的需求，考虑哪种类型的网站结构是合适的。

在定义内容阶段，需要考虑的因素为：确定支持网站提供的服务所需要的内容。

在分组和标识内容阶段，需要考虑的因素为：考虑内容如何分组，确定内容的逻辑层次，确定其他的分组方法，确定相关的信息，生成标识来表达内容，将内容映射到信息架构中。

在信息构建文件编制阶段，考虑的因素是：记录信息构建成果。

在评价和实施信息构建阶段，需要考虑的因素是：评价内在的结构，与用户一起测试提出的结构，设计导航元素，监控和评价网站的使用。

除了上述专门的信息构建最佳实践规范，网站导航和网站搜索也是最重要的信息构建内容的指南，我们对这两个最佳实践进行分析和用实例来验证。

5.3.3.1 网站导航

本部分对“网站导航”最佳实践加以分析和验证。

1. 关于网站的导航系统

导航系统是一个网站信息构建的体现，同时也是用户如何在网站中搜寻信息的重要指示工具。一个好的导航系统能够确保用户在每一个网页中都能够回答下列问题：我在哪个网站？我在网站的哪个位置？我在这儿可以做什么？从这儿我可以去网站的哪些地方？我要找寻的信息在哪儿？

导航系统一般包括：① 全局导航：全局导航在这个网站任何一个网页中都保持一致性，并能够允许用户到达网站的主要部分；② 局部导航：局部导航允许用户能够在目前所在的位置的局部区域进行导航，是比全局性导航更为细致更为深入的导航；③ 语境导航：语境导航将各个相关的页面链接起来，通常会有“see also”这样的提示性词句；④ 补充导航：补充导航包括一些额外的导航工具，比如站点地图、索引等。

2. 最佳实践中导航系统设计的关键内容

在最佳实践“网站导航”[27]中总结归纳了设计导航系统的关键点，通过这些关键点的实施，政府网站将确保导航系统建设的良好状态，从而保证网站信息和服务的高可用性。

导航系统设计的关键点如下：

(1) 确保用户知道他们所在的网站：通常用户不总是通过主页进入一个网站，而是通过链接或是搜索引擎进入的。导航系统需要能告知用户他们所在的是个什么网站。因此，在导航系统中需要放置机构标志或是名称，并且在网站任何一个页面都要保持位置的一致性。

(2) 确保用户知道他们在网站的具体位置：如果知道所在的网站具体位置，用户就能够更好地理解所获得的信息。因此，导航系统需要改变导航工具的颜色来代表网站不同的区域；或是提供一个追踪路径，像“首页→第一级页面→第二级页面→当前页面”。

(3) 确保用户知道他们下一步将到哪儿去：用户访问网站一般不会仅仅为了一点信息，而是更倾向于寻找一系列相关信息。因此，在用户找到一个相关页面后，导航系统需要能够告知用户下一步该往哪儿走。比如，用户能够通过导航系统回到首页对网站有个概览；用户需要依次更深入地去获取更多信息；又或是需要通过导航链接获得相关信息或其他相关网站。

(4) 提供给用户寻找信息的多种途径：用户总是从不同途径到达网站，因此政府机构需要为用户提供获取信息不同的路径，比如嵌入式链接、站点地图、A-Z的字母索引、站内搜索机制、网站使用说明书等。

(5) 保持网站导航系统的一致性：导航系统使用统一的导航方法、按钮和图标有助于用户使用网站。导航系统要放在每个网页相同的位置，同时每个页面的外观和感受也要保持一致性，这样有利于用户快速学习如何使用网站。网站导航设计要保持逻辑性，网站可以设置一个从上到下的层级结构，在首页之下，按照逻辑结构设置次主页和次导航系统，同样也需要保持一致性。

(6) 在导航系统中多使用文字：一般图表或按钮格式的导航系统要比单纯的文字形式的导航系统花更多的时间进行下载显示。使用文字导航还可以提高可用性并易于维持。如果一定要使用图片形式的导航结构，那么也需要设置一个文字形式的作为它的备份。

(7) 有效的描述文字导航:一般情况下,文字导航要包含与页面的题目相同的文字而避免使用类似于"点击此处"这样模糊的文字作为链接。文字导航需要说明链接到的页面的内容。

(8) 避免使用弹出窗口或新建窗口:打开一个新的浏览器窗口往往会造成用户的困扰,尤其对那些使用辅助性工具的用户而言。很多用户都会安装阻止弹出窗口的软件,而有些浏览器能够自动阻止窗口的弹出。因此,为避免信息的流失或操作的繁杂,导航系统的链接需要避免使用弹出或新建窗口功能。

(9) 注意使用框架:有些网站仍在使用网站框架,这样当用户拖动页面的时候,能够保证导航系统始终显示在屏幕上。然而框架的使用会使页面的打印变得困难,因此可以使用其他替代技术来固定导航系统。

(10) 保证导航系统各元素对残障人士的可用性以及对来自不同文化和语言背景的用户的可用性。

3. 澳大利亚政府网站导航实例分析

为了进一步了解澳大利亚政府网站的建设情况,笔者于 2012 年年初,作为用户登陆澳大利亚联邦政府门户网站——australia.gov.au 进行用户体验,从中找到最佳实践中所说的各种设计优点。

打开首页,可以明显看到带有澳大利亚政府 Logo 的导航标志以及分类明确的导航标志,如图 5 - 10。

图 5 - 10　澳大利亚政府网站导航标志

该导航标志一律采用文字形式保持统一,明显的澳大利亚政府 Logo 保证告知用户他们所在的位置。在使用过程中可以发现,这个全局导航在每个网页中都保持高度一致,从中充分考虑了用户体验的要素,以简洁一致的表现形式来引领用户。

选择导航栏中任何一个子栏目进入,这里笔者选择"Service"栏目进入,呈现的页面如图 5 - 11 所示。

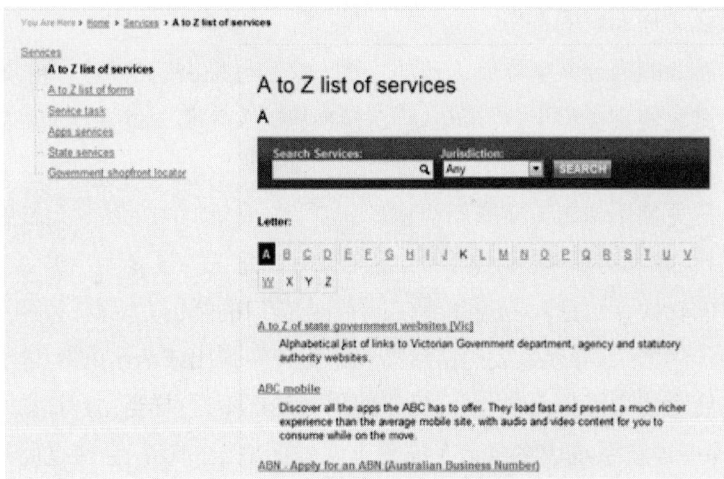

图 5-11　澳大利亚政府网站"Service"栏目

可以看到,在页面最左上方,有一个"You are here"的导航栏,及时告知用户目前所在的位置,同时为服务栏目设置了站内搜索机制以及 A-Z 的字母索引,提供给用户寻找信息的多种途径,保证从不同途径进入网站的用户有各种途径获取信息。

在每个页面的最后都有一个站底导航,如图 5-12。

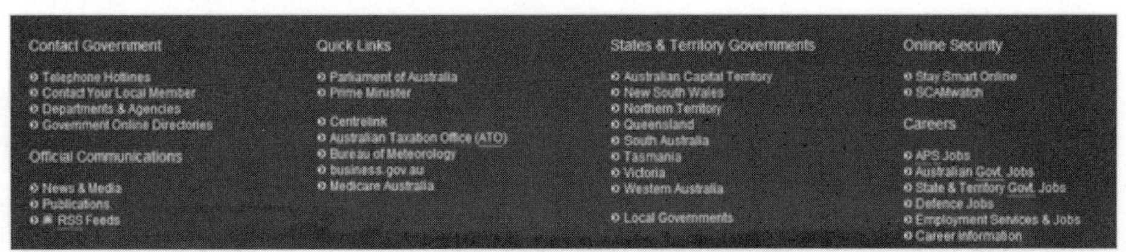

图 5-12　澳大利亚政府网站的站底导航

其中告知了用户可以及时联系政府的联系方式,包括电话热线、当地相关部门联系方式、政府在线机构目录等;还有政府不同部门的门户网站的链接,方便用户直接以此为入口快速进入。

5.3.3.2　网站搜索

25 条最佳实践中第 16 条是"实施有效的网站搜索机制"[28],该部分对网站搜索最佳实践加以分析和验证。

1. 最佳实践提出的要求

“实施有效的网站搜索机制”指出，一个有效的网站搜索机制能够很好地把网站和用户连接起来，并且能够给予重要的网页优先权。

首先，设计搜索需要准确识别各种要求，包括业务要求、技术要求等。

(1) 识别业务要求：在考虑建设一个网站搜索设置时，需要考虑网站的功能是什么，网站的用户是哪类人，网站的规模和结构，网站内容是静态还是动态的，网页的格式，网页内容的储存方式，网站安全性和隐私保护等。

(2) 识别技术要求：需要确认网站的技术环境，包括软件、数据库、硬件平台等，有助于搜索机制的兼容性。

(3) 搜索引擎与其他信息系统的集成：搜索引擎需要搜索文件、档案和内容管理系统，两者之间的集成性越来越重要。尤其是某些动态信息更新快，如果不能很好地集成，会导致搜索效率的低下。搜索引擎导向的网页如果能够使用简洁直观的 URL 将会有效提高搜索的质量。很多用户使用互联网搜索引擎比如 Google 和 Yahoo 搜寻政府信息，而这两者都依赖好的 URL 链接。

在识别了各种要求后，还需要进行搜索引擎的选择和评价，搜索工具种类繁多，在选择过程中，要注重可用性、简洁性和有效性；复杂的交互界面，繁复的配置需要额外的培训需求和持续的技术支持，这反而会影响用户体验。而搜索引擎的有效性如果很低，将直接导致工作人员针对个人的工作量的负担。

其次，在选择了适合的搜索引擎后，需要设计搜索交互界面。① 满足大众的需求：网站用户群体各有不同的特征，需要关注最为广泛用户群的需求，而不是仅仅依赖某一特定群体的需求去设计。② 保持搜索界面的简洁：只选用两个关键元素作为主搜索界面的构成，即一个输入搜索内容的输入框以及一个“搜索”按钮。③ 确保搜索框在主页中突出位置显示。④ 确保搜索的设置在网站任何位置都具有可用性：澳大利亚政府信息管理办公室建议将显著的导航元素，包括主页、关于联系我们和搜索放在每一个页面的上方。搜索按钮可以和一个搜索输入框结合使用，也可以链接到搜索主页面。⑤ 考虑高级搜索的运用：高级搜索有利于用户搜索更为复杂具体的信息，高级搜索需要运用“与”“或”“否”等搜索连接词。

最后，需要设计结果页面。用户更欢迎以简洁友好形式呈现的结果页面：① 使每个结果信息最小化：搜索返回的结果中每条信息仅需提供 URL、页面标题以及摘要三点内容；② 确保摘要或简介的有效性：可以从元数据信息中提取，或是由搜索软件自动提取出摘要。

此外，用户在使用搜索引擎时，总是期望能够用尽可能少的词搜索出所需的信息，他们认为输入的词越多，返回的信息越少但却越相关并能包含所有的关键词。因此，在设置搜索引擎时，要在各个搜索词之间默认的设置成“与”的关系，用户在搜索时，往往因为拼写错误或术语的不同而找不到想要的信息，虽然可以通过拼写纠错来改正，但效果甚微。因此，澳大利亚政府网站设置了一个最佳措施(best bets)，该措施通过建立一个单独的关键页面数据库来回应用户的搜索，返回的结果将显示在结果页面的顶端位置。比如澳大利亚财政部的网站主页可以用来回应任何关于“财务”“财政”“金融”之类的关键词搜索，将该主页显示在结果页面的第一个位置。针对用户使用不同术语的习惯，澳大利亚政府网站设置了搜索引擎同义词机制，即当用户输入一个词，后台系统在同义词库中进行查询匹配，并将匹配的结果和搜索词一起作为关键词进行检索，以保证查全率。为保证查询的准确性，澳大利亚政府网站还引用了 Stemming 查询和模糊查询。Stemming 查询即通过在关键词后加上不同的后缀进行查询，比如搜索词是“walk”，则在搜索时加入“walked”“walking”等词的页面搜索。

2. 澳大利亚政府网站搜索设置实例分析

笔者 2012 年 2 月以“education”为搜索词在澳大利亚联邦政府门户网站内进行了搜索，返回页面如图 5 - 13 所示。

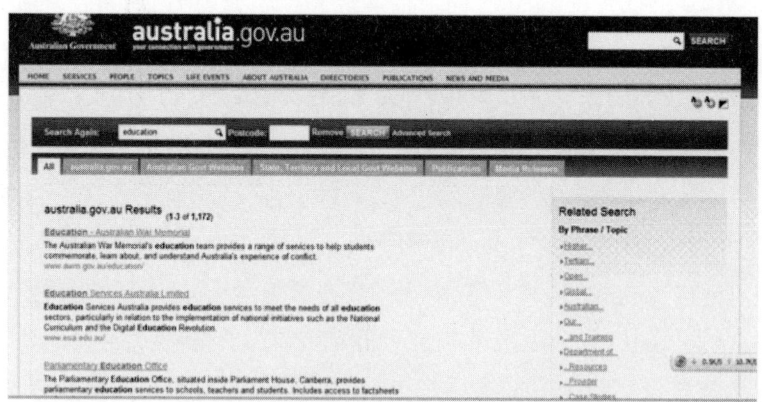

图 5 - 13　澳大利亚政府网站搜索结果

返回页面最顶部的是在澳大利亚联邦政府门户网站“australia.gov.au”中关于“education”方面的内容，共有 1172 条内容。可见在每条内容中，都呼应了每个结果信息最小化的原则，只提供链接、标题及摘要三部分内容，想要了解具体信息只需点击 URL 即可。同时尽量保持了页面的整洁，没有任何的广告内容，只显示与用户需求相关的信息。

在图 5－13 之下，显示的是澳大利亚政府其他与“education”相关的网站信息，如图 5－14。

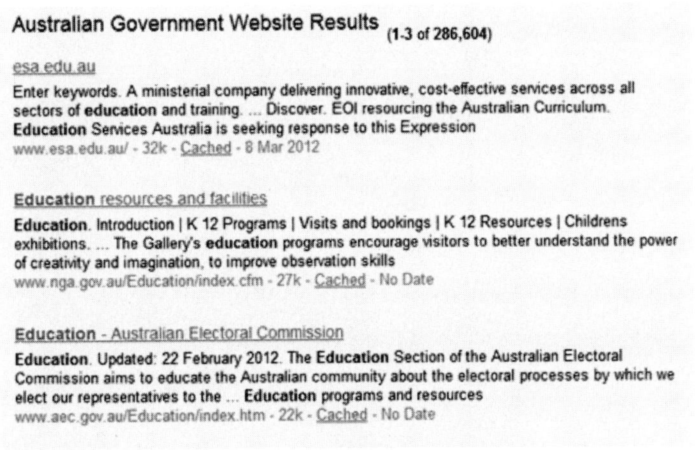

Australian Government Website Results (1-3 of 286,604)

esa.edu.au
Enter keywords. A ministerial company delivering innovative, cost-effective services across all sectors of **education** and training. ... Discover. EOI resourcing the Australian Curriculum. **Education** Services Australia is seeking response to this Expression
www.esa.edu.au/ - 32k - Cached - 8 Mar 2012

Education resources and facilities
Education. Introduction | K 12 Programs | Visits and bookings | K 12 Resources | Childrens exhibitions. ... The Gallery's **education** programs encourage visitors to better understand the power of creativity and imagination, to improve observation skills
www.nga.gov.au/Education/index.cfm - 27k - Cached - No Date

Education - Australian Electoral Commission
Education. Updated: 22 February 2012. The **Education** Section of the Australian Electoral Commission aims to educate the Australian community about the electoral processes by which we elect our representatives to the ... **Education** programs and resources
www.aec.gov.au/Education/index.htm - 22k - Cached - No Date

图 5－14　搜索结果的相关网站

正如前面最佳实践中所介绍的，这里澳大利亚政府采用了一个最佳措施，即将与“education”最为直接相关的政府职能部门——教育部的官方门户网站作为第一个返回结果展示给用户，即“esa.edu.au”。

同时，澳大利亚政府网站的搜索设置还支持高级搜索，提供“所有的词”“确切的短语”“排除某些词”“限定域名范围”“限定结果的文件类型”的搜索选择。

参考文献：

[1] 周晓英，王冰.政府在线信息管理与服务进展研究[M]//情报学进展(2010—2011 年度评论).北京：国防工业出版社，2012. 116－156.

[2] The Comptroller and Auditor General. Government on the internet: progress in delivering information and services online [R/OL]. [2011－04－18]. http://www.nao.org.

uk/publications/0607/government_on_the_internet.aspx.

[3] NAO. Improving Service Delivery — The Role of Executive Agencies [R/OL]. [2011-04-18]. http://www.nao.org.uk/publications/0203/the_role_of_executive_agencies.aspx.

[4] The Comptroller and Auditor General. Government on the internet: progress in delivering information and services online [R/OL]. [2011-04-18]. http://www.nao.org.uk/publications/0607/government_on_the_internet.aspx.

[5] The Comptroller and Auditor General. Government on the internet: progress in delivering information and services online [R/OL]. [2011-04-18]. http://www.nao.org.uk/publications/0607/government_on_the_internet.aspx.

[6] The Comptroller and Auditor General. Government on the internet: progress in delivering information and services online [R/OL]. [2011-04-20]. http://www.nao.org.uk/publications/0607/government_on_the_internet.aspx.

[7] The Comptroller and Auditor General. Government on the internet: progress in delivering information and services online [R/OL]. [2011-04-20]. http://www.nao.org.uk/publications/0607/government_on_the_internet.aspx.

[8] COI. Web standards and guidelines [OL]. http://coi.gov.uk/guidance.php? page=188, 2011.

[9] General web accessibility guidance [S/OL]. [2010-12]. http://www.equalityhumanrights.com/footer/accessibility-statement/general-web-accessibility-guidance/.

[10] Disability Rights Commission. British Standards Institution. The Publicly Available Specification [R/OL]. [2011-04-18]. http://www.google.com.hk/url? q=http://www.equalityhumanrights.com/uploaded_files/pas78_word.doc&sa=U&ei=6ZchTcCOEoSyuAPez9CNDg&ved=0CBUQFjAC&usg=AFQjCNFpVCnPZl6LA1UpkuYSij_QNZYI3w.

[11] European Parliament. Minimum level of accessibility for all public sector websites [EB/OL]. http://ec.europa.eu/information_society/activities/einclusion/index_en.htm, 2002.

[12] COI. Delivering inclusive websites [R/OL]. [2011-04-18]. http://www.coi.gov.uk/guidance.php? page=129.

[13] https://www.gov.uk/government/uploads/system/uploads/attachment_data/file/225980/HC_15.pdf. Cabinet Office Annual Report and Accounts 2012-13 p88.

[14] Better Practice Checklists & Guidance [EB/OL]. [2014-01-03]. http://www.finance.gov.au/policy-guides-procurement/better-practice-checklists-guidance/.

[15] 澳大利亚政府信息管理办公室[EB/OL]. [2012-03-10]. http://www.agimo.gov.au/archive/better-practice-checklists/.

[16] 胡菲.澳大利亚政府网站建设最佳实践研究[D].北京:中国人民大学，2012.

[17] http://www.agimo.gov.au/archive/better-practice-checklists/forms-online.html.

[18] www.industry.gov.au/timesaver.

[19] http://www.ato.gov.au/content/downloads/IND29698nat2817.pdf.

[20] http://www.ato.gov.au/content/downloads/IND29698nat2817.pdf.

[21] http://www.ato.gov.au/content/downloads/IND29698nat2817.pdf.

[22] http://www.ato.gov.au/content/downloads/IND29698nat2817.pdf.

[23] http://www.finance.gov.au/e-government/better-practice-and-collaboration/better-practice-checklists/online-policy.html.

[24] http://www.finance.gov.au/e-government/better-practice-and-collaboration/better-practice-checklists/access-and-equity.html.

[25] http://www.centrelink.gov.au/internet/internet.nsf/vLanguageFilestoreByCodes/int019_1003_zh/$File/int019_1003zh.pdf.

[26] Australia Government Information Management Office. http://www.finance.gov.au/policy-guides-procurement/better-practice-checklists-guidance/bpc-information-architecture/.

[27] http://www.agimo.gov.au/archive/better-practice-checklists/website-navigation.html.

[28] http://www.agimo.gov.au/archive/better-practice-checklists/search.html.

6　可用性评估体系的建设与实践

6.1　可用性评估体系

6.1.1　政府网站信息可用性评估体系的含义与特征

6.1.1.1　可用性评估体系含义

本书中,政府网站信息可用性评估体系是指为了衡量和测评政府网站建设效果而制定的评测制度、评测指标、评测工具、评测方法。

政府网站信息可用性评测可以理解为对网站可用性的事后考察,强调为政府网站可用性建设提供事后的建设效果测评。

评估体系在保证政府网站信息可用性方法的价值主要在于,它可以用来衡量和考察网站建设是否遵循了指导体系和操作体系的要求,同时也可以根据评测结果反馈,形成重新完善指导体系和操作体系的依据。此外,评估体系实际上是指导体系和操作体系得以有效实施的促进和激励因素,是强有力的抓手。

6.1.1.2　网站评估目的和考察内容

网站评价的目的主要有三个:一是作为工作绩效的考察;二是作为实践的总结和指导;三是作为选择决策的依据。

网站评价中涉及的主要问题有评价对象的选取、指标体系的设计、评分主体的确定、数据获取方法、数据处理方法、评价结果发布六个方面。

评价目标对象的选择有预先确定和后期选择评价对象、评价全体对象和评价部分对象之不同。

评价指标的设定可以说是网站评价的核心,其中评价维度,每个维度的指标量、指标之间的相互关系、指标数据的可获得性、指标的权重等内容都是需要考察的问题。

网站评价主体的选择有专家评测、用户评测、技术检测、实验检测等方法。

网站评测数据的获取有技术采集法、直接获取法、调查采集法、数值换算法、文本挖掘法等不同的数据获取方法。

上述网站评估考察的六个方面内容在政府网站的测评中都是需要重点关注的。

6.1.1.3　政府网站信息可用性评估体系的特征

与指导体系和操作体系的一致性——指导体系提供原则，操作体系提供手段和工具，评估体系衡量原则是否得到有效贯彻、手段工具是否得到合理应用。

为指导体系和操作体系提供反馈——评估体系可用来考察指导原则和操作方法的先进性、科学性和合理性，从而将建设效果反馈到指导原则和操作方法完善的流程中。

完整性——评估体系应该完整考察政府网站建设的方方面面，不应有所偏颇。

客观性——评估的指标设定、评估数据采集过程、评估数据分析要力求客观真实，少带有或者不带有主观色彩。

面向使用——评估体系与指导体系和操作体系的最大差异在于，指导体系和操作体系是面向网站的建设者和管理者的，而评估体系是面向用户和面向使用的，政府网站建设的好坏不是由指导体系和操作体系是否完备决定，而是由评估体系所测定的使用效果决定。如果评估体系只是面向政府工作而不是面向使用和面向用户，那评估的效果就会大打折扣。

6.1.2　本章对评估体系实践的研究

本章选取英国政府网站质量评估实践和美国联邦机构网站测评实施体系来加以研究。

英国政府网站质量评估围绕五大维度，即网站目标实现度(delivery of site objectives)、用户满意度(user satisfaction)、可用性(usability)、标准的执行(standards compliance)、编辑质量(editorial quality)这五个维度对政府网站质量进行评估。

英国政府网站质量评估体系的特点在于：

(1) 评估不是仅仅关注网站自身各方面建设的好坏，而是从网站有没有实现既定的目标出发的。很多的政府网站评估都比较强调互相的比较，但是不注重各个政府网站其实有自身的特征。

(2) 网站目标的评估与实体政府目标的评估有了结合点。测评网站的好坏最根本的还是要看网站的目标,网站的目标与实体政府机构的整体战略应该保持一致,确定目标、分解目标、监测目标是政府网站测评的一个重要视角。

(3) 评估体系中对“用户满意度”和“可用性”的测评表明了测评注重使用和面向用户的立场。

(4) 评测体系中的“标准的执行”测评体现了评估体系与操作体系之间的关联性。

(5) 评测体系中的“编辑质量”测评体现了保证网站信息可用性的表达方面追求高质量的要求。

美国联邦政府机构网站测评实施体系的特点在于:

(1) 建立了评测全流程的规范。相对于很多政府网站的评测只是关注指标体系的建立的规范性,而较少全面考虑评测过程,该实施体系对于评测全过程都建立了相应的规范和工具。

(2) 评测遵循“数字政府战略”,体现了评测体系对于指导体系的关联性。

(3) 评测指标中的“网站性能”测度使用了行业标准性的网站性能要求,更加具有普遍性和一致性特征。

(4) 评测指标中的“顾客满意度、搜索、可用性”体现了网站测评面向使用和面向用户的特质。

(5) 评测指标中的“移动”和“社会媒体”体现了网站测评对网络新技术、网络新应用的持续跟进。

6.2 英国政府网站质量评估实践研究

网站质量是指用户对网站功能满足用户需求的程度以及用户对网站整体效能的评价。也有学者指出网站质量指的是网站传递信息给用户的整体有效性。综合来看,网站质量主要包括网站功能满足用户需求的程度以及网站信息传递的有效性两个方面[1],无疑,两方面都是保证政府网站信息可用性的重要条件。

国内外对网站质量的研究已经取得一定成果,本节拟在学习国外网站质量相关研究成果的基础上，从英国政府网站质量评估中吸取其精华，为北京市政府网站质量评估提出可行性建议。

6.2.1 英国政府网站质量评估背景

英国政府认为，用户对一个组织机构的理解很大程度上取决于他们的网站经历，除了通过机构的公共服务之外，用户基本上没有其他判断机构运作情况的途径。而衡量网站质量是网站建设的重要内容，决定着网站目标的实现以及能否真正满足用户需要。英国十分重视其政府网站建设的质量问题。2006年10—12月间，英国国家审计办公室(National Audit Office, NAO)调查了153家中央政府机构网站，于2007年7月发布了报告"因特网上的政府"(*Government on the Internet*)[2]。报告指出，英国政府网站建设中存在诸多问题，比如网站设计过于复杂、文件数量繁杂以及由于搜索引擎性能等方面的因素导致的用户难以获取所需信息等问题。此外，英国政府网站自2001年以来质量提升不明显等问题也记录在案。在此报告基础上，2007年11月28日，英国政府账目委员会(Public Accounts Committee, PAC)在其提交的"政府账目委员会第16次报告"(*Public Accounts Committee Sixteenth Report*)中提出了一系列改进建议，其中就包括建立网站质量评估措施。英国众议院(the House)于2008年3月31日召开会议，就该报告进行讨论并一致通过。[3]

根据英国政府账目委员会报告，在英国内阁办公室(Cabinet Office)领导下，由英国中央新闻办公室牵头，制定了一系列网站标准和指导规范，包括《网站质量评估》(*Measuring Website Quality*)、《网站使用评估》(*Measuring Website Usage*1.1)和《网站费用审核》(*Measuring Website Costs*)等，旨在提高英国政府网站公共服务质量，同时这些文件也为英国政府建立成本效用最大化的网站提供指导。[4]以下我们将着重分析《网站质量评估》这一文件，对英国政府网站质量评估维度等问题进行研究[5]。

6.2.2 英国政府网站质量评估的主要内容及适用范围

2010年10月7日发布的1.2版本《网站质量评估》[6]设定了包括网站目标实现度、用户满意度、可用性、标准的执行、编辑质量五个维度的质量评估内容，并对具体实施细则进行了说明，而且还针对网站建设中涉及的重要环节对相应政府部门做了硬性规定。例如，要求相应政府部门必须进行用户满意度调查，并对时间和具体内容都有要求。如在时间上规定，2010 年 4 月 1 日开放的网站，中央政府部门必须从 2009—2010 年财政年度开始用户满意度评估；在 2011 年 4 月 1 日开放的网站，行政机构(Executive Agencies)和非部委公共机构(Non-Departmental Public Bodies, NDPB，是指在政府中扮演着一定的角色，但不是政府部委，也不属于政府部委，在运作上享有一定程度自主权的公共机构)必须从 2010—2011 年财政年度开始用户满意度评估。在内容方面，该文件规定政府网站在进行用户满意度调查时必须包含一些核心问题，比如用户此次访问政府网站的满意度，是否达到了访问目的，对具体网站指标的评价以及将该网站推荐给他人的可能性等。

英国政府《网站质量评估》文件适用于英国中央政府部门、行政机构和非部委公共机构[7]。这些机构的政府网站每年至少要提交一次用户满意度调查数据，报告需要按照指定格式提交给英国中央新闻办公室。

6.2.3 英国政府网站质量评估的五个维度

正如上文提到的，《网站质量评估》主要从网站目标实现度、用户满意度、可用性、标准的执行、编辑质量这五个维度对政府网站质量进行评估[8]，它是英国中央新闻办公室依据政府账目委员会报告要求所制定的一系列指导规范的总纲领，侧重在实践操作上的可行性。下面我们对五个维度加以分析。

6.2.3.1 网站目标实现度

英国中央新闻办公室在制定《网站质量评估》过程中很看重网站目标的实现程度，并提出了实现网站目标的指导原则和实施细则，具体包括：① 网站目标应符合机构整体战略。政府网站管理者需明确机构整体战略，以及网站在整个战略中所起到的作用。② 网站目标分解。网站管理者应为每个网站设定他们认为现实可行的若干目标，每个目标要有时间节点。这些目标包括：网站运行的有效保障、用户对网站可访问性、用户体验的评估等。③ 实现对网站目标的监测。网站目标可被分解为一系列主要性能指标，这些指标可用系统方法进行监测。

在此基础上，英国内阁办公室还出台了网站性能管理框架(Web Performance Management Framework, PMF)，使得网站管理团队能够对同类网站进行评价，鼓励网站之间良性竞争，也可以对网络、面对面交流、电话联系中心(Telephone Contact Centre)等形式进行标准化的比较，为各类部门、权威机构和公共部门提供公共服务指导。网站 PMF 与电话联系中心 PMF、面对面 PMF 等同是一个系列的管理框架。[9]

6.2.3.2　用户满意度

政府网站是以用户为中心,为用户提供信息和服务。因此用户满意度也是政府网站质量的重要指标。网站方面应明确网站用户希望从组织获取什么,并决定哪些渠道结合能够最好满足用户这些需求,网站在当中起到什么作用。《网站质量评估》指出,用户访问网站都有不同目的,因此很难实现所有用户都满意,但网站方面还是要尽可能提供用户满意的内容和访问过程。例如,在网站申请税收返还是一项很耗时的事情,一般用户都会感到很厌烦,网站方面不可能达到用户满意,在这种情况下只能是尽可能使流程简化,最大程度提高用户满意度。

在提高用户满意度方法方面,《网站质量评估》提出如下几点:可使用不同方法使得用户满意度最大化,例如尽可能理解用户需求;理解数字媒体在组织机构战略实施中的作用;保证网站内容的及时性、准确性和易理解性;确保网站地图能够提高用户网站使用效率。另外,还可以通过技术手段提高在线交流满意度,如网站流量分析、成本费用计算、同类网站比较、可用性测试等手段。

在用户满意度评估方面,在线调查被认为是捕捉用户体验的最好方式,也是采集用户属性信息的唯一方式。网站用户满意度调查可识别用户身份、辨别网站优劣势、为网站质量提升提供建议、调查结果可为网站战略规划提供借鉴、通过与其他网站比较更好理解网站性能。《网站质量评估》设定了评估用户满意度的核心问题,包括用户访问满意度,是否达到访问目标,对网站使用的方便性、设计效果、查找信息的方便性、信息的准确性和时效性、搜索系统的有效性进行评级,将此网站推荐给他人的可能性。此外,调查还必须包括用户访问网站目的、用户信息、用户邮政编码。

6.2.3.3　可用性

可用性也是政府网站质量的重要体现。2008 年 7 月,英国信息专项小组(Power of Information Taskforce)接受英国中央新闻署委托,对政府网站进行用户体验测试,并于 2009 年 5 月发布可用性工具箱[10]。该工具箱主要包括网页设计、导航、内容编写、主体内容、窗体形式、检索设计、质量和标准、公共页面设计等八个方面,目的在于能够为所有公共部门的网站编辑及内容开发人员提供整合好的基础性材料，培训和引导网站相关工作人员进一步理解可用性，并学习如何将可用性应用到政府部门网站的具体建设中。

6.2.3.4　标准的执行

英国中央新闻办公室发布了一系列的网站指导规范，要求政府网站遵守。这些指导规范对政府网站的域名、存档、可用性、浏览器、搜索引擎、URLs、费用审核等问题进行了规范，并且设定了相应的时间节点[11]，它们对政府网站整体质量的提升起到了至关重要的作用。

6.2.3.5　网站内容编辑质量

《网站质量评估》文件指出，网站内容编辑质量是网站质量的主要因素之一，应尽量保证网站内容的及时更新、易读性和连贯性。各网站应该制定编辑指导方针并建立用户反馈机制，通过自动工具使网站内容与编辑指导方针达成一致，通过检索词监测、责任到人等方法保证网站编辑质量。此外，文件还对网站内容的编写提出了基本要求，例如将最重要信息置顶、语言要通俗易懂、使用主动语态、尽量使用短句子或短语作为标题等[12]。

综上，由于宽带的普及，在线服务变得更便捷。英国政府看到了互联网的经济性、便捷性等优势，希望通过互联网为市民和商业用户提供服务，提高政府信息和服务的效率和质量。一方面，英国政府在图书馆、社区中心、大学设立了6000个免费或费用低廉的在线中心(online centres)，提供上网服务及简单的上网培训，年使用人次约300万人，以此推动政府在线服务的使用，计划到2010年政府在线服务可以为所有市民提供服务[13]；另一方面，政府重视网上公共服务的质量并积极改进网上服务质量，从政府的投资到政府网站的治理，再到政府网站指导规范的建立实施，到网站的质量评估诸多方面，都表明英国政府为了推动政府网站服务质量采取了有力措施，保证了政府在线信息管理的有效性和信息服务的高质量[14]。

6.2.4　对提高北京市政府网站质量的建议

英国政府将政府网站质量提升作为一项系统工程来抓，从国家审计办公室调查大量政府网站发现问题，到政府账目委员会据此给出建议，再到由内阁办公室牵头，中央新闻办公室制定具体标准，整个工作的落实具体有效。这些对北京市政府网站整体质量的提升起到了很好的示范作用。具体来讲，北京市政府网站可以借鉴别国经验，从以下几个方面加强政府网站质量工作，提升公共服务质量。

（1）提高对政府网站质量的重视程度。政府网站是政府提供公共服务的主要渠道，是政府提高公共服务质量的重要渠道。英国政府现有网站质量相关工作主要由英国内阁办公室牵头，中央新闻办公室负责具体实施，且中央新闻办公室会在标准制定或网站评估等过程中聘请相关领域专家参与到网站质量工作中来。北京市对这方面的重视程度还不够，没有一个权威机构来统领各个政府部门网站质量的提高，导致各部门各自为政，重视程度不一，发展不协调，相关专家也没有一个相应机制支持，形不成凝聚力，这些都阻碍了政府网站质量提高的进程。

（2）深入调查现存网站质量主要问题。目前，英国政府网站质量指导规范主要是依据政府账目委员会于 2007 年提交的 *Public Accounts Committee Sixteenth Report*，该报告是以国家审计办公室于 2007 年 7 月发布的报告 *Government on the Internet* 为基础的。*Government on the Internet* 是国家审计办公室在调查了 153 家中央政府机构网站的基础上，找出英国政府网站现存的主要问题，并针对这些问题提出了相应发展建议[15]，例如限制网站数量、对网站使用情况和质量进行评估、保障残疾人使用网站权利、建立在线帮助中心等，这些建议就成为了当前英国政府网站提高质量的主要措施。目前，关于北京市政府网站现存问题的相关研究不少，但是由政府权威机构牵头，并在大量调查基础上进行的深入调查几乎没有，切实可行的建议也就无从谈起。因此，北京市需要在这方面增加研究力度，以提高政府网站质量。

（3）建立网站质量相关标准。英国中央新闻办公室在网站质量提高方面制定了一系列标准，并通过《网站质量评估》这一文件将制定的这一系列网站指导规范纳入其中，为政府网站质量提升起到了很好的指导作用。此外，中央新闻办公室还对相应机构的完成期限进行了限定，这为政府网站质量的提高提供了充分的保证。北京市也需要在这方面加大力度，建立各项相关标准，尤其是应注重标准的可操作性，对各个环节设置时间节点，避免流于形式，以便真正将政府网站质量提高工作做实。

6.3　美国联邦政府机构网站数字指标测评实践研究

政府网站目前在服务公众方面起着很重要的作用，而它们服务公众的效果需要有合理的标准来加以测度,这种测度不仅仅是要考察政府网站的建设效果,而且还是引导政府网站建设方向的一个手段,测度的结果能够用来持续地改善公共服务,实现“以评促建”的良性循环。

美国联邦政府在政府网站测评方面的做法有许多值得我们借鉴的经验,我们在此提出我们的研究结果。

6.3.1 美国联邦政府机构网站测评管理模式分析

我们对 Howto 网站的数字指标测评的相关栏目[16]进行了内容分析,提炼出美国联邦机构网站测评管理模式的特征。

6.3.1.1 成立实践社区,持续支持网站评估的改善

美国政府很重视政府网站的质量,联邦网站管理者委员会(the Federal Web Managers Council)专门成立一个由政府网站高级管理者组成的跨机构的组织来共同促进美国政府网站的改善,该组织名为“Web 指标和分析实践社区”(the Web Metrics/Analytics Community of Practice),目标就是一个:支持使用 Web 指标和其他评价工具来改善美国政府网站。该组织的活动内容是定期讨论 Web 管理者可以使用的量化测评方法,开展意见征集、确定发展趋势,开发网站评价的工具、服务、数据发布的最佳实践,调查现有的评价软件包特性,分享使用网站评价支持决策的有效方法[17]。

6.3.1.2 建立政府网站测评的配套资源,引导网站测评

联邦网站管理者委员会管理的 HowTo 网站,建立了网站和手机、社交网络和其他数字渠道测评的专栏,提供了美国联邦机构数字指标的测评要求以及配套的内容,包括评测的原理、评测框架、评测指标、评测工具、评测报告要求、评测的案例、评测的培训以及其他有价值的相关资源。专栏的提供为政府网站的建设和管理者们提供了学习、分享的平台,从而能够全面地引导网站测评的开展。

目前该专栏提供了四大部分的内容:第一部分为常用指标,具体包括网页性能、用户满意度、搜索、可用性、移动设备、社交网络六大指标;第二部分为报告要求和常用工具;第三部分为常用指标和评估的基本原理和框架;第四部分提供了相关的案例、培训和附加资源[18]。

6.3.1.3 解决一般性和特殊性的矛盾,建立常用指标的最低基准评估要求

美国联邦政府要求各个机构都要建立有效的策略来度量绩效、用户满意以

及数据使用等情况,以保证数字服务的高质量。由于机构和数字渠道目标不尽相同,美国政府各机构多年来一直采用不同的工具、方法论和指标来测度网站绩效,缺乏统一一致的数据,到 2011 年年底,只有 10%的主要联邦机构网站使用同样的绩效评估方法[19]。

很显然,差异化的网站评估不利因素很多,要全面改善对公众信息服务质量,政府机构必须建立标准的方式来衡量政府网站的实践效果。这样做的好处是:能够通过对常用评测工具的集中采购来节省金钱和时间;能够遵从行业标准,保证常用术语、工具、方法的一致性;能够通过一致的、实时的、公开的、透明的数据发布来实现更好的管理和问责,避免信息和服务重复和遗漏;能够更好实现机构之间的协作、分享、培训和建立改善服务的战略方案;能够让机构网站建设效果具有可比性;能够从整体上把握政府网站的建设效果,从而提出整体发展方向上的改进战略。

为了解决评测必须考虑政府机构的个性和共性之间的矛盾,联邦政府没有强制性提出适用于所有机构的全部指标体系,而是提供了一套常用的最低基准测量指标,来保证实现联邦机构范围内一致性的测评方案。这样既避免了测评"一刀切"的弊端,又避免了没有一致的测评标准所造成的难以比较分析的弊端。

6.3.1.4　建立通用的数字服务测评的依据与框架

目前,世界范围内有多个政府网站测评的框架,之前美国不同的政府机构也建立了自己的测评框架,联邦政府网站要建立通用的测评方案,必须先制定测评的依据和框架,以确定测评的方向。

美国联邦网站管理者委员会建立了"政府数字服务通用测评框架"(Government-Wide Digital Services Common Measurement Framework),该测评框架确定了通用性能测评的内容,通用的数据采集方法和通用的网站分析工具,其中性能测评主要针对网站和移动性能指标、社会媒体指标以及顾客满意度指标三个方面。数据采集方法主要有两个:一是通过在网页嵌入一个基于 Java 程序的跟踪代码来采集分析数据,一是基于 API 数据调用输入输出其他通用测评数据。通用的网站分析工具包括使用标准的标签方法收集、解析和报告数据,使用一个共同的收集标签的程序,允许执行在跨越许多网站以及在集成水平上的应用与应用之间的比较。HowTo 网站上提供的该通用测评框架如图 6-1 所示。

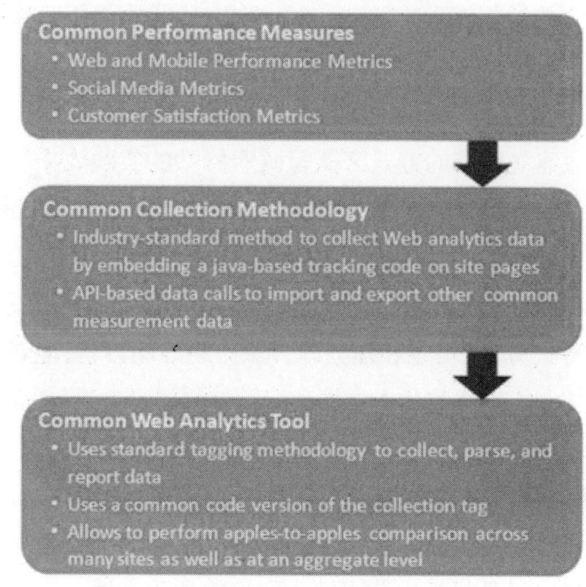

图 6－1 政府网站数字服务通用测评框架①

6.3.1.5 规范实施测评的全过程

美国联邦网站管理者委员会不仅仅提供测评原则和测评指标，而且对实施数字指标测评的全过程加以规范。该全过程包括指标设定、指标解释、数据获取、要考虑的因素、要回答的问题、数据处理方法、数据处理工具、结果展示以及将测评结果转化为改善策略。对每一个测评指标，都提供定义、使用方法和注意事项；同时针对不同的指标提供详细的建议，说明测评数据采集方法和测评数据分析工具，以及提交报告的策略。

6.3.1.6 提供支持性的资源帮助网站管理者学习和互助

为了帮助网站管理者提高，美国联邦网站管理者委员会提供了关于数字指标测评的相关案例，用实例指导政府网站工作人员如何运用指标和工具进行收集、分析指标，案例包括疾病预防控制中心的电子卫生保健指标仪表板、环保局

① 图片来源：http://www.howto.gov/web-content/digital-metrics＃research-bibliography。

网站统计、国家档案馆指标仪表板、美国农业部页面标记度量策略等。网站提供各种相关的实践社区以提高用户满意度,网络与新媒体社区、实践度量社区和社交媒体性能指标工作组等供大家分享经验,还提供电子政府大学的课程信息帮助网站管理者学习到如何收集和制定数字指标,如何使自身工作更加合理化、规范化,如何提高用户满意度、网页性能等。这些支持性资源确实能为网站管理者提供具体的帮助,提升了人员的素质,同时也保证了数字指标测评的质量。

6.3.2　网站数字测评指标的构成和内容分析

上文提到美国联邦网站管理者委员会制定了全政府机构数字测评的通用指标,本节分析该指标体系的构成和核心内容。

美国联邦网站管理委员会制定的数字指标包括六大方面的测评指标,其中网站性能指标是其中二级指标占比最大的一个指标。美国联邦管理委员会确定了全政府通用网站性能测评框架,测评框架确定了从广度、深度、忠诚度和直接参与度四大方面测评的思路,其中广度衡量数字服务的覆盖面,主要通过网站的访问者、访问量、页浏览量考察;深度衡量数字服务的深入程度,主要通过平均每次访问的页面数、平均访问时长、评价每页花的时间、跳出率来考察;忠诚度衡量客户的喜爱和网站的黏性,主要通过新老访客的对比、平均每个访问者的访问量来考察;直接参与度衡量访问者使用网站搜索引擎的程度,主要通过总站内搜索提问来考察。而其他五个方面的指标是关于用户使用情况和新数字渠道使用情况的测评。

根据 HowTo 网站数字测评栏目的内容分析,我们整理了其测评指标的构成及简要说明(表 6－1)。

表 6－1　美国联邦政府数字测评指标及应用说明

一级指标	二级指标	三级指标	指标说明	使用方法 注意事项
网页性能指标	总访问量		页面浏览量或点击量,用户每次刷新即被计算一次	总访问量是最通用和基础的测量流量的方法,也是最流行和最易被使用的指标,可以用于不同网站的流量比较 随着时间的推移,总访问量能够反映一个网站流量的历史趋势,并且能用于比较未来流量模式

（续表）

一级指标	二级指标	三级指标	指标说明	使用方法 注意事项
网页性能指标	总网页浏览量		一个网页在规定时间内（如每月）被浏览的次数	可以根据访问量了解用户当前的热门需求和热门查询内容，同时可以分析用户对网站的利用程度
	独立访问量		指访问某个站点或点击某条新闻的不同IP地址的人数	在同一天内，独立访问量只记录第一次进入网站的具有独立IP的访问者，在同一天内再次访问该网站则不计数 独立IP访问者提供了一定时间内不同用户数量的统计指标，而没有反映出网站的全面活动
	每次访问的网页浏览量		规定时间内的页浏览数量除以该时间段访问者的人数	是对于理解参与水平很重要的指标 可用来确定网站是否通过提供每次访问所需要的网页数量来完成自己的工作 该指标要结合网站的任务背景来考虑
	平均访问时间		在规定的时间段内用户在网站活动的持续时间	用户是否可以在短时间内查找到相关信息，网站内容是否可以吸引用户在网站停留尽可能多的时间
	页面停留时间		用户花在单独页面上的时间	测量单次访问的程度，用户在同次访问中能看到多个页面（例如主页和其他页面），工作人员需要知道每次访问页面需要多少时间，用以度量每个页面的有效性
	网站跳出率		用户进入网站就离开的次数与进入网站总次数的比值，它是衡量一个网站用户体验的重要指标	网站的跳出率高，说明网站的用户体验不好，通过统计工具的跳出率分析，可以很清楚地知道网站的用户体验度如何，哪些地方可以改进，哪些地方不利于用户体验，还有其他的相关因素都可以分析出来
	新访客和回头客率		第一次访问网站的叫新访客，两次或者两次以上访问网站的就是回头客	回头客也就是网站忠诚用户，多多益善，通过分析网站的回头率高低，从表面上就可以看出网站是否受用户欢迎 回头率高低从深度来分析，也可以得到网站的存在是否对用户具有一定的价值

（续表）

一级指标	二级指标	三级指标	指标说明	使用方法 注意事项
网页性能指标	每个访问者的页面浏览数		在一定时间内全部页面浏览数与所有访问者相除的结果，即一个用户浏览的网页数量	每个访问者的页面浏览数访问者对网站内容或者产品信息感兴趣的程度，也就是常说的网站“黏性”。比如，如果大多数访问者的页面浏览数仅为一个网页，表明用户对网站显然没有多大兴趣，这样的访问者通常也不会成为有价值的用户。但应注意的是，由于各个网站设计的原则不同，对页面浏览数的定义不统一，同样也会造成每个访问者的页面浏览数指标在不同网站之间的可比性较低
	站内搜索查询总次数		用户使用网站内部搜索引擎查询的次数	站内搜索查询的频繁使用意味着访客在首次登录网站时，不能迅速找到他们期望找到的内容。或者，意味着访客不想通读网站内容，宁愿通过搜索框来查找特定信息。与之相对，站内搜索查询使用率低意味着内容较易获取，内容完整。这个指标帮助工作人员判断以上情况是否发生在自己的网站上
用户满意度指标	整体用户体验		用户对访问过程的感知体验	该指标能够全面反映基本信息，但机构本身的影响力和用户体验容易对该指标产生积极或消极影响
	任务完成率		用户找到预先期望的信息或服务的完成情况	通过一些工具能够将性能和用户满意度指标结合起来，可与实际性能数据进行比较
	回访用户率		将来面临相同或相似任务时，用户可能继续选择该网站的意愿	与实际回访人数进行比较，完善用户预测
	用户推荐网站率		用户会通过自身感知将产品或服务推荐给他人	与新增访客数进行比较，完善用户预测

（续表）

一级指标	二级指标	三级指标	指标说明	使用方法 注意事项
搜索指标	外部搜索	热门商业搜索引擎	搜索引擎（如谷歌、必应、雅虎）发送最多流量到网站	使用热门商业搜索引擎网站管理员的工具对网站进行优化，使得自己的网站更易被搜索引擎检索到
		热门搜索词	用户搜索网站内容在搜索引擎上最常用的关键词或短语	确认使用的关键词或短语是符合用户习惯的，而非专业术语或行业用语，帮助用户提高搜索效率
		低点击率搜索词	不导向点击网站的搜索词	定期更新网站内容，使得检索词更符合内容、更有用
	内部搜索	热门搜索词	在网站中用户最常用的检索词	创建新内容或更新已有内容纳入到网站元数据，使得用户可以找到正确的信息
		“无结果”查询	用户有效的搜索行为却无法在自身网站中搜索到相关结果，这与缺乏相关内容或者内容不易被检索有关	定期检查网站内容，观察是否需要增添新内容或者更新已有内容，使得新内容可以被用户在搜索框中检索到
		热门搜索词改变	表明主题趋势，什么是热门话题，什么不是	调查用户对某一热门内容失去兴趣的原因，并确定其是否需要再次归档。同时，对于新近的热门术语，创建新内容或更新现有内容，以确保其是最新的、准确的、完整的
	速度	页面加载时间	用户打开页面所需的时间	加载速度甚至比用户是否参与或放弃搜索词的相关性更为重要。如果页面需要很长的时间来加载，搜索引擎不会抓取它们，用户也会放弃访问网站。所以应该确保自身网站进行了优化，加载速度可能迅速

（续表）

一级指标	二级指标	三级指标	指标说明	使用方法 注意事项
可用性指标	可用性测度		个人在使用产品、系统和服务时的感觉，产品使用时的简易度	可用性指标的作用往往是诊断性的，它仅仅是使用一种特定的数字服务。两种常见的可用性测试方法：一是大规模的定性测试包括20～100个（有时更多）的用户；二是小规模定性试验，理想涉及3～5个用户在连续几轮的测试，以观察用户行为和收集易用性反馈，设计等定性的用户体验，还可以通过测量调查或测试后的评价，如系统可用性量表
	用户体验测度		网站用户体验重点是用户如何看待网站信息的组织方式、标识和找到内容的能力	各个网站目标不同，用户体验测度就不同；如果资源有限，观察可用性测试结果；如果有用户体验专业人士，可请他们开发自己站点的最佳用户体验测度方法
移动设备指标	移动互联网		通过手机或移动终端连接网络查询相关内容	了解使用手机等移动设备上网的用户群，用户通过何种方式查询相关内容，用户是否满意该种方式查询信息
	短信		机构定期发送给用户的信息服务	用户是否定期会收到政府网站发送的信息，时间周期是多长，信息内容是否是满足大众用户基本需求的
	本地移动应用		用户下载与网站相关的应用软件，例如APP等	用户的移动终端设备上是否有与网站相对应的应用软件，使用该应用的软件频率是多少，对该应用软件设计是否满意
社交媒体指标	社区大小		一个社交媒体网站的规模与用户数量	社区大小关系到信息服务的受众范围，工作人员需要了解用户数量和社交媒体规模
	社区成长情况		目前用户使用情况与之前用户使用数量的差异	了解一个社交媒体的成长情况，可以帮助政府网站工作人员预测用户行为和用户数量
	参与情况		用户使用社交媒体内容的程度	参与度反映了用户对信息的关注程度，通过观察调查了解用户在哪些方面参与度高，分析用户行为

（续表）

一级指标	二级指标	三级指标	指 标 说 明	使 用 方 法 注 意 事 项
社交媒体指标	忠诚度		用户是否会回访社交媒体	社交媒体的忠诚度除了反映在是否存在回访用户外，还包括常用用户，工作人员通过对回访用户的行为分析，了解用户浏览行为、用户需求等
	用户体验		主要通过调查，了解用户使用社交媒体的情绪，以及提供的服务是否满足用户需求	通过调查用户在社交媒体上的发言、交流了解用户情绪、用户需求。社交媒体上用户的活跃数量反映了社交媒体建设是否符合用户行为习惯
	宣传活动		某个社交媒体在用户中的宣传，用户对该社交媒体的认知度、了解度	社交媒体在其他网站、网页出现的频度，社交媒体是否是引起大众关注的
	战略成果		社交媒体的策略如何直接作用到机构的战略计划	社交媒体的策略应该服务于政府网站的战略计划，通过社交媒体降低成本、更好地服务用户

从表 6 - 2 中，我们可以看到，美国联邦政府网站测评指标围绕着网站性能、顾客满意度、搜索、可用性、移动和社会媒体六大方面展开。

(1) 网站性能指标：网站分析协会标准委员会(Web Analytics Association Standards committee) 2007 年 8 月发布的《Web 分析定义》(*Web Analytics Definitions*)[20]中确定了网站分析的主要指标，该文件从基础部分、访问特性、内容特性、转化测度四大部分对于 Web 分析所用的概念加以定义。美国联邦政府数字指标测评选取了上述文件中的一些核心指标，如网站的访问量、页浏览量、独立访问者、跳出率、站点搜索提问量等常用的网站性能测试指标作为测试联邦政府网站的基准指标。同时，HowTo 网站也强调，需要从多个维度采集数据，以时间、内容、技术、营销手段、人口统计特征等多个类型或维度考察，才能获得客观全面的数据。

(2) 顾客满意度指标：这是对使用者使用效果的直接检验，通过用户，了解用户对网站的总体感受、在网站上完成任务的情况、重新使用网站的情况以及向其他人推荐使用的情况，来分析用户对网站的满意度，并且要根据满意度情况改善网站的服务。

(3) 搜索指标：测度内部和外部搜索引擎的使用情况，通过有用的搜索引擎数据采集工具，了解常用搜索词汇、成功的搜索、失败的搜索、搜索特性的变化、页面下载时间等内容，从而确定网站在搜索方面的使用特点。

(4) 可用性指标：是通过正规的可用性测试和用户体验测试反映网站使用的便利性和使用效果。

(5) 移动指标：特别测试政府移动设备的使用情况和移动服务效果的指标。在"移动优先"的政府服务理念下，移动网站、移动应用程序、短信等移动服务显得越来越重要。

(6) 社会媒体指标：测试社会媒体的应用情况，考察政府利用社会媒体为公民办事和提供服务的做法，以及可能的应用社会媒体预测和分析民意，建立快速响应政府的能力。

上述六大指标既考虑了网站自身的性能特性，又考虑了新型数字渠道如移动服务、社会媒体对政府信息和服务提供的影响，这些指标对可用性问题的尤其重视突出体现在六大指标中的三个：顾客满意度、可用性、搜索指标，它们是直接关注用户的感受、用户的使用效果的。

我们从上述分析中可以看到，美国联邦政府采用全政府机构通用的测评指标，提供了相应的服务措施，其优势在于：

(1) 可以为各个机构提供测度数字服务效果的标准内容和标准程序；

(2) 可以保证数字渠道服务测度具有基本一致性的方法和措施；

(3) 可以为政府机构测评网站提供实质性的测评帮助；

(4) 可以通过测评统一众多政府机构对于网站建设方向的认识；

(5) 可以通过测评分享先进经验、持续改善不足；

(6) 可以通过调整网站测评的原则和框架，引导政府网站建设的方向；

(7) 可以通过测评了解政府网站整体状况，衡量不同机构政府网站建设水平之间的差距；

(8) 可以通过测评达到促进机构努力不断提高网站水平的目的。

通过测评，政府网站能够有效实现信息和服务的能用、可用和好用的目标。

6.3.3 对北京市政府网站建设的启示

随着计算机技术和通信技术的快速发展,政府网络信息资源也呈现出爆炸式发展,服务型政府在网站上的体现就是更多地将服务转移到网上,以用户方便的形式提供。建立一套合理的数字化指标体系对指导政府网站开发者建设网站,具有直接帮助,同时对政府网站开发者和管理者从用户角度、服务的角度出发来建设和完善网站具有重要的作用。另一方面,标准化方式建立的网站能够保证用户方便、快捷、高效地利用政府信息资源。

北京市政府网站目前已经制定了政府网站测评标准,主要从信息公开程度、在线办事、公众参与角度考察。北京市政府网站数字化指标建立过程中存在以下几个问题:

第一,目前的评价指标侧重网站建设角度,缺乏用户导向和服务导向的内容;

第二,指标测评缺乏工具支撑,如何搜集指标数据、如何利用工具对数据加以分析,尚缺乏科学方法和依据;

第三,缺乏对新媒体指标的建立,例如移动政务设备指标、社交媒体网络指标等;

第四,缺乏对建立后的指标的可操作性检验。

北京市在政府网站建设过程中应该把科学、合理面向使用的数字化指标的建立放在重要位置,使工作人员做到有标准可依。

北京市政府网站建设者和管理者可以借鉴美国联邦机构数字测评方案的实践经验,建立适合北京市的评估体系,原因在于:第一,数字化指标的建立可以帮助北京市政府网站管理者根据指标对网站建设和完善做到统一规划;第二,数字化指标可以帮助工作人员全面地、系统地、标准化地评价一个政府网站建设状况;第三,数字化指标侧重从用户角度出发,强调用户满意度、网站可用性,使网站工作人员更注重满足用户需求,网站建设完善更加人性化;第四,数字化指标对移动设备、社交网络等方面进行了标准化和规范化,使得所建立的指标体系符合社会发展趋势,满足北京市民对新媒体的需求。

参考文献：

[1] 孙灵.基于用户感知的旅行社网站质量影响因素研究[D].杭州：浙江大学，2006：6－25.

[2] The Comptroller and Auditor General. Government on the internet: progress in delivering information and services online [R/OL]. [2007－07－13]. http://www.nao.org.uk/publications/0607/government_on_the_internet.aspx.

[3] PAC. Public Accounts Committee-Sixteenth Report [R/OL]. [2007－11－28]. http://www.publications.parliament.uk/pa/cm200708/cmselect/cmpubacc/143/14302.htm.

[4] COI. Web standards and guidelines [OL]. http://coi.gov.uk/guidance.php? page=188.

[5] 王冰，韦熙芃.英国政府网站质量评估研究[J].情报资料工作，2011(5)：105－108.

[6] COI. Measuring Website Quality [R/OL]. [2010－10－07]. http://coi.gov.uk/guidance.php? page=138.

[7] 商务部.英国政府及公共部门基本架构[OL]. [2010－01－05]. http://finance.sina.com.cn/roll/20100105/06147194073.shtml.

[8] COI. Measuring Website Quality [R/OL]. [2010－10－07]. http://coi.gov.uk/guidance.php? page=138.

[9] Cabinet Office. Performance Management Framework [R/OL]. [2010－05－10]. http://interim. cabinetoffice. gov. uk/contact-council/performance-management-framework.aspx.

[10] COI. Usability Toolkit [R/OL]. [2009－05]. http://usability.coi.gov.uk/.

[11] COI. Web Standards and Guidelines [OL]. http://coi.gov.uk/guidance.php? page=188.

[12] COI. Usability Toolkit-Basics of writing for the Web [EB/OL]. [2009－05]. http://usability.coi.gov.uk/theme/writing-content/writing-for-web.aspx.

[13] The Comptroller and Auditor General. Government on the internet: progress in delivering information and services online [R/OL]. [2011－04－18]. http://www.nao.org.uk/publications/0607/government_on_the_internet.aspx.

[14] 周晓英，王冰.英国政府在线公共服务的保障措施研究[J].情报科学，2011(8)：1128－1133.

[15] PAC. Public Accounts Committee-Sixteenth Report [R/OL]. [2007－11－28].

http://www.publications.parliament.uk/pa/cm200708/cmselect/cmpubacc/143/14302.htm.

[16] http://www.howto.gov/web-content/digital-metrics，2014-01-06.

[17] http://www.howto.gov/communities/federal-web-managers-council/metrics，2014-01-06.

[18] http://www.howto.gov/web-content/digital-metrics，2014-01-06.

[19] http://www.howto.gov/web-content/digital-metrics，访问时间：2014-01-08.

[20] Web Analytics Association，Web Analytics Definitions，www.digitalanalyticsassociation.org/Files/PDF_standards，2014-01-08.

第3篇

政府网站信息可用性专门规范的建设与实践分析

7 政府网站建设规范和实践研究

7.1 政府网站建设规范国内外现状分析

政府网站建设规范是对网站建设中的战略、技术、内容、媒介、政策法规等实施细节的详细规定，以保障和提升网站的可及性和可用性。纵观全球电子政务的发展概况，几乎所有的国家和政府机构都将建设强大的政府门户网站作为优先发展目标，“统筹规划、统一标准”已成为国内外电子政务建设的普遍共识。对于政府网站建设的标准化和规范化工作，国际和国内很多政府都做出了积极的探索和有益的尝试。

7.1.1 国外政府网站建设规范现状

国外在政府网站规范建设方面起步较早，无论是整体的网站建设指南，还是具体化的可及性、可用性、运营管理、政策法规等细分标准研究，都积累了丰富的实践建设经验，取得了非常显著的研究成果。

为了保证政府的信息和服务质量，在方便用户使用的同时，也有利于政府实施政府网站信息的管理、更新和维护，国外很多国家通过制定网站建设指南，对政府网站的建设要求和思路、信息内容、格式、服务等方面进行了统一和明确的规定。

1998 年，加拿大就开始致力于开发一个统一的政府网站外观标准(Common Look and Feel, CLF)，提升政府网站的一致性、外观和显著性，用以保证全体加拿大公民不受能力、地理位置、种族等因素的限制，享有访问政府网站信息的平等权益，这一标准目前已经更新到 CLF2.0。加拿大政府始终坚持“以公民为中心的电子政务战略”，在埃森哲咨询发布的全球电子政务年度报告中，加拿大连续于 2001 年、2002 年、2003 年和 2005 年四年获得全球电子政务成熟度排名第一。

1999 年，英国政府颁布了《政府网站建设指南(第一版)》。通过制定政府网站建设指南来支持现有网站的目标实现，使其从告知公民到与民众交互，再到为民众办事服务，各方面取得进展。

此外，美国、澳大利亚、新西兰、瑞典等国家也都相继制定了各自的网站建设指南。

7.1.2 国内政府网站建设规范现状

与国外相比，我国政府网站建设规范起步较晚。

北京于 2004 年 4 月正式出台了《北京市政府网站建设与管理规范》，规定了北京市政府网站的建设、运行、维护和管理等方面的基本要素，包括网站设计、网站内容、网站技术和网站管理四个方面。该规范由首都之窗运行管理中心、北京市信息资源管理中心等单位共同编制，为北京市政府网站的建设、运行、维护和管理等方面提供了重要指引，同时也为北京市政府网站的评议提供了衡量依据。

2009 年，上海颁布了《上海市政府网站卓越质量与服务管理规范》，用以指导上海市政府门户网站、市政府部门网站和区县政府网站的规划、设计、建设、运行、管理和服务。规范内容涉及目标和需求、规划和设计、内容和功能、运营和管理、安全和防范、应用和推广、评议和改善等七个方面，对政府网站的整个生命周期都进行了详细的约束和规定。该项规范更加侧重网站建设和管理的工作程序化、流程规范化和网站标准化，为提高电子政府的在线服务能力提供了重要指引。

北京、上海、浙江、武汉等地关于政府网站建设和管理规范的相继出台，填补了过去我国政府网站标准化管理方面的空白，对于各地建立网站标准起到了积极的引导作用。但是，建立一个全国化的统一的政府网站建设标准仍然任重而道远。

7.2 加拿大政府网站外观和形式规范实践分析

7.2.1 CLF 的产生背景

随着世界信息化的不断发展以及国际竞争的日益激烈，各国政府都相应地实施了信息化的发展。加拿大联邦政府为确保公民、企业及其他机构能方便而有效地获取政府信息、享受政府各种服务，于 1995 年提出了“让加拿大成为全球最为互动互联的国家”的战略目标以及“连接加拿大”的发展规划[1]，通过电子政务和电子商务的发展带动全国的经济发展，提升国家竞争力。

加拿大作为世界上信息化发展程度最高的国家之一,在硬件以及软件方面都为其门户网站的建设提供了较好的基础。加拿大目前是全球联网率最高的国家,拥有世界最先进的网络环境,所有主要城市之间都有网络相连接;同时也是世界上第一个从小学到大学所有学校以及所有图书馆、社区都实现网络化的国家。此外,加拿大拥有一批世界领先的网络技术开发公司,这些都为其电子政务的发展以及政府的信息服务提供了较好的基础。

1998 年 2 月,加拿大财政部为了提升政府网站的一致性、外观和显著性,通过了一系列政策决议,其中就包括“为联邦政府网站和内部局域网、电子网络开发一个统一的外观标准”[2]。这项政府一致性项目将统一运用于所有的电子服务领域,包括加拿大政府网站和内部局域网、产品以及交付。同年 6 月,CLF 工作组(Common Look and Feel Working Group, CLFWG)成立,聚集了 75 位网站开发、通信、出版、信息技术和信息设计等电子媒介方向的专家,代表包括中央办事机构、利益各方、直属机构和相关的政府企业(Crown Corporation)在内的 50 多家政府机构。该工作组接受财政部秘书处互联网咨询委员会的直接领导。

1999 年秋,加拿大政府提出了到 2004 年实现政府信息全公开和在线服务的目标。这项政府在线(Government On-Line, GOL)计划将为用户提供所有政府机构的无缝访问途径,改善和加强公共服务能力,提升加拿大在经济全球化中的竞争力。CLF 作为政府在线计划的推动项目,以客户为中心,为公众提供按需获取信息和服务的途径。

2000 年 1 月,CLFWG 和财政部秘书处联合发布了报告和相关建议。这些建议随后统一为一系列的标准和指南,相关的企业和技术跨部门委员会以此为政府在线计划实施效果的评测依据。同年 5 月,CLF 标准和指南的决议获得了财政部的审批通过[3]。

CLF 标准主要致力于保证全体加拿大公民不受能力、地理位置、种族等因素的限制,享有访问政府网站信息的平等权益。在网站设计和信息可访问性的建设过程中,将应用 PC、辅助设备以及先进技术等一系列科技元素。标准提出政府网站的内容必须是易于获取的,无论用户终端是慢速调制解调器或者老式浏览器,还是屏幕阅读器或者语音装置。在移动数字技术普遍发展和通信技术快速革新的今天,应用科技方法和手段将有助于保持 CLF 标准的适用性。

7.2.2 CLF 的主要内容

在 CLF 颁布以后的若干年里,为了减少与其他财政部政策的重复与冲突,该项标准一直处于不断修改和更新中。最初的 CLF2.0 标准反映了现代的网站实践、技术变化和在过去 6 年里 Web 联盟以及导航和格式元素方面所提出的新问题。其后,这项新标准又借鉴了国际上最新的 Web 内容可访问性指南,大大提升了网站布局和设局的灵活性,同时也不断为机构的在线信息服务融入创新性的技术[4]。

2011 年颁布的 CLF 标准经过多次修改和更新,确定由网址标准、网站可及性标准、一般网页格式标准和电子邮件标准四个部分组成[5],代替了原 2010 年 1 月颁布的 CLF2.0 标准。以下为 2011 年 CLF 的内容:

第一部分,网址标准(Standard on Web Address)。

此部分标准在 2007 年 1 月开始施行,用以保证政府网站域名的准确规范化管理,为网站文件夹和文件命名规范提供了指南。

第二部分,网站可及性标准(Standard on Web Accessibility)。

此部分标准在 2011 年 8 月 1 日开始施行,目的在于加强政府信息和服务的可访问性。除了传统网页的文本内容以外,新标准弥补了旧版标准在图片文字识别、复杂地图、在线视频、音频等网页内容标准规范上的缺失。此外,该部分标准采纳了网络内容可访问性指南(Web Content Accessibility Guideline, WCAG),围绕可感知性、可操作性、可理解性、稳定性四个方面展开,分为 A、AA 和 AAA 三个评价等级[6]。

第三部分,一般网页格式标准(Standards on Common Web Page Formats)。

该部分标准于 2007 年 1 月生效,目的在于建立加拿大政府网站运作的一致性。标准通过规定导航、标题、脚注、重要信息等内容的布局,保持网站用户的熟悉感,减少用户焦虑,提高政府信息交互的可读性。

第四部分,电子邮件标准(Standard on Email)。

电子邮件标准颁布于 2007 年 1 月,为地址命名、通用邮件地址使用、邮件签名等相关方面提供了指引。

以下是对已经颁布实施的四项标准作的详细介绍。

1. 网址标准

标准规定加拿大所有政府网站的主域名都需注册在.gc.ca的子域名下，移动互联网地址以“m.”或“/mobile”开头。每一个网站分别有英语和法语两种域名，每个域名指向对应语种的网站主页，例如“www.youth.gc.ca”指向加拿大青年网的英文网主页，“www.jeunesse.gc.ca”指向的则是加拿大青年网的法语主页。

2. 网站可及性标准

加拿大政府一直以来都将互联网视作履行政府义务和提供公众服务的重要渠道，高水平的网站可及性是电子政务服务有效性和广泛性的保证。CLF的网站可及性标准采用了国际通用的WCAG2.0标准，为网页内容的无障碍访问建设提供了遵循依据。此外，标准也结合了信息技术管理策略(Policy on the Management of Information Technology)等现有法律法规，以改善IT实施过程中的管理流程一致性和稳定性。

标准规定网页内容必须满足WCAG2.0规范中一致性规范的全部五个要求：

1）一致性级别

所有网页需满足一致性AA级要求，即网页符合所有A级和AA级成功标准，或者提供一个符合AA级的替代版本。

2）全页面

规定了网页评价的内容，网页一致性级别只对全网页有效，网页中的局部达到一致性要求并不能称为实现一致性。由于内容脱离责任者控制范围而导致网页没法达到一致性要求的，这些网页的责任者可以考虑部分一致性声明，常见的形式有“此页不符合一致性，但如果来自不受控制的来源的以下内容被删除，则符合WCAG2.0的X级”“此页不符合一致性，但如果以下语言存在着无障碍支持，则符合WCAG2.0的X级”。

3）完整过程

规定了评价某个流程中局部网页的内容要求。例如为了完成一项活动需要完成一系列步骤，这些步骤所在页面都需要符合指定级别或更高的级别，过程中的所有网页要保持一致。

4）以支持无障碍的方式使用技术

使用XHTML1.0及以上、HTML4.01编辑网页内容时，需要使用CSS样式表和对象等方式代替原始的"center""front""body"等元素标识符,以保证网页内容的标准型和规范性。使用 HTML5 及以上版本编辑网页内容时,要尽量避免过时的属性标识符,例如图片对象中的边框属性、脚本对象中的语言属性等都不需要具体说明。

5）不干涉

规定了其他信息技术使用方式的要求。如果以不支持无障碍的方式使用技术,或者以不符合一致性的方式使用技术,那么这些技术不会阻碍用户访问网页其余部分的能力。这些要求包括音频控制、不存在键盘陷阱、闪光次数低于阈值等等。

3. 一般网页格式标准

一致性的外观不仅有助于提升网站辨识度和网站信息的可信度,也使得政府信息导航更加便利;而各个政府机构所提供的在线服务、流程以及目的存在着多样性,在网页开发时需要各自的特定空间。CLF 在该部分标准中对这两个方面做出了一定的平衡。

一般网页格式标准非常全面地规定了网站外观设计的各个部分,包括欢迎页元素、内容页尺寸和布局、旗帜、通用菜单栏、联系页面、导航路径、左部菜单、右部菜单、公开页面、第三方标识和链接、隐私说明、脚注元素、重要公告页、第三方信息公告等 18 个部分。

在具体的网页内容要求中,标准对网页的背景、联邦认证标注和国家标志的位置和大小、标题栏、导航栏、搜索框、页面主体的位置和大小、打印页的布局都进行了明确细致的说明。例如,网页的标题部分要求位于页面的最顶端,外部宽度为网页页面的 100%。此外,这部分所包含的政府导航、网站标题、搜索框、网站导航等内容在标题部分的位置、大小、对齐方式也都有统一的规定。

4. 电子邮件标准

在加拿大政府信息传递过程中,电子邮件通讯方式被普遍使用,如何识别信息来源的机构和个人级别成为日益突出的问题。通过电邮发布信息的公职人员对信息的终端使用者无法预估。邮件的收件人可能立即回复,也有可能无限期的保存邮件,后者转发给其他收件人,导入其他文件或者打印。因此,所有的电子邮件内容中必须包含足够的信息标识个人或者机构,包括联系方式以方便后续跟进工作,例如联系人电话、传真号和邮递地址等。

具体来说,这些标准包括三个方面:

1) 邮件地址

每个政府职员的邮件地址需以如下格式命名:

givenname.familyname@institution.gc.ca

其中,@之后为员工所在机构部门的主域名。域名语种的使用要遵循加拿大电子通讯官方语言使用指南的规定。

2) 通用邮件地址

机构的项目或者服务如需要官方应答途径,可建立一个不与个人员工相联系的通用邮件地址。邮件地址的语言使用规范同"1) 邮件地址"中所述。

3) 邮件签名

标准根据办公驻地的不同,规定了不同的邮件签名格式[7]。

魁北克:

Name
Information organisationnelle | Organizational Information
Nom de l'institution | Name of Institution
City, Canada K1A 0R5
givenname.familyname@institution.gc.ca
Téléphone | Telephone 999-999-9999 / Télécopieur | Facsimile 999-999-9999 /
Téléimprimeur | Teletypewriter 999-999-9999
Gouvernement du Canada | Government of Canada

图 7-1　加拿大魁北克省邮件签名格式

加拿大:

Name
Organizational Information | Information organisationnelle
Name of Institution | Nom de l'institution
City, Canada K1A 0R5
givenname.familyname@institution.gc.ca
Telephone | Téléphone 999-999-9999 / Facsimile | Télécopieur 999-999-9999 /
Teletypewriter | Téléimprimeur 999-999-9999
Government of Canada | Gouvernement du Canada

图 7-2　加拿大政府邮件签名格式

考虑到国际公认的网络内容可及性指南的更新,以及增加网站布局和设计灵活性的需求,2010 年 1 月财政部秘书处 CLF 办公室宣布,由现有四部分组成的 CLF2.0 将在 2010—2012 年两个财政年度内,被最新的加拿大政府网站标准取代。截至 2013 年 10 月,最新标准包括以下四个:网站可及性标准(Standard of Web Accessibility)、网站可用性标准(Standard on Web Usability)、网站互操作性标准(Standard on Web Interoperability)[8]、网站优化及移动设备应用标准(Standard on Optimizing Websites and Applications for Mobile Devices)[9]。

1. 网站可及性标准

该部分标准前文已有介绍。财政部秘书处网站上给出了 WCAG2.0 的级别评估标准,并提供开源软件作为网站建设、维护、更新的可重用组件[10]。

2. 网站可用性标准

该标准于 2011 年 9 月 28 日生效,标准要求网站方便访问使用,同时维持网站统一外观和风格以保证政府网站可信度和机密性。

(1) 网站地址。基本沿用前文介绍的"网址标准",另外对于采取两种官方语言的基本域名有两种形式:单语种域名分别指向相应的官方语言网站;在不知道用户语言倾向的情况下,双语种域名或组合词域名指向可以选择浏览语言的欢迎界面。

(2) 网站公告。该部分要求政府网站公布用户的权利、义务、法律责任以及管理网站的部门,用户可以点击"条款和条件"(Terms and Conditions)查看这些公告。其主要包括以下几类公告:① 加拿大政府隐私公告,要求给出联系方式,声明通过《隐私法》和技术支持对公民信息进行保护,提醒用户保护敏感个人隐私等,保证用户访问任何加拿大政府网站带来的信息自动获取都将只用于网站维护和安全保护。② 第三方服务公告,告知用户访问网站时某些文件(如开源库、图像和脚本)将通过信任的第三方服务器或内容交付网络提交到用户的浏览器中。③ 官方语言公告,告知用户在接收政府服务或与政府交互时,拥有选择官方语言的权利。④ 超链接公告,为用户提供方便的链接跳转到非政府网站,同时声明网站的信任度不受保证。⑤ 版权或允许复制的公告,告知用户信息所有权和复制政府公布材料的条件。⑥ 政府标志复制公告,如果需要复制使用加拿大政府官方标志(包括加拿大字标、武器标志、旗帜标志等),需向联邦鉴定项目(Federal Identity Program)提交财政部秘书处的书面授权。

(3) 网站页面公告。此部分要求政府网站提供敏感内容提醒,主要包括以下四部分：① 个人信息收集声明，在用户填写有关个人信息的表格时应当进行明显、及时的提示，确保用户了解自己的个人信息的使用方式、保存时间以及提交后怎样修改。② 第三方信息免责声明，当用户浏览包含第三方信息的政府网站或跳转到第三方页面时，应当被告知政府不能保证内容准确性、及时性、可靠性、隐私安全、使用官方语言以及无障碍要求。③ 皇家版权(Crown Copyright)标志，使用“© Government of Canada, date”或“© Applied title of department, date”两种形式。④ 语言公告，在用户将链接到的网站与原网站语言不同时进行提示。

(4) 布局和设计。见前文“一般网页格式标准”，图7-3为标准要求的页面布局与设计元素，标准未包含的一些其他视觉元素和标识符见财政部秘书处的联邦鉴定项目网站。图7-4显示了网页基本结构强制要求的区域。另外，标准推荐网页提供“Twitter”和“YouTube”的社交媒体推送按钮。

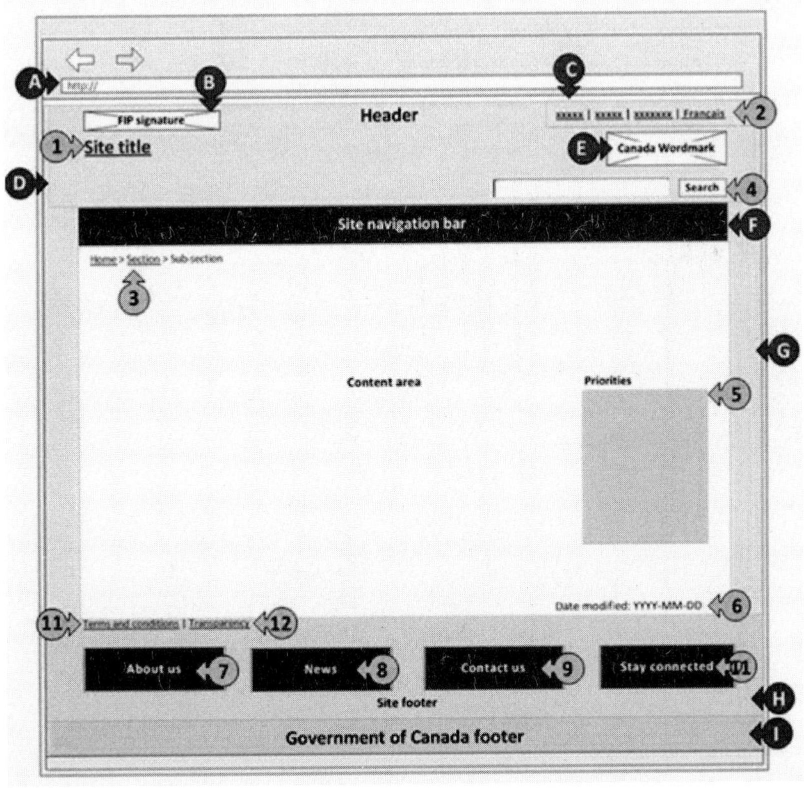

图7-3　加拿大政府网站“布局与设计”元素[11]

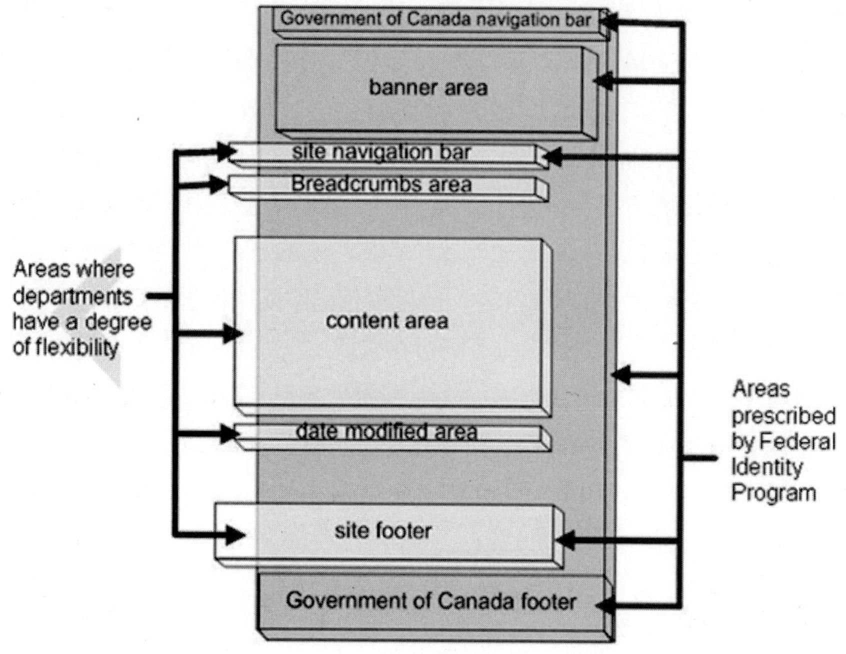

图 7-4　加拿大政府网站网页基本结构[12]

财政部秘书处网站上提供了一些网站和页面公告的示例,还介绍了管理有效的内容生命周期的四个步骤(见图 7-5),以减少冗余、过时、琐碎的信息内容。

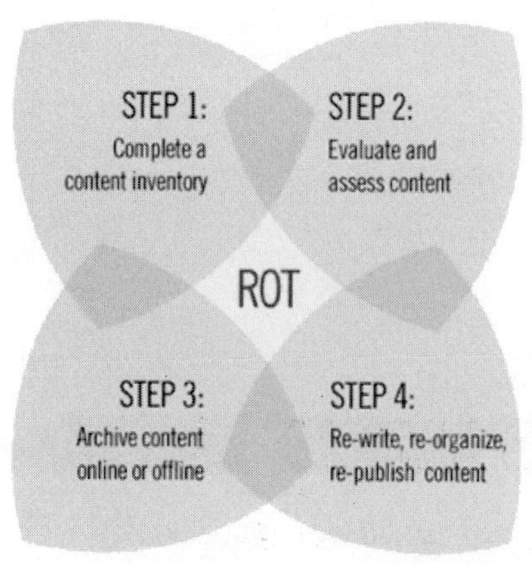

图 7-5　加拿大政府网站内容管理生命周期[13]

3. 网站互操作性标准

该部分标准生效于 2012 年 7 月 1 日，目的是确保政府网站能够被移动设备访问，保证政府网站内容(包括网络应用、平台和设备)的可重用性和可移植性。

(1) 网站消息来源要求。网站向用户提供更新内容、重要修改和经常浏览的聚合消息时，应采取“Atom 聚合格式”规范，在描述 Atom 规范中“反馈”“题名”“作者”等 11 个元素时尽可能与都柏林核心元数据取值对应。标准还给出了描述网站消息来源入口的结构描述最小标签集，包括“入口”标签、“题名”、链接、“创作者”“更新者”“发布者”“入口 ID”“版权声明”等。

(2) 字符编码要求。字符编码是指文档文字与其在网络上传输时在计算机文件中的呈现方式之间的映射。标准规定政府网页和网站消息来源都必须采用 UTF-8 编码方式。

(3) 标记语言要求。标准要求政府网站页面必须采用 HTML5 或更新的标记语言。

(4) HTML 数据要求。HTML 数据是在网页中嵌入和提取机器可读内容的方法，用于信息检索、内容抓取与重用，常用 HTML 数据语法有“Mircodata”“RDFa”“microformats”等，HTML 数据架构有“Schema.org”等。标准规定了政府网站页面必须采用的 HTML 数据语法与词汇。

4. 网站优化和移动设备应用标准

鉴于加拿大民众越来越多地通过智能手机和平板电脑获取政府信息和服务，加拿大出台了“网站优化和移动设备应用标准”[14]，以保证加拿大政府在线信息和服务在移动设备上的优化性。标准 2013 年 4 月 1 日生效，预计 2016 年 4 月 1 日完成。标准提出了一个有效的移动设备应用的建设和维护模型，通过重用组件、标准化流程和协作共同的解决方案来减少冗余，模型包括相关政府部门承担项目、确定需求，并为项目提供资金支持，开发和维护移动设备应用程序的内容；作为加拿大移动政务专家中心或者外部服务提供者的政府部门，应设计、开发、测试和维护移动设备应用程序；作为加拿大政府信息独立发布实体的部门发布和撤销应用程序的信息。

标准从模型三方面对责任相关的部门经理和职能专家、指定负责的高级部门官员、部门 CIO、沟通主管、专家中心等人员进行了工作规定，确保移动设备上的优化的网站和网页应用符合“网页和移动设备外观设计技术说明”，规定了基于设备的移动应用的可及性、可用性、互操作性、信息发布要求等。

7.2.3 加拿大阿尔伯达省政府网站建设规范

加拿大阿尔伯达省政府为了实现对政府门户网站有效的管理以及为公众提供优质的服务，制定了相关网站建设规范，从网站的外观、技术支持、内容、外界媒体等多个方面指导各级政府门户网站的建设，以保证阿尔伯达省的所有公民能方便地获取政府的服务，同时提高政府本身的服务效率与效能。

7.2.3.1 阿尔伯达省政府门户网站建设背景

硬件基础方面，阿尔伯达省作为加拿大成长最快速的省份，拥有最年轻的人口平均年龄以及最高的教育水平，该省48%的就业人员拥有大学学位、大专文凭或专业证书。根据2000年5月的统计数字，阿尔伯达省的家庭及企业连接网比例领先全国，将近80%居民和企业都与国际网络相连，同时加拿大阿尔伯达省也正在实施让边远地区的州内居民获得连接上网的项目，预计此项目能让41 000位阿尔伯达省边远地区的居民获取网络连接，从而获取州政府提供的信息与服务。这些网络硬件方面的优势为该省的电子政务以及政府门户网站的建设奠定了基础。

电子政务发展情况方面，阿尔伯达省积极响应加拿大国家政府对电子政务建设的要求，一方面发展重视网络基础设施的建设，另一方面也重视相关的人才培养以及信息技术的开发，制定了较为完善的配套法律法规政策，全面推广电子政府的发展与应用。

政策法规方面，阿尔伯达省政府门户网站沿用了许多省政府发布的相关法律法规，并沿用了相应的技术标准来确保公众对网站的无障碍访问。这些法律法规从隐私保护、操作规范等多个方面保障政府门户网站的建设。与政府门户网站建设相关的主要法律法规规范包括了网络内容可访问性指南(WCAG)2.0、个人隐私保护策略(P3P)、《信息获取法》(*Access to Information Act*)等等。

这些政策法规与基础设施的完善为加拿大政府的信息化应用提供了一个强大的网络、技术和法律支持平台。阿尔伯达省政府在这些法律法规的基础之上，结合省的特色制定了适合其政府的政府门户网站建设标准。

7.2.3.2　网站标准的目的与用途

1. 网站标准的目的

网络是阿尔伯达省公民获取政府信息的主要途径之一，为了保证公民能及时、清晰、准确地获取政府有关政策、项目实施以及服务的信息，政府需要相应的政策保证。据统计，大多数阿尔伯达省公民将政府门户网站作为他们获取政府信息与服务的首要信息来源，这对政府门户网站的功能性以及普及性都提出了要求。

不同于一般的商业性或娱乐性网站，政府门户网站要求外观设计一致性，这有助于提高公众对获取的信息资源的信任程度。同时，网站需要给用户提供与各种相关的政府项目信息，让用户能轻易地获取，并对政府的设施、项目以及服务进行评估与检验。

因此，阿尔伯达省政府制定了此标准，以期将政府门户网站打造成给公民获取信息与服务的有效通道，并同时鼓励政府与公众之间的沟通，提高服务质量。

2. 网站标准的用途

阿尔伯达省发布了其政府门户网站建设标准，标准规定了政府门户网站在建设时的外观特点，包括图标、导航、技术规范、内容规范等。省内政府在建设其门户网站时需要遵循这个标准的要求。

标准容许执行时具有一定的弹性，不同情况可以在不同的程度内执行此标准。标准规定需要完全按照标准要求的网站包括：归属于阿尔伯达省政府的网站；省政府项目或服务的网站；源于政府的信息传播网站；省政府作为主要合伙人的网站。同时，有些网站不需要完全按照标准的要求建设，这样的网站包括：政府与其他机构的合作关系使得标准不再适用；一些具有竞争性的商业机构，比如博物馆和文化遗迹等，这部分网站有必要和公共部门区分开来，它们在建造时只需执行部分的网站外观和技术标准[15]。

3. 标准的使用方式

根据标准要求建设政府网站主要有两个步骤，一是网站的设计，一是网站的维护。

1）网站的设计

每个部门在建设网站之前需要在此标准的基础之上根据自己的目标与情况

制定适合自己的内部网站建设政策与指南,这有助于在网站上提供更为相关、有用、用户需要的信息。

标准同时对网站之间的内容重复性做出了限制,要求网站在设计初期重视部门之间的合作与交流以保证网站不存在冗余信息。这需要政府部门间有效的沟通机制来保证。在政府网站发布信息之前要获取必要的其他部门许可,按照许可标准的要求有助于过滤掉不需要的或是重复的信息。

在网站内容方面,要从用户的角度出发保证信息是实时、精确以及有用的,并用平实的网络书写风格书写。明确网站的使用者群体,从而保证网站的内容与公众的关注点是相关的。

需要相关人员负责网络信息的更新与上传,要明确这个信息是在本部门网站发布或在其他部门网站发布。在网站上传文本时需要考察其是否具有版权或其他使用上的限制,保证网站内容符合此部门的使命与目标,同时也符合部门内部的网站建设指南。

2) 网站的维护

标准对政府门户网站的后期维护也提出了要求,网站需要文档跟踪系统实现网站内容的维护以及冗余信息的检测。当信息已经被发布后,需要检验网站建设的标准是否被满足,网站导航是否完善。同时,标准指出网页信息需要能被搜索引擎准确地搜索到,这种准确的检索将有助于检验是否存在冗余信息。网站的链接也需要定期的检测与更新从而保证其正常运作。旧的或以升级的文档与网页需要被移除。

7.2.3.3 标准内容结构分析

阿尔伯达省政府门户网站建设标准从网站外观、技术标准、内容标准以及外界媒体的标准这四个方面对政府网站建设做出规范。

1. 网站外观

1) 一致的外观以及导航设计

所有的阿尔伯达省政府网站设计符合通用的外观以及导航设计,用户在访问政府网站时可以获得较为一致的用户体验。公众在访问政府网站时能明确地知道其所处的位置。一致的网页外观以及用户感官能给公众提供较好的用户体验,公众能很快地将政府网站从非政府网站中识别出来。

标准细致地规范了网页设计的各种要求,例如导航的设置、政府图标的大小、像素、位置、部门的名称书写、工具条设计等,同时也配有实例图对这些标准作出进一步的说明。政府部门建造其门户网站时需要依照标准的要求以及本部门的网站建设指南进行网页的设计。

例如阿尔伯达省政府网站使用的省政府签名如图 7－6 所示。

Alberta
Freedom To Create. Spirit To Achieve.

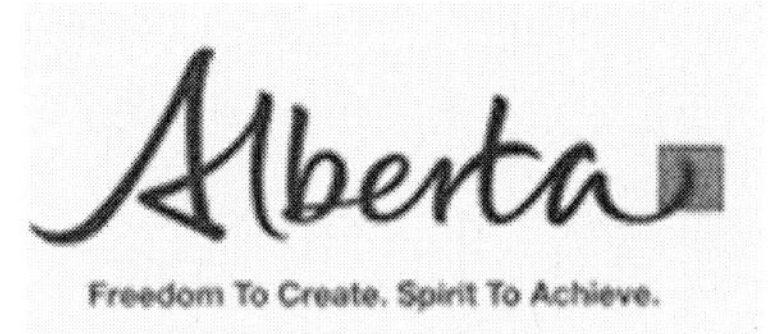

图 7－6　阿尔伯达省政府网使用的签名[16]

在导航设计上,以一级导航为例,其使用外观一致的横排导航模式,配色、字体大小、导航内容都有相应条款对其进行规范。阿尔伯达省政府网站一级导航如图 7－7 所示。

Alberta.ca > Welcome
A A
About Alberta
Government
Programs & Services
Jobs in Alberta
MLA Contacts and Bios
Telephone Directory
Newsroom
Publications

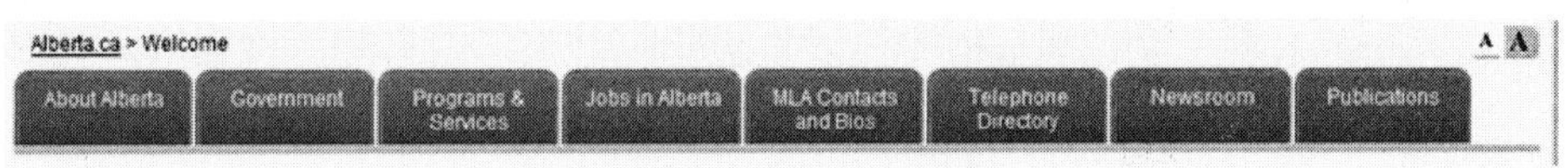

图 7－7　阿尔伯达省政府网站一级导航图[17]

网站的导航要将网站的层级表现出来,这样用户可以很清楚地知道他们正处于网站的什么地方,也可以很容易地链接到他们所需的其他网页。如图 7－8 所示。

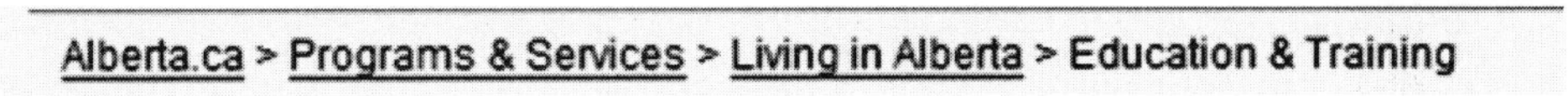
Alberta.ca > Programs & Services > Living in Alberta > Education & Training

图 7－8　阿尔伯达省政府网站导航层级链接[18]

2）网站外观设计具有一定弹性

阿尔伯达省政府是一个较为庞大的机构组织,政府负责较多的项目与服务。公众对这些项目的了解主要来自相关网站。不同功能的政府网站使用不同的、具有典型性的外观设计有助于提升公众对此服务或项目的了解与影响。因此当政府部门按照此标准设计其网页时,可以根据其特殊情况、其网站的类型而有所调整。

2. 技术标准

1）网站建设的技术标准要求与规范

为了保证网站的安全，阿尔伯达省政府制定了信息安全管理指南，这个指南是在国际ISO27000标准基础上制定的。同时标准也指出建造于ICT平台的网站需要符合此平台的使用规范[19]。技术标准要求与规范的使用一方面保证了网站本身的安全性与实用性，另一方面也符合网站未来发展的需求，与国际最新标准要求接轨。

标准也对政府网站的域名做出了要求，所有阿尔伯达省的政府门户网站要使用相同的一级域名，这样用户可以从数据库中方便简易地搜索到所有的政府网站。

2）政府网站的检索功能

标准要求省内所有的部门网站必须提供本地以及互联网的检索，并且这种检索是通俗而简易的。提供便于使用而准确的信息检索系统能吸引更多的用户，提高用户的满意度。最基础的检索系统要包含部门内的信息检索以及跨部门的信息检索。标准对检索系统的功能、所使用的语言、帮助功能等相关功能的形式与要求做出了规范。

搜索引擎是公众在部门内或是跨部门找到其所需信息的重要的工具，阿尔伯达省政府将Google作为其主要的搜索引擎。在网页间找到所需信息的搜索功能的强弱取决于很多因素，包括链接、URL、文件名、创建网站使用的语言以及HTML元数据的使用[20]。标准对这些内容的规范能够保证网页中的内容不仅仅能被省政府的搜索引擎索引到，同时也能被其他的搜索引擎检索到，这样有助于提高网页的访问量。

所有政府网站均在右上角提供搜索链接，用户可以根据自己的需要选择简单检索以及高级检索，检索的范围跨越所有网站信息以及文章，检索结果可以根据用户的需求按照相关度或时间排序。

3）政府网站的元数据标准

为了能实现对网站的管理、更新以及检索，阿尔伯达省政府对其门户网站的元数据标准做出了统一的规范，标准指出所有的政府网站要有合适的HTML

标题、描述以及关键词，其余的元数据项可以根据其实际情况而有所调整。网站中的文档按照都柏林核心元数据标准进行标引[21]。

对于网页的标题、描述、关键词以及文档的元数据，标准做出了细致的规定，并附上示例做出进一步的阐释，也举出具体的使用方式指导省内政府网站的实施。

4）政府网站的多元性访问

为了保证所有的阿尔伯达省公民能公平简易地获取网站信息与服务，无论公民是否残疾或是使用怎样的浏览器，阿尔伯达省政府网站符合 W3C 以及 WCAG 的指南要求。

W3C 的标准的沿用能使网站的使用者跨越身体、地域、硬件的限制自由的获取网站信息。阿尔伯达省公民可以通过包括手机浏览在内的不同浏览器获取政府的信息。这种对网站多元性访问的规定与要求有助于增加网站的访问量，提升用户的满意度。

3. 内容标准

1）网站内容的版权以及个人隐私的保护

阿尔伯达省政府网站可以使用和发布来自其他政府部门或组织的信息与文件。这些信息需要相关的版权保护机制对其使用以及所有权做出规范。一方面需要满足用户使用这些信息文件的要求，另一方面也需要对这些文件的归属方的版权做出保护。阿尔伯达省政府网站通过链接的方式解决这个问题，这个链接指向政府的版权说明。由于不同的网站、不同的文件有不同的版权保护需求，不同的政府部门可以根据其网站特点对其发布的信息做出新的规范。

政府网站会根据网站本身的完善、发展需求收集部分关于其访问者的个人信息，但这些信息属于个人隐私信息范畴，因此政府网站需要发布隐私保护声明以及使用 P3P 的隐私保护策略。用户可以清晰地知道他们的哪些个人信息被网站收集了以及这些信息被使用在哪些地方。

版权保护以及隐私保护的声明链接形式，要求都在标准中有较为清晰的规范。

2）政府网站提供联系方式以及公众反馈机制

在政府与公民间建立良好的沟通对提升政府的服务质量大有裨益。为了实现这种政府与公众之间的沟通,阿尔伯达省政府网站设置交流反馈机制,公众通过这个系统获取政府信息,提出问题并通过网络、电子邮件、电话等方式获取政府的反馈。网站提供多项的基本联系方式信息,包括电子邮件、电话、传真,用户可以根据自己的需要使用最适宜的方式[22]。而用标准化的方式提供这些信息能让公民更迅速快捷地找到他们所需的信息。标准规范了联系信息的链接,联系方式以及问答的形式与格式。

3) 政府网站的信息内容

标准要求所有的政府部门网站设置新闻发布窗口用于新闻以及其他信息的发布。据统计超过 50%的媒体从非政府网站的途径获取信息,将新闻以统一一致的方式与位置发布出来有利于提高网站的使用率[23]。标准对新闻发布窗口的命名、按钮外观、标题以及链接位置都做出了规范。例如按照标准要求设计的网站项目与服务模块,如图 7 - 9 所示。

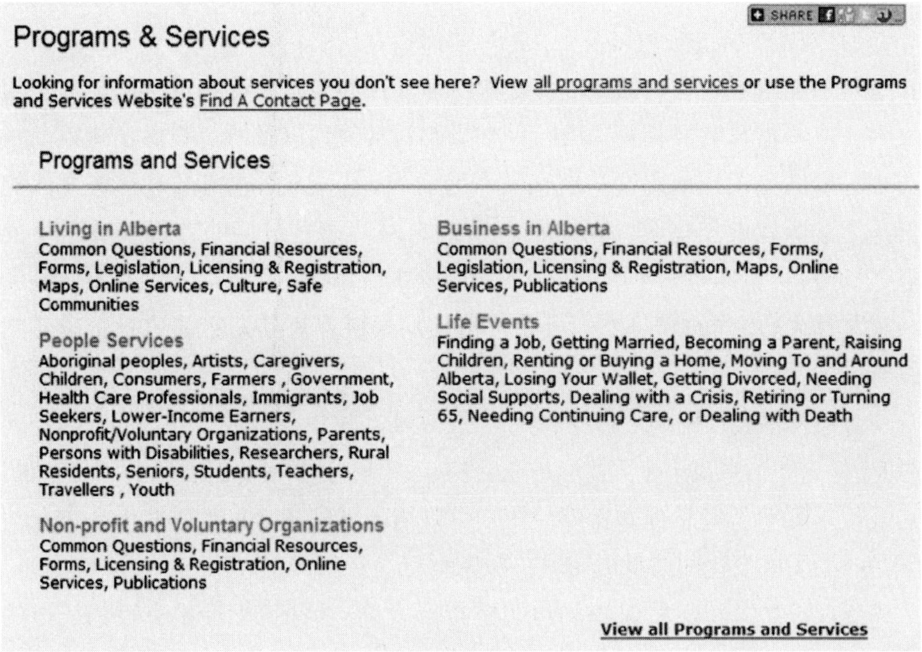

图 7 - 9　网站项目与服务模块[24]

部门网站还需列举与其相关的其他机构，这样有助于提高不同部门与机构之间的合作以及透明度。其他机构可以通过部门机构代码的形式帮助公民找到这些机构，或是通过设置指向这些网页的文档的链接实现。

阿尔伯达省不同部门间的政府网站需要形成沟通机制，这种机制的形成让部门能在其网站上发布其他部门的项目与服务的信息，从而让更为广泛的用户获取信息。但为了使政府网站更贴近用户的需求，网页要尽量减少冗余信息的存在，这也有助于提高搜索以及索引的效率，信息的更新也更为容易。因此，政府部门在发布其他部门的信息时应尽量使用链接的形式而不是单纯的复制。

由于政府网站反映的是政府的业务活动、政策、项目以及服务。由非政府机构所发布的文档不能呈现在政府网站上，外界的广告也是不容许的。

4）政府网站的语言、文件要求

所有政府网站的用语要求是平实，这样保证了网络的信息内容能够被大多数的访问者所了解。阿尔伯达省政府门户网站使用标准的加拿大书写标准，其中的拼写以及书写习惯都符合加拿大人的阅读习惯，这保证了所有的加拿大公民无论学术水平如何都能较为轻松地获取网站所传递的信息内容。

由于公众在阅读网络信息时和普通的报刊信息习惯有所不同，人们更倾向于浏览而不是逐字阅读，因此，网络信息在排布时需要将重要的信息放在网页顶部，相关的支持的信息在页面底部。

上传的文件 PDF、MSword、Excel 表格等若可能则需转换成 HTML 格式。但有些文档不适宜转换成 HTML 格式，例如年度报告、其他较长的文档、海报等等。这些文件需要被调整至适宜网络环境的需求，需要按照标准的规范来命名、描述或者改写，从而增加网站的整体利用率[25]。

4. 外界媒体的应用

阿尔伯达省政府支持社会媒体的使用，用于信息的发布以及政府服务的提升。但是社会外界媒体的使用一方面要符合阿尔伯达省政府对社会媒体的要求、政策以及程序，另一方面也需要一系列合作政策协议的保证。社会媒介在报道来自于政府门户网站的信息时不能简单地复制网站上信息，而应通过链接的方式直接链接至政府网站的相关部分。

网站在主页左侧提供外界可能使用到的媒介链接，让用户可以很方便地将政府发布的信息与其他媒介的使用联系起来。由于政府在第三方网站的形象不由政府本身所控制，为了让用户在访问这些第三方网站时能认为他们在访问与政府有关的信息，这些第三方的媒体的图标与链接需要遵从政府网站对网站设计外观的要求与标准。如图 7－10 所示。

图 7－10　第三方媒体图标与链接的要求与标准[26]

7.3　英国政府网站建设指南

7.3.1　英国政府网站指南的建设背景

英国自我定位为“全球最佳电子商务环境的国家”，开展电子政务相对较早，在欧洲一直居于领先地位。虽然是一个联邦制国家，但是英国实施电子政务的过程中做到了全国范围内统一、协调的领导和发展，形成了鲜明的英国特色。为了规范电子政务建设，英国政府制定和颁布了一系列指导规范，规定了各个政府部门在信息化工作中所应遵循的共同原则，例如通过建立一个各部门通用的身份认证方法，出台有关安全问题的标准规范等等。

为解决政府网站无序增加、信息繁多复杂的问题，在多次研讨后，由英国内阁办公室牵头，委托英国中央信息办公室具体制定政府网站标准指南，这些网站标准和指南为提高网站公共服务质量提供了依据，为英国中央政府部门、执行机关和非部委公共机构 NDPBs 建立高效的政府网站提供了工具。

1999 年 12 月，英国政府网站指南(Guidelines for UK Government Websites)第一版颁布，目的在于保证政府网站信息及服务的一致性，使政府网站在管理和设计上达到最佳，为政府网站的可用性和可及性建设管理提供了全面的最佳实践蓝本。2001 年，指南经英国政府电子特使(e-Envoy)办公室委托修改并发布第二版。

为整体全面了解英国政府指南的概况，以下相关介绍将分别从《英国政府网站指南(第二版)》和最新修订版的内容展开。

7.3.2　英国政府网站指南的内容分析

7.3.2.1　十大准则

英国政府网站指南中设定了英国政府网站建设的十大准则[27]，并列举了提出这些关键准则的原因、面临的问题和实践的建议，为政府网站的管理人员提供了实用的工具。其中，首要原则是“吸引性、可访问性、可用性”(Engaging、Accessible、Usable)。具体来说，就是要求政府网站应该以用户为中心，能够让用户融入到网络环境中，提供用户所需要的信息和服务，继续推进服务以满足用户的需求，实现普遍的无障碍性和可用性设计。十大准则揭示了政府网站建设中的关键因素，对于全球范围内的政府网站建设都具有广泛的适用意义。

表 7－1　英国政府网站建设的十大准则

准　　则	内　　容
吸引性、可访问性、可用性 Engaing、Accessible、Usable	有吸引力的；提供用户所需的信息和服务；持续满足用户的需求；全面实现政府网站的可及性和可用性

（续表）

准　　则	内　　容
协作能力 Working together	政府网站的建设必须严格遵循电子政务互操作性规范（e-government Interoperability Framework, e-GIF），实现一致性的工作目标
公共服务能力 Services for Citizen	政府组织必须能够提供在线的公共服务，需要深入组织的业务流程，而非简单的技术支持
内容有效性 Effective Content	保证政府信息和服务的质量、精确性和一致性，为用户提供及时的信息更新以及可信的联系方式，获取用户信任
建立信任 Building Trust	政府网站应遵守法律规定，通过相应条款及适用条件的解释提升公民使用的信心。加强网站安全建设，解决电子服务信用宪章（e-Trust Charter）中的问题，切实保障用户的使用权益
倾听——双向沟通 Listening——two-way communication	政府网站应当提供诉求表达的途径，以实现用户与政府间的双向沟通
效果评价 Is it working?	政府网站需要建立评价机制，根据用户需求进一步完善
网站可访问性 Can your site be found?	政府网站必须遵循电子政务元数据框架（e-GMF）的规定，新文件中提供一致性的元数据。做好网站的搜索引擎优化工作
管理良好的服务 A well managed service	良好的政府网站管理需要满足：丰富的信息来源；明确的策略、目标和受众；适当的发布和业务流程；基于动态数据库和其他数字媒介的未来发展策略

7.3.2.2　英国政府网站指南的内容结构

英国政府网站指南全文共分为个 6 章节，39 个标准，内容涉及网站管理、网站内容、文件储存与结构、政府网站标记语言标准、网站开发以及技术细节与指南等。其中，第二章网站内容部分集中体现了政府网站建设中的无障碍与可用性，以下将详细地分析该部分所包括的 8 项规范，其中具体的内容与指导原则如下。[28]

1. 网站的基本结构(Basic Website Structure)

网站的设计涉及多个研究领域,如外观设计、导航设计、数据库设计等,但是其中首要考虑的是网站的底层结构,网站的结构必须具有一定的灵活性和组织性,从而有利于日常的维护和长期的有效管理。判断网站基本结构是否达到无障碍要求的标准有四项:使用层级结构而不是线性结构。层级结构是指根据文件的类型或用途设置不同的文件夹以存放文件,有利于文件的区分和查找;线性结构是把所有文件放在同一个文件夹中,一般需要依靠文件的名称来识别,适合只有几十个页面的小型网站。每个独立的文件应该有比较容易识别的名称。网页服务器中每个独立的文件都对应着具体网页,容易识别的文件名称有利于用户迅速找到合适的文件,降低页面访问时间,克服因带宽和反复查找所带来的低效率。一旦某个文件的名称和位置确定以后就不能随意更改。文件名称的修改影响相对应的特定外部链接,影响搜索引擎的文件搜索工作,还会影响个人书签和收藏夹的使用。网站管理员必须保存好整个网站的镜像文件,并进行实时更新。计算机病毒和相关网络攻击防不胜防,镜像文件有利于整个系统的稳定运行和在短时间内恢复基本功能。

2. 网站的应有内容(What Content Should Be on Your Website)

有效的在线交流是网页内容和质量良好的体现,各级机关和部门应该开发出具有较高权威的网站,必须提供实时更新和书写良好的内容以满足广大用户的需求,尤其重要的是要具有较高的无障碍性。最基本的政府门户网站应该包括官员列表和对应的职责、管理机构的职责和目标、管理机构的主要成员组成、联系方式(邮政地址、电话、传真和电子邮件地址)、提供本站点的无障碍版本(可以精简相关内容)、各子部门的职责和目标、投诉程序介绍、提供公共服务的承诺、相关部分的法律文件、通知和公告发布、咨询和帮助文件(包括常用问题解答)等。网站的主页则要求必须具有组织机构的全称、组织机构的标志(Logo)和联系方式。另外,网站最好还应该有站点地图,尽管站点地图不是必须的,但肯定有利于用户访问站点。站点地图可以采用网页图片的形式呈现,如JPG或GIF格式,也可以是可下载的PDF文件格式,但是无论如何必须使用文本来标明图中的火车、公交、地铁和道路的方向和位置。

3. 跨部门需求(Cross-government Requirements)

针对政府门户网站建设有很多的相关政策和管理要求，其中一部分适合于所有类型的部门网站，还有一些则适用于特定部门。

对于所有部门网站的相关资料，规定网站中单一的电子出版物不能作为政府文件的参考资料，还需要提供对应的纸质文本；国会成员或图书馆人员不能下载和打印网站文件超过 20 个页面，如果超过也应该提供纸质文本；在引用网站资料时不能只列出该网站主页，而应该精确到具体的内容页面；不能在网站中贸然通过对应的网址给出所引用资料，除非能够确定该网址与资料仍然保持一一对应；关于招聘信息的发布，政府部门的中心网站只能在短时间内发布职位空缺信息，而更多时候应该在各具体部门上网公布，当然有关无职位空缺的信息也应该发布出来，这样可以减少用户咨询的机会。关于政府施政报告的发布主要由政府文书局(TSO)负责，除非有特殊的要求，政府文书局在发布纸质施政报告时，必须在政府中心网站发布同一文件，而且在纸质文件中还需要标明对应电子文件的具体网址，各部门网站也必须建立该电子文件网络链接[29]。关于工具栏的整合，各政府门户网站是一个统一体，它们之间应该可以快速跳转，为了做到这一点，需要把工具栏与政府网站整合起来，并达到一定要求(为各个部门站点提供鲜明的标识；确保标识与网址的链接；按照一定方式进行分级分类)。

4. 无障碍网站设计检验(Building in Universal Accessibility)

本项要求主要是确保政府网站可以最大范围地为民众服务，同时能够适应各种类型硬件和软件平台，能够满足各种类型残障人士的需求。尽管不能指望所有用户都采用标准的计算机技术，但可以保证政府网站传递信息的方式能让绝大多数用户受益[30]。各个部门网站的建设和管理不仅是面对用户的，而且还要确保无障碍性和可用性。

对于网站的无障碍设计有一套总体的检验法则，例如规定使用 HTML 作为默认信息格式，只使用清晰和常用的字体，终端用户可以定制字号大小和颜色，最小程度地使用图片文件，任何音频或视频信息都应该提供文本对应件等等。所有页面必须满足互联网协会的 A 级标准；在网站的合适位置应该呈现互联网协会的标识以表明达到符合无障碍标准。

5. 网页浏览器的兼容性(Browser Compatibility)

网页浏览器是指在遵循超文本传输协议的情况下，通过向万维网服务器发送各种请求，并对从服务器发来的由 HTML 语言定义的超文本信息和各种多媒体数据格式进行解释、显示和播放的计算机程序[31]。尽管 IE 和 Netscape 是目前最流行的网页浏览器，但是始终还是存在不少针对特定操作系统和特定人群的网页浏览器，因此有必要统一所有政府门户网站的数据结构和文件类型适用范围，使它们能够最大程度地满足各种浏览器的访问，从而达到一定的无障碍要求。

检测网页是否达到浏览器无障碍访问的主要依据包括：

(1) 网站的相关文件必须符合 HTML 语言的标准；

(2) 网站及相关文件都能够在 800×600 的屏幕尺寸下正常显示；

(3) 网站内容在 16 位色的颜色质量下也能有效显示；

(4) 站点和每个页面必须通过测试，能够在绝大部分浏览器访问时达到一定的易读性和可用性要求；

(5) 站点的开发过程必须满足无障碍的要求(包括开发工具、使用语言、架构设计、风格设计等)；

(6) 站点或页面不能基于某个特定的网页浏览器开发；

(7) 任何页面都能够使用标准的办公室打印机打印出来，并达到足够的易读程度。

不同浏览器的功能是不同的，不同浏览器打开页面的方式也是不同的。许多浏览器只支持最新版本的标记语言推荐标准(包括 HTML 和 CSS)，而且通常情况下各种标准和版本的详细信息不是很容易就能获得的，因此，在建设政府门户网站的过程中有必要仔细研究和参照 UAAG1.0(用户代理无障碍指南)的 12 条指导原则。另外，尽管浏览器种类很多，但它们也有一些共同之处，了解这些共同之处对于网站的开发也是有益的，如都有网址输入框、前进后退键、打印按钮和收藏夹按钮等。

6. 信息和文本(Information and Text)

由于各政府部门站点在线提供的服务还是比较少的，因此主要采用基于文本的方式提供信息，以及进行沟通和交流。尽管有些站点已经考虑到了提供政策信息的方式和交流的过程存在效率过低的问题，但是有关文本信息的一些问题还是普遍存在的。如你的站点能否使用户快速访问他们所需要的文本信息？若用户已经阅读过文本信息，站点能否有效地与他们交流？用户能否对文本信息进行适当的选择和调整以利于提高网页内容的无障碍性？一般来说，用户都是快速地浏览网站信息，而不是详细地阅读。因此，页面内容应该保持简短，并采用平实的语言。项目符号或编号、目录和副标题的使用都有利于快速浏览。为了有效地进行基于文本信息的交流，站点必须无障碍地呈现信息，包括便捷的打印设置、通俗易懂的文件编辑、维护和保存流程介绍，以及采用一定的技术策略以允许网页信息所有者进行修正和更新。具体来说，主要有以下一些检测要求：信息发布流程的标准化以保证在线信息和非在线信息的一致；确保文本信息在其他类型的系统平台(如移动设备)中正常显示；样式指南与文本的编辑方式是否存在冲突；所有文档的编辑要求准确、一致和符合潮流；如有必要，需对站点和内容进行个性化设置；页面和标题要与具体的内容保持一一对应；所有文档必须有元数据(文件属性)以利于分类和查找；网页管理者可以迅速而简便地添加和修改内容；网页信息所有者一旦发布信息还能否对信息进行修改；文档的维护、链接的检查和旧文档的保存将是常规例行事务；采用平实和简洁的语言以利于快速浏览；文本与背景的颜色对比需达到一定程度以利于阅读；CSS 样式表中的字号属性如不符合要求，用户可以进行调整；如果是设计用来打印的文档，那么就应该采用无障碍文件类型，应该为 PDF 文件提供 RTF 或 TXT 类型的文本对应件。

7. 其他语言的使用(Use of Other Languages)

网页管理员使用所有合适的语言形式发布信息是非常重要的，这不仅有利于更多可能的用户访问该站点，也有利于部门内部来自不同母语地区的成员无障碍地使用网页信息。

首先，使用其他语言要注意的是格式或者说风格问题，所有语言类型并不能采用同一种形式生成和发布。由英语书写的段落相当于德语的 30%长，印度语的 40%长；竖排版的中文是从上往下阅读的，而乌尔都语和阿拉伯语是从右往左阅读的；美国英语与英国英语在语法、发音和适用环境方面都存在一定的差异。因此，网页管理员必须要通过语言种类来识别用户，并加以区分，而不能仅仅根据主题信息进行分类。

其次,关于目录页面的问题。如果站点存在任何使用其他语言类型的内容材料,那么就应该使用目录页面为每种语言类型的信息提供链接;每个特定语言类型的信息页面也必须提供超级链接以返回主页或其他语言类型页面;如果使用标准的 HTML 语言无法正常发布基于文本的某种语言类型的信息,那么可以考虑使用 PDF 格式的文件;图像格式的文件要慎用文本信息链接按钮,不同语言类型页面中的图像文件应该提供相对应的语言类型的文本替代物;站点的导航和帮助信息也应该采用多种语言类型;网络文件路径(URL)名称应该根据语言类型进行单独设定,同时还应该给予适当说明。

最后,具体内容的转换问题。所有机构和部门的名称必须翻译成所需要的语言类型;虽然所有涉及的地址不一定翻译出来,但必须提供简要的说明信息;虽然所有数字形式(电话、传真等)没有必要进行翻译,但必须与部门或机构一一对应;由于不同语言类型的字体、字符和编码方式都存在显著的差异,因此网站必须提供有效的脚本运行以对这些语言类型进行解码。

8. 网页图片(Web Graphics)

站点中的图片主要是用来呈现框架结构和颜色,也可以用作装饰和举例说明的用途。这些图片可以保存为多种类型的格式,每一种格式都有特定的适用领域。图片的使用应该进行仔细的规划,并保证整个站点图片的一致。站点中应该最小程度地使用图片,以确保网页浏览的有效性,降低对特殊用户潜在的障碍水平。衡量图片无障碍程度的检测点包括:站点艺术线条和屏幕装饰元素通常应该采用 GIF 的格式保存;照片通常应该采用 JPG 的格式保存;GIF 格式和 JPG 格式的选择是在颜色质量和压缩水平之间找一个平衡点,应该从最佳的视觉效果和文件大小两个方面综合考虑以选择图片文件的格式;用来传递数据信息或为其他页面提供链接的图片应该具有 Alt 属性和说明信息; Alt 属性的说明信息不能超过 100 个字母;图片不应该用来传递基于文本的信息;所有 HTML 图形元素都应该具有特定的宽度和高度属性值;如果采用复杂的图片传递详细的信息,那么应该提供文本说明信息链接;如果采用同样的图片,那么应该确保所有页面与同一版本图片相链接,如部门或组织的标识,它们统一保存在中央图形目录中;单张图片的大小不能超过 30kB;大图片应该采用多张小图片通过超级链接组织起来以达到实际大小；动画图片不能循环运行超过 4 次；如果在图片中使用小型文本，那么必须要避免两者混淆的现象出现。尽管图片是站点所发布的信息中不可或缺的组成部分，无论是在装饰方面还是描述信息方面它们都发挥着非常重要的作用，但是必须对它们进行有效的管理，从而保证不会对用户访问站点造成障碍。

在具体的建设规范中，除遵守 W3C-WAI 制定的 WCAG1.0 中的 14 条原则外，也按照 WCAG 提出的 3A 级别，认为单个 A 级别的遵循是网页建设中必须遵守的最低限度。

7.3.3 英国政府网站建设指南内容的迁移和承继

自 2007 年 4 月以后，英国政府网站指南整体性内容再无更新。COI 为便于各部分内容更新，在原有的网站指南基础上，逐步细化为多个独立的规范性文件进行维护和修订，其覆盖范围也拓展到更加丰富的操作指南和操作规范。COI 网站将 2008 年后新制定的标准规范与以前所制定的标准整合在一起，共同作为英国中央政府部门、行政机构和各部委公共机构遵循的指南文件，保证国家公共服务网站的高质量。其内容涉及可及性、可用性和设计，营销传播，法律和技术需求，内容易获取性，质量和价值评估，平台和设备，社会媒介和 Web2.0 等七个方面，这些内容在本书的第 5 章中，作为网站建设更加全面性的操作指南，已经加以分析了，在此不再赘述。

7.4 新西兰国家服务委员会的《政府网站标准 2.0 版》

7.4.1 《政府网站标准 2.0 版》的相关背景

2009 年 3 月，新西兰国家服务委员会发布了《政府网站标准 2.0 版》(*NZ Government Web Standards* 2.0)，取代 2007 年发布的《政府网站指南 1.0 版》。新标准于 2010 年 1 月 1 日开始施行。新版的网站指南可用性更强，用户对政府网站的访问不再受技术和物理条件的限制，同时还能够进行在线评估和测试。新西兰《电子政府战略》曾强调接入国家服务的重要性，认为《政府网站标准 2.0 版》对于确保政府的在线信息和服务接入所有公众来说非常重要的。新标准的颁布为政府部门提供了更加明晰的指南，指导政府如何使用互联网提供信息和服务，提高政府部门的办事效率。

7.4.2 《政府网站标准 2.0 版》的主要内容

新版标准由四个独立的部分组成，从非技术和技术角度展开，分别是战略执行(strategy and operations)、内容设计(content and design)、政策法规(legal and policy)和技术(technical)。

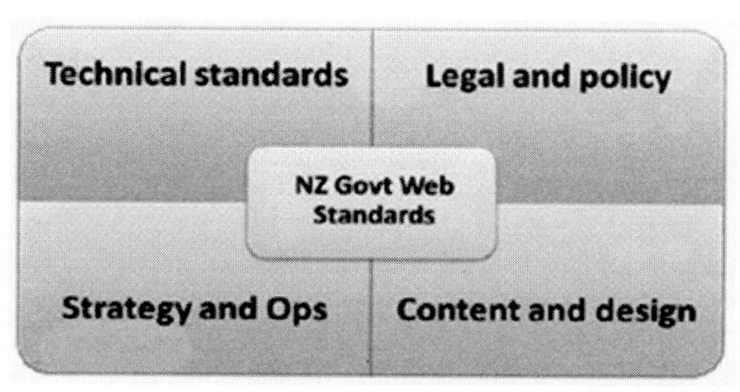

图 7 - 11　新西兰《政府网站标准 2.0》[32]

7.4.2.1　战略执行

政府网站标准对网站建设执行过程中的具体细节做了严格规定。标准规定机构组织必须拥有一个正式的网站规范。同时，在政府网站开发的外包投标中，所有相关的请求方案(request for proposal)、问题单(request for information, RFI)和合同文件中都需要严格注明遵循政府网站标准。

7.4.2.2　内容设计

政府网站标准对网页内容、非网页文件链接和网页页面的打印做出了具体详细的规定。

网页内容涉及主页内容、网站说明、联系信息、法律权利申明、公开报告、媒体及其他公开信息。

在新西兰政府网站的主页上，我们可以看到，在其上方设置了新西兰政府门户网站 newzealand.govt.nz 的链接。通过页面下方的链接，用户可以方便地查看到网站说明、联系方式以及站点地图，如图 7 - 12 所示。

在网站说明(About This Site)中，标准规定内容必须包括网站所有者、版权、隐私声明、详细的联系方式、免责声明以及信息的使用期限，如图 7 - 13 所示。

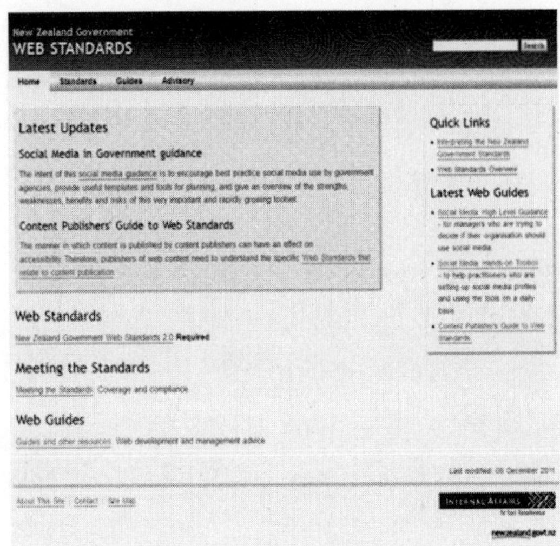

图 7－12　新西兰政府网站标准的主页[33]

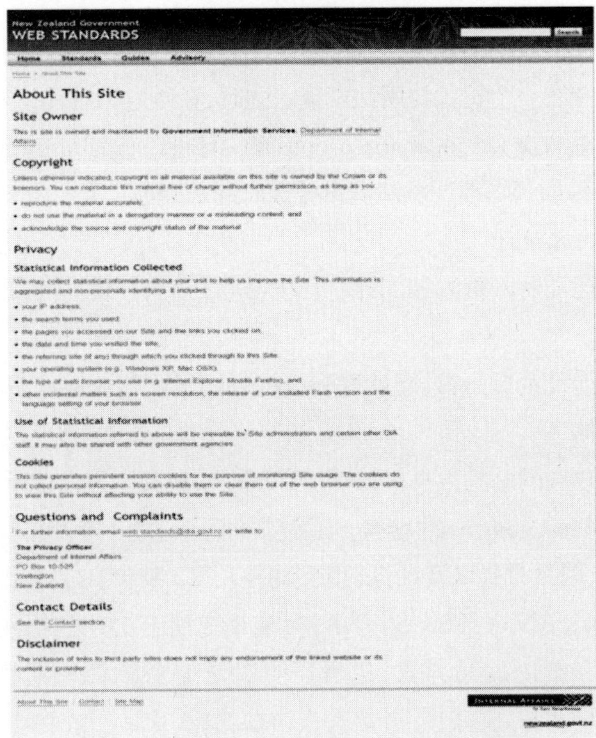

图 7－13　新西兰政府网站标准的网站说明[34]

对于非HTML的文件链接，标准中规定必须注明文件格式和大小。例如“Getting a ship into a bottle (PDF, 1.3 MB)”。

网页打印的内容需要白底黑字，并且不能出现一级和二级导航、搜索框、部门和机构的横幅标志等等。规定明确了网站页面的版式和组成要素，有利于网页的一致性和标准化。

7.4.2.3　政策法规

这部分标准对网站建设过程中的国家法律政策环境、版权、第三方版权、隐私声明和免责声明进行了详尽的说明。

标准规定政府机构可以根据需要修改和补充自主版权的信息内容，未经允许不能转载第三方版权的信息内容。对于隐私声明和免责申明，标准建议在网站说明页面注明。

7.4.2.4　技术

新西兰的新版网站标准中采用W3C的WACG2.0标准作为技术标准，遵循AA级别(也包括A级)。WACG2.0提出了网站建设相关的12项原则和具体标准，为网站开发人员的无障碍访问设计提供框架和目标支持。采用WACG2.0作为技术标准，有助于利用W3C庞大的国际知识库，促进与各国际标准相兼容，简化网站测试，以更好地适应快变的互联网环境。

除此以外，新版的技术标准中还加入了针对新西兰实际情况的特定标准(New Zealand-specific Requirements)，实际上是对WACG2.0在政务环境下的适应性调整。特定标准中对网站建设中必须使用、可能使用和不能使用的技术做了详细规定。其中，必须使用的技术包括UTF－8、认证技术、语言编码等等。

7.5　澳大利亚联邦政府《Web发布指南》

7.5.1　《Web发布指南》的相关背景

近年来，澳大利亚联邦政府及其机构发布了许多有关政府网站的标准与指南，例如澳大利亚国家档案馆发布的AGLS元数据标准，以帮助澳大利亚联邦政府部门和机构进行在线资源定位与发现；澳大利亚政府出版物指南规定了政府机构的信息发布与出版物的各项注意事项；澳大利亚政府信息管理办公室的Better Practice列表为政府机构实施各项可用性保障工作提供具体的步骤。

联邦政府的这一系列标准与指南从各个方面满足了保障政府网站信息可用性的要求;澳大利亚政府信息管理办公室发布了《Web 发布指南》,将所有相关的标准与指南资源整合其中。《Web 发布指南》涉及政府网站的技术、内容、结构等多个方面,是政府网站建设方面的详尽指南,对于保障政府网站信息可用性有重要意义,是澳大利亚政府网站信息可用性保障标准与指南的集合。

《Web 发布指南》[35]的前身是 2000 年由政府信息管理办公室发布的《网站最低标准指南》[36],于 2003 年 4 月作最后修订。2007 年 5 月,《网站最低标准指南》被《Web 发布指南》取代;主管部门政府信息管理办公室开发了专门的网站 webpublishing.agimo.gov.au 用于推广《Web 发布指南》。

除了《网站最低标准指南》,《Web 发布指南》还取代了《在线信息服务职责》《澳大利亚政府 Web 指南》《澳大利亚政府设计:在线环境(品牌)指南》以及《部门与内阁网站指南》等指南并将其内容纳入怀中。《Web 发布指南》对澳大利亚政府信息的 Web 发布过程进行了细致分析,提供了较为详尽的建议,是澳大利亚政府网站信息可用性保障的可操作性指南。

《Web 发布指南》的内容主要包含 Web 发布的相关电子政务政策、Web 发布规划建议、网站类型、用户咨询与参与、电子政务营销、视觉设计与标识、法律事项、内容管理、Web2.0、内容类型、可访问性与公平、技术开发、归档与保存、维护与评价等 14 个部分,每个部分都规定了具体要求。

《Web 发布指南》将所有的要求分为强制性和非强制性要求。其中的强制性要求包括对域名、对部门级网站的要求、对部长级网站的要求、对事务型网站的要求、Web 发布的市场营销、标识、国家标志、版权与版权声明、信息自由、知识产权、隐私权与隐私声明、在线内容要求、元数据(AGLS)、文件清单、联系方式公开、可访问性、可替换格式与媒介、归档等的要求和规定。

7.5.2 《Web 发布指南》对政府网站信息可用性的保障作用

网站信息的可用性涉及网站信息的效用、信息获取的效率、信息获取方法的易学程度和易记程度,以及网站用户在信息获取过程中的满意度。《Web 发布指南》对于 Web 发布的要求覆盖了这些方面,为政府网站信息可用性保障提供具体的、可操作的方法和措施[37]。

7.5.2.1　对网站信息效用的保障

网站信息的效用也就是网站信息获取的成功率，是指用户能够运用各种方法从网站上获得信息，并且获得的信息是有效的、有用的。保障网站信息的效用就是要保证：

(1) 让用户知道该网站能够提供自己所需要的信息；

(2) 用户能够成功地获得信息；

(3) 用户获得的信息不是错误的信息、不准确的信息、过期的信息、多余的信息，或者不想要的信息。

1. 帮助用户找到“目标网站”

《Web 发布指南》的一系列规定能够帮助用户了解网站相应的政府部门或机构，让用户确定该网站是不是自己的“目标网站”，以及该网站是否能够为自己提供所需信息。

第一，根据《信息自由法》的规定，《Web 发布指南》要求所有联邦政府机构的网站发布关于机构运作与权力的信息，帮助用户了解机构的职能和性质。

第二，《Web 发布指南》要求政府网站能够容易被用户识别，不同的政府网站之间能够被相互区分。例如，部门级网站与部长及网站可以呈现类似的信息，但两者有本质的不同。根据 1999 年《公共服务法》(*Public Service Act* 1999)第 10 章的规定，部门级网站必须是公正和无政治意义的。而部长级网站可有两种呈现形式：一种是展示代表部门的部长网站，另一种是附带部长党派和政治理念等信息的部长私人网站。这两种部长级网站必须互不相同，并且都不同于部门级网站。澳大利亚《公共服务法》、《部长级网站与部门级网站指南》(*Guidelines for Ministerial and Departmental Websites*)、《澳大利亚政府设计应用：部长级网站》以及总理内阁部的《过渡时期惯例》(*Guidance on Caretaker Conventions*)等法规和指南都可以为部长级与部门级网站的设计提供参考。

第三，《Web 发布指南》要求政府网站有明确的标识。2003 年 6 月，为了提高澳大利亚政府政策措施、项目以及金融服务的辨识度，澳大利亚政府向政府部门与机构推出“澳大利亚政府标识设计”[38]项目。“澳大利亚政府标识设计”为澳大利亚政府、单个政府机构、多个政府机构、分支机构以及政府项目设计了各不相同的标识。例如，澳大利亚政府的标识可以是以下两者之一，见图 7－14。

图 7－14　澳大利亚政府标识

而政府机构则可以是以下两者之一,见图 7－15。

图 7－15　澳大利亚政府机构标识

多个政府机构、政府项目的标识也是同样的风格、不同的设计。

这些澳大利亚政府标识可以用于政府部门与机构网站、多个机构联合标识设计、门户网站、产品/政策/项目网站、部长级网站、非政府网站、电子邮件/通讯或通知、电话亭、在线论坛、电子手册等。此外,澳大利亚政府还提供标识设计模板、不同尺寸标识的下载链接,以及标识设计中颜色运用、文本选择、文本内容规范(如部门名称、“联邦”的使用)等的使用规定。

此外,澳大利亚政府对于 Web 信息发布中国家标志(如盾徽、国花)的使用也有详细的规定。总理内阁部主持的网站“It’s an Honour”[39]对象征澳大利亚的这些标志进行了介绍。

第四,《Web 发布指南》要求有效的网站营销。这种营销同样有助于用户了解网站性质,有助于用户找到“目标网站”。

有效的电子政务营销能够促进电子政务产品和服务的知名度、接受度以及使用率。政府信息管理办公室的最佳实践备忘录《电子政务营销》(*Marketing e-government*)能够为机构提供有用的参考。澳大利亚政府要求每个政府部门和机构提供服务章程,以促进政府部门和机构改进服务。

2. 保证确实有用户所需信息的存在

《Web 开发指南》提出了政府网站发布信息的类型,以及对网站信息和内容的管理要求与方法。

1）政府网站应发布的信息

根据《信息自由法》的要求，联邦政府机构提供机构拥有文件的访问入口，法定例外和豁免的文件除外。澳大利亚总理内阁部提供了《信息自由指南》与《信息自由问答》，用以辅助《信息自由法》对澳大利亚政府信息发布提供指导。

按照《信息自由法》的规定，《Web 发布指南》要求政府网站满足保证公众访问跨越澳大利亚所有政府机构的信息的最低要求。澳大利亚政府网站除了满足《Web 发布指南》强制性要求之外，还应当发布一些特定的信息，例如公共职能信息。

对于所有网站来说，必须保证以下两类信息可用：一是负责管理网站的澳大利亚政府机构的识别信息；二是负责机构的详细联系信息。

而对于组织的网站，还必须保证下列这些信息可用：关于组织的角色、相关法律、职能、结构、重要人员与服务等信息；组织计划与业绩信息，包括但不限于年度报告、战略计划、服务章程以及预算说明等信息；文件列表以及联系信息；机构与机构负责人的多媒体发布、演讲以及公告、警告与建议等公共信息；机构最新的非商业性出版物，包括纸质或其他格式的报告。

对于政府服务，必须保证以下信息可用：用于帮助公众了解他们与政府援助有关的责任、义务、权利以及福利等的信息；公众使用的表单（包括打印的与在线的版本）；政府机构应当在经费通过的 7 个工作日内在网站上发布所有关于补助的细节。

同时，《Web 发布指南》要求政府机构必须在其网站上公开合同信息；政府机构每 6 个月要创建一次机构文件索引列表，并将其发布在机构网站上。此外，《Web 发布指南》还对空间数据的使用提出了一些要求和建议。

2）对网站信息管理和内容管理的要求

《Web 发布指南》对于网站信息可用性的要求还包括信息管理与内容管理层面，这些要求直接保证了网站信息对于用户来说存在较高的可用性。其中，内容管理主要是对特定类型内容的要求，包括信息管理、内容管理以及内容管理的系统选择与系统实现。

（1）对信息管理的要求

澳大利亚《档案管理法》规定了澳大利亚政府保管与处理政府文件的职责以及公众访问联邦政府文件的权利；此外，《信息自由法》《隐私法》《信息隐私原则》《电子交易法》《证据法》等法律和规章对电子信息创建与传播都做了规定。《Web发布指南》建议通过使用内容管理系统（CMS）、电子文件管理系统（EDMS）、电子邮件管理、事务管理、在线表单、搜索引擎或者档案管理系统等达到促进信息管理的目的，并提出了在信息与文件的起草、注释、修改、发布等各个阶段所需进行的关键步骤。

（2）对内容管理的要求

随着越来越多的政府服务提供在线利用，附加文本、文件、图片、脚本等内容和形式也在政府网站上出现了。政府网站变得越来越复杂，因此确保网站内容得到适当的管理是政府网站现在面临的一个挑战；对于那些拥有大量网站，或者网站不同部分具有不同职能的机构来说尤其如此。另外，网站用户对网站质量与有效性的逐渐增长的期望更加剧了这一挑战。

为满足外部用户的期望，内容管理应当确保网站所提供的信息是正确的、及时的和准确的。另外，内容管理还应当涉及对"后台网站"的管理，包括确认链接有效性、程序编写的有效性以及资料的适当保存与归档。

总体来说，网站的内容管理主要有以下几方面内容[40]：① 决定机构中需要进行管理的内容；② 检查现行内容管理方法及其妥善性；③ 考虑现行内容管理流程在可预见的将来是否可胜任；④ 评估机构目前在内容管理上面临的特别挑战；⑤ 确保机构留有所有Web内容管理的明确的、最新的流程；⑥ 应对内网管理中所面临的挑战。

具体地说，内容管理需要做以下的工作：

① 对要发布在网站上的信息和服务进行鉴定；② 确定终端用户的需求；③ 进行角色与职责分配；④ 对内容所有者清单进行维护；⑤ 以确立可行的内容管理流程为工作重点；⑥ 辅助内容创建者创建用于在线传递的适当资源；⑦ 建立测试流程；⑧ 对网站内容进行审查和必要的修改；⑨ 满足归档与存储的需求；⑩ 对于网站内容的所有法律涵义进行评价和管理；⑪ 对内容审核进行追踪；⑫ 对用户关于网站与其他在线服务的反馈进行管理；⑬ 选择合适的内容管理工具。

(3) 确保信息能够被获得

首先,确保信息能够被获得,要先保证网站的可访问性,即公众能够成功访问政府网站。

《Web 发布指南》要求实现政府网站资源的整合和联通。澳大利亚全体政府网站(www.gov.au)提供一个单一入口,能够通向许多政府机构自主开发与维护的一系列资源。Australia.gov.au 作为澳大利亚政府访问入口,提供政府机构信息与服务的连接以及整体政府搜索引擎;同时,根据《Australia.gov.au:管理政策》(*Australia.gov.au: Governance Policy*)的要求,政府机构也应当提供指向该网站的链接。澳大利亚财政部发布《政府在线目录》作为澳大利亚政府结构、机构与关键人物指南,并要求政府各部门与机构至少每个月检查一次各自的信息,并且进行必要的更新。

其次,要确保网站信息的可访问性,即能够被成功下载或发送给用户。

澳大利亚政府于 2009 年 9 月 16 日至 10 月 19 日之间邀请公众对在线 PDF 文件的可访问性与易用性进行反馈,以调查和改善在线 PDF 文件的可获得性。《Web 发布指南》要求,在必要的时候,澳大利亚政府机构应当具备以可替代格式来提供信息的能力,以满足 W3C 指南等的在线可访问性要求。另外,根据“澳大利亚联邦残疾人士战略”和 1992 年的《残疾歧视法》,澳大利亚政府机构有义务为残疾人士提供辅助技术以及可替换格式,以便他们能够获取所需服务和信息。《Web 发布指南》对于可访问性的建议是: ① 信息再利用和避免重复:尽可能地遵守“创建一次,使用多次”的原则; ② 当机构出版物无法在政府网站上获取时,应当提供订购信息; ③ 当在线发布信息不可行时,应当提供获取该信息的替代方式。

7.5.2.2　对网站信息获取效率的保障

要保证网站信息获取的效率,就应当保证:网站信息本身的有序组织和呈现;快速有效的网站导航功能;准确迅速的网站检索工具。

《Web 发布指南》要求政府网站实施信息构建,并运用元数据标准进行网站信息的精确定位;此外,《Web 发布指南》对网站导航系统的设计和搜索工具的优化提出了建议。

1. 实施信息构建

信息构建(IA)涉及在网站上进行信息的结构化和组织以帮助人们实现他

们的信息需求。IA是成功的网站设计的基础,主要是关于如何用对用户来说最方便和最具逻辑的方式来规划信息和服务在站点上的位置。有效的信息构建有助于确保网站满足业务和用户的需求。

澳大利亚政府机构在现有网站的重设计与重开发的过程中,逐渐发现信息构建问题的重要性。建设于多年前的网站可能以一种特定的方式发展,或者发展得非常庞大,因此这些网站可能难于管理、令用户感到混乱,并且可能不能够准确反映机构当前的优先任务。

政府信息管理办公室的《网站信息构建》指南提出了网站信息构建的主要步骤[41]:

(1) 初期规划(包括定义网站业务目标,定义网站目标用户及其需求,确定通过网站提供的服务、功能或信息类型;描述用户与网站的交互方式以满足用户需求、考虑适合的网站结构类型);

(2) 定义内容(定义内容要求,以支持网站所提供的服务);

(3) 对内容进行分组与标记(包括确定网站上的内容分组方式、确定内容的逻辑层次结构、确定其他分组方法、确定相关信息、创建网站上的信息呈现标记、将内容映射到信息构建);

(4) 记录信息构建;

(5) 审查与实施信息构建(审查初始结构、测试拟定的结构、设计导航元素、监控和评估网站的使用)。

2. 元数据(AGLS)的使用

AGLS(Australia Government Locator Service)[42]元数据标准是一个用于提高澳大利亚政府部门与机构的服务与信息的可见性和可访问性的描述性元素集,由澳大利亚国家档案馆(NAA)开发和维护。澳大利亚政府在线战略要求政府部门和机构使用AGLS标准进行在线资源的描述和定位。2002年12月,AGLS成为澳大利亚国家标准(AS 5044)。

AGLS元数据以DC元数据为基础,并扩展了"function""availability""metadata"以及"audience"这四个新的描述项和一些新的子元素或限定符。这些扩充反映了澳大利亚政府在精确的在线资源搜寻中的特定要求。AGLS能够帮助政府部门的搜索引擎准确有效地识别与检索基于Web的资源,目前被澳大利亚联邦、州和地方所有政府采用。

澳大利亚国家档案馆提供了AGLS元数据实施手册、常见问题等指南，澳大利亚国家档案馆的机构服务中心可为AGLS元数据的使用提供帮助。此外，政府信息管理办公室提供了《网络资源元数据使用》指南，为政府部门和机构使用AGLS元数据提供指导。

3. 导航的设计

页面导航主要包含左侧导航、水平导航、面包屑路径导航以及超链接。页面导航的安排与站点信息构建有密切的联系。

澳大利亚政府网站导航系统设计的原则包括：

① 维持一致的用户体验；

② 确保用户知道他们访问的是什么网站；

③ 确保用户知道他们在网站的什么位置；

④ 确保用户知道下一步去哪里；

⑤ 为查找信息提供若干选择；

⑥ 在同一个网站上应用统一的导航方法；

⑦ 以文字而不是图片作为导航元素；

⑧ 有效描述文字链接；

⑨ 避免弹出式窗口或新的浏览器窗口；

⑩ 慎重考虑框架的使用；

⑪ 确保导航方案和元素对于残疾人士和具有语言文化差异的人来说是易于接受的。

4. 搜索功能的优化

有效的搜索工具应当与其支持的网站和网站用户相匹配；搜索工具应当能够优先考虑网站主页与政策文件等重要页面。

澳大利亚许多政府网站使用商业搜索引擎作为网站搜索工具。通过优化网站的结构、网页标记、互连以及使用简单URL和描述性文本等手段，搜索引擎的检索结果将会得到改进，并且最终促进网站搜索结果的改进。

5. 其他网页开发技术的运用

《Web发布指南》提出，Cookies的运用能够帮助网站存储用户参数、提供特定资源的访问入口、追踪在线交易，以及交互式地提供用户定制页面或操作；机构可以选择使用 Cookies 来提高他们的在线服务质量。《Web 发布指南》为机构网站使用 Cookies 提供了参考要点。

《Web 发布指南》推荐使用 RSS 订阅功能。RSS 是发布在线新闻和公告的另一种方式，是能够完善和增强现有在线发布系统的工具。RSS 对于最新出版物、媒体发布以及新闻等基于 Web 的定期更新的信息来说尤其便利。

此外，《Web 发布指南》还为政府网站的表单设计提供相关建议。

7.5.2.3 对网站信息获取方法的易学度与易记度保障

为提高政府网站信息获取方法的易学程度和易记程度，《Web 发布指南》强调所有政府网站维持一致的用户体验。用户不用为花费时间和精力来学习不同的网站如何使用，因为所有政府网站的使用方法是相同的，用户可以保持一定的使用习惯。目前，用户体验一致性原则正在成为商业和政府网站建设中的惯例。

《Web 发布指南》建议政府机构和部门着手开发贯穿澳大利亚政府网站的一致性用户体验方案，并分阶段完成最终目标。为此，《Web 发布指南》提供了《通用导航元素与法定声明》《页面结构》及《元素布局》等指南以供参考。

1. 通用导航元素与法定声明

统一标识和通用导航元素的使用将是创建统一界面的开始，使用户确定自己面对的是一个澳大利亚政府机构。

政府信息管理办公室建议将“Home”“About”“Contact us”以及“Search”这些导航元素整合到使用 gov.au 域名的所有澳大利亚政府网站中。此外，作为政府网站职责的一部分，政府网站应当包含隐私权声明“Privacy Statement”、版权声明“Copyright Notice”以及免责声明“Disclaimer”。同时，这些元素应当出现在网站的每一个页面中。

通用导航元素的介绍见表 7-2。

表 7-2 通用导航元素及描述

元素名称	描　　述
Home	链接到网站主页

（续表）

元素名称	描　　述
About	链接到关于机构或产品、项目的信息页面。为保证职责和透明，必须让用户知晓谁为网站提供的信息负责
Contact us	链接到包含资源负责机构联系信息（包括电话与传真号码、街道及邮政信箱地址、电子邮箱地址等）的页面。对于产品和项目网站该链接可以为发送电子邮件或填写在线反馈表单提供便利
Search	该元素可通过检索框或检索页面链接实现，也可以包含高级检索选项。Search 元素是网站重要元素之一，它使用户能够容易地找到所需信息
Privacy	链接到网站隐私权声明
Copyright	链接到网站版权申明
Disclaimer	链接到网站免责申明

2. 页面结构

网页上所有元素应当从结构和呈现上清晰地描述信息层次。页面元素结构对于呈现具有良好视觉效果与结构上可访问性的网页内容是必不可少的。网页内容逻辑结构构造如表 7－3 所示。

表 7－3　页面内容逻辑结构构造

元素名称	描　　述
页面顶部（Masthead）	包含适当的设计以及网站名称
通用导航	包含但不限于 Home、About、Contact us 以及 Search 导航链接。这些元素最好以 HTML 列表的方式呈现，并包含“跳转导航”的功能以允许用户浏览页面结构中的下一个逻辑点
网站内容	包含页面标题、文本内容以及特定内容的导航。特定内容的导航最好以 HTML 列表的方式呈现，并包含“跳转导航”的功能以允许用户浏览页面结构中的下一个逻辑点
页面底部（Foot）	包含但不限于 Privacy、Copyright 以及 Disclaimer 导航链接，并最好以 HTML 列表的方式呈现

3. 页面元素布局

标识设计、网站标题或特定标志以及通用导航(Home、About、Contact us、Search)最好能够包含在所有页面的顶端。其中澳大利亚政府标识应当是显著级别最高的元素,下一级则是网站标题或特定标志;所有元素都应清晰、易于辨认。

其他元素的布局则有一定的灵活性,通用导航元素必须放置在页面顶端,站点特定导航元素也可以放在顶端,但它们都不能影响到澳大利亚政府标识的显著层级。

对页面元素的背景与颜色不作任何限定。

页面元素整体布局如图 7-16 所示。

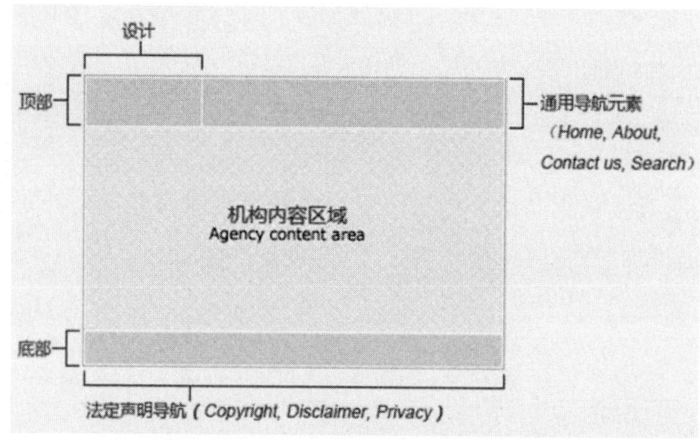

图 7-16 页面元素布局示意图

7.5.2.4 对网站用户满意度的保障

对网站用户满意度的保障除了做到对信息效用、信息获取效率、信息获取方法的易学性与易记性之外,还要进行大量的用户测试和科学的用户研究。

《Web 发布指南》充分了解到用户测试和用户研究对于保障网站信息可用性的重要性,要求政府机构了解用户咨询与参与的重要性,并建议政府机构进行用户分析、用户测试等必要的工作。

1. 进行用户分析

《Web 发布指南》给出了解并分析用户需求的几种主要方法:访谈、分组座谈、调查、分析检索术语的使用、分析站点用途，以及对面向相同目标用户群的不同站点的满意度进行比较。澳大利亚政府信息管理办公室的《用户设置及测试工具包》(*User Profiling and Testing Toolkit*)以及《网站用户测试》(*Testing Websites with Users*)实践指南可以为机构进行用户分析提供参考。

2. 进行用户测试

在线服务提供成功案例的共同点就是：它们是根据用户需求以及偏好进行开发，并且进行实时评价和改进。用户测试是网站开发与评价过程中的重要部分，它能够促进在线服务的效用最大化。《Web 开发指南》解释了用户测试的含义、益处以及服务提供者等信息。另外，政府信息管理办公室的《网站用户测试》可以为机构的用户测试提供指导。

3. 用户监控与报告

对用户的使用过程进行监控和评估，可以对将来的网站开发作准备，并且确保网站满足用户的需求。

关于用户监控与监控报告的具体操作，澳大利亚政府提供了许多指南，包括《网站使用监控与评估》(政府信息管理办公室)、《ICT 投资框架》(政府信息管理办公室、财政部)以及澳大利亚国家审计署的《Internet——政府项目于服务交付》《电子政务效率与效能评价》和《为政府客户提供高质量的因特网服务——政府机构的监控与评估》等。

7.5.3　各州政府网站标准

除了联邦政府级别的《Web 发布指南》，澳大利亚各州政府也发布了各自的网站标准。

截至目前，各州政府发布的网站标准如表 7-4 所示。

表 7-4　澳大利亚各州政府网站标准简表[43]

州/地区	标　准　名　称	最后修订时间
澳大利亚首都地区	网站开发与管理标准	2008 年 2 月
澳大利亚北部地区	北部地区政府网站指南	2001 年 11 月
新南威尔士州	利用因特网提供信息与服务的指南	2003 年 2 月

（续表）

州/地区	标　准　名　称	最后修订时间
维多利亚州	全维多利亚政府网站标准	2005 年 5 月
昆士兰州	昆士兰政府因特网信息标准	2001 年 8 月
塔斯马尼亚州	塔斯马尼亚政府 Web 发布标准	2008 年 4 月
南澳大利亚州	SA 政府网站标准	2010 年 2 月
西澳大利亚州	WA 州政府网站指南	2006 年 6 月

澳大利亚各州政府网站标准大都对页面设计、内容组织等做了规定，从不同程度保障了其政府网站的信息可用性。下面仅以其中几个州政府的网站标准为例进行简要论述。

7.5.3.1　各州政府网站标准简述

1. 澳大利亚首都辖区《网站开发与管理标准》

澳大利亚首都辖区发布了《网站开发与管理标准》[44]，现行版本是 2008 年 2 月的 1.2 版。《网站开发与管理标准》从内容、设计、管理以及法律四个方面对政府网站的开发与管理做出规定。其中：

(1) 内容标准包括对有效性、标题、写作风格、文本格式、拼写与语法、脚注与尾注以及电子邮件地址等的规定；

(2) 设计标准包括站点结构、目录结构与文件命名、页面布局、导航、可访问性、浏览器兼容性、带宽、元数据等 23 项；

(3) 管理规定包括网站命名、内容管理、用户支持等 9 项；

(4) 法律问题包括版权声明、隐私声明等 5 项。

该标准的内容涵盖了政府网站信息可用性保障的各个方面。

2. 南澳大利亚《SA 政府网站标准》

《SA 政府网站标准》[45]是南澳大利亚州政府信息通讯技术标准的一个组成部分，2004 年 4 月发布，最新版本为 2010 年 2 月 1 日发布的 1.5 版。《SA 政府网站标准》的目标是确保所有机构的公众服务网站成为机构业务的完整展现平台、遵循法律对于政府信息公开的要求、政府网站对于所有目标用户可访问、易于用户使用、有明确的南澳大利亚政府在线标识以及遵循一致的政府信息检索与发现。

《SA 政府网站标准》规定了政府网站的内容标准，涉及对内容语境、内容管理、发布权力、内容质量以及首页内容等的规定；还规定了网站内容的最低要求：必须含有联系方式、机构职责、站点特定检索功能、免责声明、版权声明、隐私声明、修改日期、元数据、法人信息等内容。

《SA 政府网站标准》规定了政府网站的可访问性标准，要求政府网站信息必须能够被包括各类残疾人士和不同语言文化背景的人在内的所有南澳大利亚公众获得，政府网站在设计中必须兼容尽可能多的浏览器产品与版本。与澳大利亚联邦以及其他州政府一样，南澳大利亚政府以 W3C 的《Web 内容可访问性指南》(*Web Content Accessibility Guidelines*[46])作为网站可访问性的最佳实践标准，并使用该指南推荐的工具进行可访问性测试。

《SA 政府网站标准》规定了南澳大利亚政府网站采用 AGLS 元数据作为政府网站元数据标准，并且详细规定了具体应用方法。按照澳大利亚政府信息管理办公室(AGIMO)的相关要求，南澳大利亚政府规定在政府网站的网站首页等 7 类资源中应用 AGLS 元数据，并以澳大利亚政府交互职能叙词表(AGIFT)辅助 AGLS 元数据的使用。

《SA 政府网站标准》规定了南澳大利亚政府网站的表现形式，对网页导航、网页元素、多媒体、在线表单等做了规定。

此外，《SA 政府网站标准》还对网站架构、用户交互、文件管理、站点推广等问题做了规定。

3. 西澳大利亚《WA 州政府网站指南》

西澳大利亚州的《WA 州政府网站指南》[47]于 2002 年 7 月由该州的电子政府办公室制定，现行的版本是 2006 年 6 月修订的 2.1 版。

《WA 州政府网站指南》旨在通过良好的管理、内容覆盖与设计促进公共部门网站的质量提升；它可被视为包含信息资源的标准以及最佳实践指南，在机构进行网站设计或者升级时可以以此为参考。

《WA 州政府网站指南》参考了联邦政府的《最低网站标准指南》(由澳大利亚政府信息管理办公室制定)以及澳大利亚首都辖区、维多利亚等州政府的网站标准。

《WA 州政府网站指南》从信息提供、内容指南、网站设计指南、可访问性、网站的文件与档案保管、元数据、网站管理、网站营销与沟通等 11 个方面对政府网站做了规定。

西澳大利亚具有一系列网站标准文件包,除了《WA 州政府网站指南》之外,还有“网站管理框架”。“网站管理框架”包含了通用网站元素和网站原则等等,在操作层面进行了详细的规定。

4. 维多利亚《全维多利亚政府网站标准》

《全维多利亚政府网站标准》[48]于 2005 年发布,由维多利亚州 CIO 办公室制定。《全维多利亚政府网站标准》分为两个部分,第一个部分规定了可发现性、内容批准与复审、法律遵循、隐私以及可访问性五部分内容;第二部分规定了统一的用户使用元素、域名与定位、信息构建与分级分类以及信息提供的最低要求四个部分。

与联邦以及其他州政府网站标准不同的是,《全维多利亚政府网站标准》规定了“可发现性”(discoverability)标准,即通过一致的资源描述、商业搜索引擎以及索引资源等实现内容与服务的可发现性。具体说来是要提高公众查找信息与服务的能力,并且促进“维多利亚在线”以及其他搜索引擎的可发现性。可发现性标准要求其所制定的网站页面必须使用精确的元数据,并且使用的元数据必须专门针对内容目标,元数据项包括 AGLS 元数据强制使用的元素;并且所有的站点需向“维多利亚在线”、开放目录项目(维多利亚政府分类)等网站注册。事实上,“可发现性标准”与“一致的、好质量的用户体验”的原则是殊途同归,只是说法不同。

另外,《全维多利亚政府网站标准》在内容与网站设计等方面做了规定:

(1) 内容批准与复审标准:要求保证所有内容与服务的适当授权,以及时效性和准确性;

(2) 规定了法律遵循标准:要求部门与机构确保其网站内容、服务及流程要与法律遵循实践相适应,即确保公众与政府的合法权利与利益得到保护;

(3) 隐私标准:要求部门与机构确保其网站内容、服务及流程要遵循相关隐私法律与原则的规定;

(4) 可访问性标准:要求网站对于残疾人士、技术与通讯设备水平较为落后

的人来说能够访问,提供现成的、无歧视的政府网站访问入口;

(5) 用户元素一致性原则:要求提供一致的网站标识和通用元素布局;

(6) 域名与定位标准:将 vic.gov.au 与其他二级域名相结合,提供对网域的一致定位、命名、管理及审查。

(7) 信息构建/分级分类标准:通过信息的标记与分类、导航与检索系统的设计等手段进行网站架构与内容的组织;提高用户查找信息与服务的能力。

(8) 最低信息提供标准:维持所有政府网站的一致的信息提供水平,以促进政府服务的访问和操作流程与遵循法规透明度。

总体说来,该标准所遵循的原则是:一致且高质量的用户体验、建立用户对在线信息与服务的信赖、基于网站生命周期的网站规划与管理、信息资源的共享与再利用等。

《全维多利亚政府网站标准》的每一条标准都规定了明确且详尽的最低要求、适用的地区与时间范围,并且提供具体指南或工具,是一个操作性极强的标准。

7.5.3.2　各个州政府网站标准的信息可用性保障作用

1. 保障网站信息效用

澳大利亚各州政府的网站标准在不同程度上保障了网站信息的效用,例如西澳大利亚州政府的网站标准规定了网站营销,帮助用户找到"目标网站";各州网站标准都规定了最低的信息提供标准,并规定了信息提供的及时性、准确性原则;规定了可访问性等标准,确保网站信息能够被获得。此外,内容管理与信息构建得到各州政府的重视,在各个州政府网站标准中都有不同详尽程度的关于内容管理与信息构建分级分类的规定。

2. 保障网站信息获取效率

保障网站信息获取效率是各州政府网站标准的重点内容,网站设计、页面布局、导航设计等内容都出现在各州政府网站标准当中。

按照联邦政府对使用 AGLS 元数据的要求,澳大利亚各州政府无一例外地使用 AGLS 作为政府网站元数据标准;并根据具体情况对 AGLS 元数据标准的使用做了具体规定。

3. 保障网站信息获取方法的易学度与易记度

澳大利亚各州政府网站标准都对页面结构、页面元素布局等内容做了规定。其中维多利亚州政府网站标准在“维持一致的用户体验”这一原则的运用方面表现得尤为出众,并且致力于提供一致的、高质量的信息。这些规定确保政府网站对于用户来说是熟悉的、易于操作的。

7.5.4 联邦与州政府网站标准(指南)的联系

在澳大利亚政治体制下,各州有权制定自己的标准、政策甚至是法案,因此联邦政府的网站标准对各州政府网站标准并不具有绝对的约束。但是,联邦政府规定的某些标准(如 AGLS 元数据标准)是被要求在全国范围内使用的;此外,联邦政府与州政府之间、州政府与州政府之间在制定网站标准时是互相影响、互相借鉴的。

7.5.4.1 重合的法律与政策基础

澳大利亚《信息自由法》与《电子交易法》是联邦政府以及各个州政府制定网站标准时共同的法律基础;各州政府网站标准在制定时必须考虑联邦政府制定的涉及澳大利亚全国的相关政策,如图 7-17 所示。

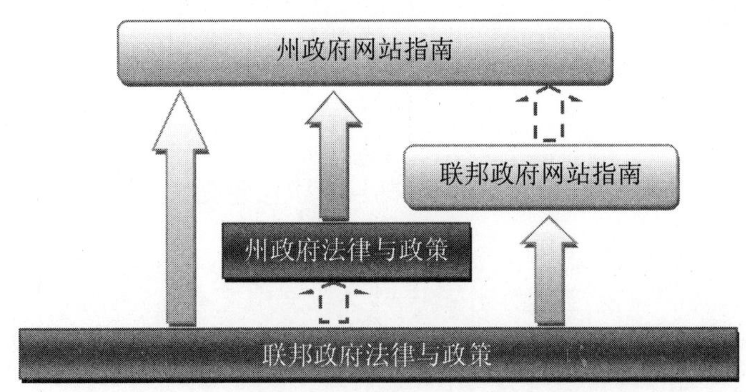

图 7-17 重合的法律与政策基础

7.5.4.2 标准与技术共享

澳大利亚联邦政府与各州政府在制定网站信息可用性保障相关标准时并不是各自为营、闭门造车,而是建立起良好的标准与技术共享机制,能够互相参考、互相借鉴。

例如，AGLS 元数据的“Function”项以词表 Keyword AAA 中的词作为取值范围；而 Keyword AAA 本是由新南威尔士州档案局开发的，澳大利亚国家档案馆将其修订后推出“联邦版本”(Commonwealth Version)并在全国范围内使用。又如，西澳大利亚州在制定网站标准时，参考借鉴了联邦政府的网站标准以及其他州的政府网站标准。

7.5.4.3　目标一致，各有侧重

联邦政府的《Web 发布指南》吸收了众多政府网站标准与指南，堪称政府网站标准的资源集合，它并没有特别关注哪一部分内容，而是对于各部分内容给予相同的重视。而各州政府网站建设有不同的现状，因此各州在制定自己的网站标准时在结构上各不相同，在内容上则各有侧重。其中，各州政府网站对于用户分析、用户研究的重视程度均不如联邦政府《Web 开发指南》。

尽管各州政府网站标准的侧重点各不相同，但在标准制定的目标上都与联邦《Web 发布指南》殊途同归，即促进政府信息与服务的提供。

7.6　北京市政府网站建设规范研究

7.6.1　《北京市政府网站建设与管理规范》的颁布背景

《北京市政府网站建设与管理规范》由首都之窗运行管理中心、北京市信息资源管理中心等单位共同编制完成，于 2004 年 4 月 1 日正式出台。2007 年，首都之窗运行管理中心又组织相关专家、机构对规范进行了修订和完善。

该规范一方面为北京市政府网站的建设、运行、维护和管理等方面提供了行动指南的同时，另一方面也为北京市政府网站的评议工作提供了衡量依据。在 2011 年中国政府网站绩效评估结果中，北京位列省级政府网站绩效排名第一。[49]

7.6.2　《北京市政府网站建设与管理规范》的主要内容

规范规定了北京市政府网站的建设、运行、维护和管理等方面的基本要素，包括网站设计、网站内容、网站技术和网站管理。

7.6.2.1　网站设计

规范从网站的策划组织、结构设计、表现形式、标识系统设计、信息检索和多语种支持方面进行了详细说明。

在网站结构设计方面，政府网站的站内导航需要有详尽的网站地图可供查询，在各页面的固定位置设置风格统一的导航栏，导航文字要求准确、直观、易识别。站外导航则是指向业务相关网站，要求导航地址正确，方式简洁直观。（见图 7－18）

首页 新闻中心 政务公开 网上办事 朝阳生活 互动平台 商务朝阳 走进朝阳

图 7－18　北京市朝阳区政府网站站内导航[50]

在网站的表现形式上，规范要求网页层级丰富、有序，深度适度；各层级在页面布局风格上协调统一；网页效果上具有统一的色彩风格和主色调，包含设计上协调一致的网站标志图案。在标识系统的设计上，要求政府网站具备统一的网站标志。此外，规范中还要求网站提供多语种支持。

以北京市朝阳区和东城区政府网站为例，两者都以红色为主基调，包含有相同的首都之窗标志。在首页上方，均提供了多语种和信息无障碍入口，符合了《北京市政府网站建设与管理规范》的要求。（见图 7－19、图 7－20）

图 7－19　北京市朝阳区政府网站首页[51]

图 7－20　北京市东城区政府网站首页[52]

7.6.2.2　网站内容

在网站内容方面，规范要求政务公开，保证内容的全面性、完整性、准确性和时效性；提供相应的在线服务，提供多种索引和快速定位功能；通过信箱服务、在线解答等多种方式促进信息互动。

北京市朝阳区政府网站开设了专门的政务公开和网上办事栏目。在政务公开栏目下，提供了政府公告、政策文件、统计信息、财政收支、人事任免等方面的公共信息，内容较为全面和翔实。在网上办事栏目下，网站提供了户籍办理、工商注册、社保等多种在线服务，并按照用户类型和访问目的设置了流动人口、三资企业、投资者、三农等多个绿色通道，根据规范要求提供了多种索引和快速定位功能。

7.6.2.3　网站技术

规范中网站技术部分主要包括基本技术要求、网站可用性、网站兼容性、网站测试和网站安全要求这几个方面。应当保证网站的访问速度，采用数据库的方式管理网站内容；定期监控网站的可用性，及时解决出现的问题；网页需要兼容多种操作系统上的不同种类及版本的浏览器；定期检查网站的安全性，并持续性改进，做好网站系统的容灾工作。

经过测试，首都之窗及其他区政府网站的访问速度都比较理想，只是在网站兼容性上略显不足，偶尔会出现浮动图标错位的现象。

7.6.2.4　网站管理

网站管理包括域名管理、机构和人员建设、制度建设、用户信息保护和知识产权保护五个方面。

规范中规定英文域名需统一以“.gov.cn”为后缀，例如东城区城府网站的域名为“http://www.bjdch.gov.cn”。在单位内部，需要有相应部门负责网站管理工作，其他业务职能部门也应参与网站建设，需要确定一名主要领导负责网站建设和管理，负责网站维护的人员应定期参加相关培训。在制度建设方面，要在网站建设规划、信息发布和审核、信息存档、网站内容监管、网站安全管理、网站应急等方面建立相应的制度和规范。网站建设规范强调对用户知情权以及用户信息的获取、使用、存储与管理的保护，政府机关应在自己的工作权限内获取和使用用户信息，未经用户允许不得公开其信息或向第三方提供其信息。政府网站在建设与管理中，不得侵犯他人的知识产权。

7.7　国际经验对北京市的借鉴

7.7.1　重视网站的外观设计与功能设计

加拿大政府网站建设标准强调不同政府部门网站的外观一致性，用户在访问网站时可以很快地识别出其所访问的网站。我国政府网站在建设时除了要重视政府门户网站的功能、内容，同时也需要从用户的角度出发，将页面设计的更为美观与合理，提高对用户的吸引力。

在内容上，我国政府网站提供的信息主要是大量的新闻、政策法规，政府门户网站的作用主要体现在对政府本身的宣传，针对用户需求的网上服务、用户反馈功能较弱。与国外政府门户网站相比，我国政府网站的以用户为中心的意识还有待加强，要从用户的需求出发，努力给用户提供他们真正所需的信息与服务。

在网站的功能方面，我国政府网站提供的检索系统主要是针对网站内容、文档以及图片的检索，且一般只支持中文的检索。与此相比，国外更加重视检索功能的设计。例如，加拿大政府网站建设标准要求政府网站提供多种不同的检索方式，通过对网站信息的编码的统一规范与要求，无论用户使用网站内部检索或是外部检索，都可以准确而迅速地找到其所需的信息。

7.7.2 政府网站建造的规范细节化

国外网站建设标准细致而全面地对政府网站的建设做出了规范与限定，无论是图标的大小、像素，还是文字的应用、用语等细微的环节都有详细的规定，并附有图例或是实例对这些要求做出进一步的说明。

我国政府在进行门户网站建设时也需要这样的一份指南指导网站建设的展开。详细而全面的指南一方面对网站的建设起指导性作用，让政府门户网站更贴近用户的需求，符合用户的网络使用习惯；另一方面标准的颁布也有助于减少各级政府在门户网站的外观与功能设计上的花费与精力。

7.7.3 网站重视用户体验

纵观国外的诸多网站建设标准案例，不难发现各国政府都普遍重视网站的用户体验。例如专门针对残疾人群的 WCAG 标准的使用，多浏览器对网站的访问，为符合文化程度较低的公民以及非英语母语的人群的阅读习惯的平实的网络用语要求。加拿大阿尔伯达省政府网站建设标准在对网站进行规范化设计时将用户的体验作为其重要指标之一，例如网站的使用率、用户的访问量、网站的检索效果等都是网站所重视的。

我国政府在建设其门户网站时要本着从用户角度出发的原则与理念，重视用户的体验与习惯。由于政府网站不同于一般的商业性网站，政府门户网站的服务对象是所有的公民，因此网站设计时要充分考虑到所有的公民的网页浏览习惯，让不适宜上网、上网条件较差、无法正常浏览网页的弱势群体都能轻松地获取政府的信息与服务。

7.7.4　网站设计利用国际已有技术、管理标准

国外许多网站标准在制定时沿用了许多国际前沿的技术以及功能标准，例如有关信息安全的 ISO27000 标准，保护用户信息隐私安全的 P3P 以及着眼于残疾人对网站的无障碍访问的 W3C 标准指南等。新西兰政府在沿用这些标准的基础上，也结合了其实际情况对这些标准进行了修订与加工，使其更加适用于自身政府网站的建设。

我国在进行政府门户网站的建设时也可以充分考虑这些已有的国际标准，标准的沿用有助于提升我国网站建设的质量。与国际最前沿的技术与思想接轨，对网站未来的维护以及升级都大有裨益。同时，沿用国际标准也有助于减少网站设计的成本投入，政府无需额外的研究和分析投入即可实现标准中所涉及的相应功能。

7.7.5　政府网站建设标准使用的弹性化

国外部分网站标准对不同网站标准执行的程度做出了不同的规定。标准在具体的执行过程中存有一定的弹性，不同的政府网站可以根据自己的情况选择适合自己的标准的部分实施建设。例如加拿大 CFL 在规定网站外观的设计以及版权保护方面，并非“一刀切”地对所有网站执行统一的规范，而是容许根据网站本身特色以及用户群体的需要而执行部分要求。

现阶段我国各级政府的经济、技术、人才等发展情况良莠不齐，这对我国政府网站建设指南的弹性提出了更高的要求，要求标准在制定时能充分考虑到地区差异以及不同层级政府之间的区别，政府在按照标准的规范制定其网站时可以根据自己的实际情况选择适合自己的部分。同样，过分强调弹性的存在也有可能使标准失去原有的制约规范的作用。因此我国政府网站在建设时要同时兼顾到网站建设标准的强制性作用以及容许修改和放宽的弹性部分。

参考文献：

[1] 陈斌.加拿大电子政务的发展现状与启示[EB/OL].[2003-09-30]. http://www.hangzhou.gov.cn/main/tszf/dcyj/gyfz/T22174.shtml.

[2] Common Look and Feel (CLF) history [EB/OL]. [2011-11-10]. http://www.tbs-sct.gc.ca/clf2-nsi2/hist-eng.asp.

[3] Common Look and Feel (CLF) history [EB/OL]. [2012-10-01]. http://www.tbs-sct.gc.ca/clf2-nsi2/hist-eng.asp.

[4] Common Look and Feel for the Internet 2.0 Standard is being Updated [EB/OL]. [2011-11-10]. http://www.tbs-sct.gc.ca/clf2-nsi2/12msg-eng.asp.

[5] Common Look and Feel for the Internet 2.0 Standard status update [EB/OL]. [2011-11-10]. http://www.tbs-sct.gc.ca/clf2-nsi2/13msg-eng.asp.

[6] Web Content Accessibility Guidelines (WCAG) 2.0 [EB/OL]. [2011-11-10]. http://www.w3.org/TR/WCAG20/.

[7] Samples of email signature blocks [EB/OL]. [2012-10-01]. http://www.tbs-sct.gc.ca/clf2-nsi2/tb-bo/sb-bs-eng.asp.

[8] Treasury Board of Canada Secretariat, Web Standards for the Government of Canada [EB/OL]. [2013-05-02]. http://www.tbs-sct.gc.ca/ws-nw/index-eng.asp.

[9] Treasury Board of Canada Secretariat, Web Standards for the Government of Canada [EB/OL]. [2013-10-10]. http://www.tbs-sct.gc.ca/ws-nw/index-eng.asp.

[10] Treasury Board of Canada Secretariat, Assessment Methodology for Web Accessibility [EB/OL]. [2013-05-02]. http://www.tbs-sct.gc.ca/ws-nw/wa-aw/wa-aw-assess-methd-eng.asp.

[11] Guidance on Implementing the Standard on Web Usability [EB/OL]. [2013-05-03]. http://www.tbs-sct.gc.ca/ws-nw/wu-fe/wu-fe-guid-eng.asp.

[12] Guidance on Implementing the Standard on Web Usability [EB/OL]. [2013-05-03]. http://www.tbs-sct.gc.ca/ws-nw/wu-fe/wu-fe-guid-eng.asp.

[13] Reduce Redundant, Outdated and Trivial Content [EB/OL]. [2013-05-03]. http://www.tbs-sct.gc.ca/ws-nw/wu-fe/rot-rid/index-eng.asp.

[14] Standard on Optimizing Websites and Applications for Mobile Devices [EB/OL]. [2013-10-10]. http://www.tbs-sct.gc.ca/pol/doc-eng.aspx? id=27088§ion=text.

[15] Government of Alberta Website Standards, Version 2.0, p1 [EB/OL]. [2013-10-10]. http://www.publicaffairs.alberta.ca/pab_documents/WebStandards2.0.pdf.

[16] Government of Alberta [EB/OL]. [2011-04-24]. http://alberta.ca/home/index.cfm.

[17] Government of Alberta [EB/OL]. [2011 - 04 - 24]. http://alberta. ca/home/index.cfm.

[18] Government of Alberta-Programs and services [EB/OL]. [2011 - 04 - 24]. http://www.programs.alberta.ca/Living/6350.aspx? N=770+126.

[19] Government of Alberta Website Standards, Version 2.0, p25 [EB/OL]. [2013 - 10 - 10]. http://www.publicaffairs.alberta.ca/pab_documents/WebStandards2.0.pdf.

[20] Government of Alberta Website Standards, Version 2.0, p28 [EB/OL]. [2013 - 10 - 10]. http://www.publicaffairs.alberta.ca/pab_documents/WebStandards2.0.pdf.

[21] Government of Alberta Website Standards, Version 2.0, p29 [EB/OL]. [2013 - 10 - 10]. http://www.publicaffairs.alberta.ca/pab_documents/WebStandards2.0.pdf.

[22] Government of Alberta Website Standards, Version 2.0, p42 [EB/OL]. [2013 - 10 - 10]. http://www.publicaffairs.alberta.ca/pab_documents/WebStandards2.0.pdf.

[23] Government of Alberta Website Standards, Version 2.0, p44 [EB/OL]. [2013 - 10 - 10]. http://www.publicaffairs.alberta.ca/pab_documents/WebStandards2.0.pdf.

[24] Government of Alberta-Programs and services [EB/OL]. [2011 - 04 - 24]. http://alberta.ca/home/programs_services.cfm.

[25] Government of Alberta Website Standards, Version 2.0, p51 [EB/OL]. [2013 - 10 - 10]. http://www.publicaffairs.alberta.ca/pab_documents/WebStandards2.0.pdf.

[26] Government of Alberta [EB/OL]. [2011 - 04 - 24]. http://alberta. ca/home/index.cfm.

[27] Guidelines for UK government Websites [EB/OL]. [2011 - 12 - 08]. http://archive.cabinetoffice.gov.uk/e-government/resources/handbook/pdf/pdfindex.asp.

[28] Delivery and Transformation Group. Guidelines for UK Government websites: Framework for local government [EB/OL]. [2011 - 12 - 08]. http://www.e-envoy.gov.uk/webguidelines.htm.

[29] Delivery and Transformation Group. Guidelines for UK government websites: Illustrated handbook for web management teams [EB/OL]. [2011 - 12 - 08]. http://www.e-envoy.gov.uk/webguidelines.htm.

[30] eAccessibility of public sector services in the European Union [EB/OL]. [2011 - 12 - 08]. http://archive.cabinetoffice.gov.uk/e-government/resources/eaccessibility/.

[31] The Transformational Government Technology Policy team. The Government Data

Standards Catalogue [EB/OL]. [2011 - 12 - 10]. http://www.govtalk.gov.uk/schemasstandards/datastandards.asp.

[32] Web Standards Overview [EB/OL]. [2011 - 12 - 08]. http://webstandards.govt.nz/standards/web-standards-overview/.

[33] Web Standards of New Zealand [EB/OL]. [2011 - 12 - 08]. http://webstandards.govt.nz.

[34] About this site-Web Standards of New Zealand [EB/OL]. [2011 - 12 - 08]. http://webstandards.govt.nz.

[35] Web Publishing Guide [EB/OL]. [2010 - 03 - 17]. http://webpublishing.agimo.gov.au/.

[36] Guide to Minimum Website Standards [EB/OL]. [2010 - 03 - 17]. http://www.agimo.gov.au/archive/mws.html.

[37] Web Publishing Guide [EB/OL]. [2010 - 03 - 17]. http://webpublishing.agimo.gov.au/.

[38] Australian Government branding design (the Design) [EB/OL]. [2010 - 04 - 22]. http://webpublishing.agimo.gov.au/Visual_Design_and_Branding.

[39] Department of the Prime Minister and Cabinet. It's an Honour-Symbols [EB/OL]. [2010 - 04 - 22]. http://www.itsanhonour.gov.au/symbols/index.cfm.

[40] AGIMO. Better Practice Checklist - 8. Managing Online Content [EB/OL]. [2010 - 03 - 18]. http://www.finance.gov.au/e-government/better-practice-and-collaboration/better-practice-checklists/managing-content.html.

[41] AGIMO. Better Practice Checklist - 15. Information Architecture for Websites [EB/OL]. [2010 - 03 - 19]. http://www.finance.gov.au/e-government/better-practice-and-collaboration/better-practice-checklists/information-architecture.html.

[42] NAA.AGLS Metadata Element Set [EB/OL]. [2010 - 04 - 22]. http://www.naa.gov.au/records-management/publications/AGLS-Element.aspx.

[43] Vision australia. Australian Web Accessibility Policies and Guidelines [EB/OL]. [2010 - 03 - 22]. http://www.visionaustralia.org/info.aspx? page=639.

[44] Australia Capital Territory. Website Development and Management Standard (Ver 1.2) [EB/OL]. [2010 - 03 - 22]. http://www.visionaustralia.org/docs/Website_Development_Mgt_Standard.doc.

[45] South Australia Government ICT Services. SA Government Web Site Standards (Ver 1.5) [EB/OL]. [2010 - 05 - 08]. http://www.cio.sa.gov.au/policies-and-standards/applications-and-internet/ocio_s5-2_sa_government_website_standards-v1-5.pdf.

[46] W3C. Web Content Accessibility Guidelines [EB/OL]. [2010 - 05 - 08]. http://www.w3.org/tr/wai-webcontent.

[47] Office of e-government, South Australia Government. Guidelines for State Government Websites [EB/OL]. [2010 - 05 - 08]. http://www.publicsector.wa.gov.au/SiteCollection Documents/Guidelinesfor State Government Websites.pdf.

[48] Office of Chief Information Officer, Government of Victoria. Whole of Victorian Government Website Standards [EB/OL]. [2010 - 05 - 13]. http://www.egov.vic.gov.au/victorian-government-resources/website-management-framework-wmf-/government-website-standards-victoria/whole-of-victorian-government-website-standards-overview.html.

[49] 工业和信息化部中国软件评测中心. 2011 年中国政府网站绩效评估结果[EB/OL]. [2011 - 12 - 08]. http://www.cstc.org.cn/plus/view.php? aid=4839.

[50] [51] [52] 北京市朝阳区政府[EB/OL]. [2011 - 12 - 08]. http://www.bjchy.gov.cn/.

8　政府网站可及性规范及案例研究分析

8.1　政府网站可及性设计规范的国内外实践

8.1.1　可及性规范的内涵和进展

20世纪以来,不断普及的网络应用给人们提供了更多利用信息服务的可能。互联网作为一种新的社会交往方式不仅帮助人们消除了社会交往中出现的物理和心理的障碍,同时为许多特殊群体创造更多教育、参与社会和就业的机会,改善了他们与社会隔离的状况。但是由于信息存储方式的电子化、信息传播方式的网络化、信息获取方式的技术化、信息阅读工具的复杂化、信息组织方式的多样化、信息表现方式的多媒体化,人们在获取信息时存在各种人为的技术障碍和客观的机能障碍,这些都是属于信息无障碍需要解决的问题。

联合国给可及性(又称"信息无障碍")下的定义是"信息可及性是指信息的获取和使用对于不同的人群应有平等的机会和差异不大的成本",具体涵盖四类人群:① 身体机能丧失或弱化已经在日常生活工作中对信息使用产生影响的人群;② 信息手段使用习惯和通常信息系统设置有差异的人群;③ 文化习惯和周边信息系统环境有明显差异的人群;④ 信息使用能力或周边环境条件和通常信息使用环境条件存在差异的人群。从上述联合国所列举的信息无障碍概念所涵盖的四种人群来看,信息无障碍已经比原有的无障碍概念所涉及的人群范围要多得多,健全的人也可能在某种环境(如文化、技术设施)的限制下成为具有信息获取障碍的人,老龄化社会的来临会让人口比例数据更大的人成为具有信息获取障碍的人。因此,不能将信息无障碍工作片面地理解为残疾人谋福利,它实际上是在追求任何人在任何情况下都能平等地、方便地利用信息技术来获得信息的社会发展目标。

世界人权宣言指出,人人都有平等获取信息的权利。2003年信息世界峰会通过的《原则宣言》中提到,每个人无论身在何处,均就有机会参与信息社会,任何人都不得被排除在信息社会所带来的福祉之外。因此,信息无障碍设计理念提出的时间尽管不长,但由于该理念所具有的追求社会平等、维护全体公民利益的思想,符合为所有人的、惠及全民的信息社会建设目标,因此很快得到了广泛的响应。政府网站由于其为公众服务的性质,其无障碍设计也成为解决信息无障碍问题最核心和最重要的领域。

对于政府提供的网络服务而言,网络无障碍性指"网站能够为任何人包括残疾人获取利用的能力"[1]。W3C的创建者Tim Berners-Lee定义"无障碍性"[2]为"为实现所有人尤其是残疾人等弱势群体的平等获取和平等介入机会"。政府网站无障碍已经成为政府网站实现其功能的一种要求和发展趋势,越来越多的国家和国际组织开始重视政府网站的无障碍需求。国际组织和各国的中央和地方政府针对网站或政府网站的无障碍设计制定了一系列的政策、建立了相关的标准,各国政府也正在为制定全球信息无障碍统一标准而努力。欧盟正在与标准组织合作共同制定欧盟统一的信息无障碍标准,美国也在邀请来自欧洲、加拿大、澳大利亚和日本的代表,对相关法案进行修订,以求协调全球信息无障碍标准。为了便于我国政府网站尽快实现无障碍设计目标,我们在此对国际组织和各国政府的一些相关成就加以研究和分析。

8.1.2　国内外网站信息可及性的政策、标准和举措

8.1.2.1　欧洲国家在政府网站信息可及性方面的政策和举措

欧洲国家如英国、意大利等在信息可及性法律执行方面非常主动,先后修改了有关残疾人权益保护法案。2004年,瑞士、意大利都制定了信息无障碍方面的法规。欧盟计划于2010实现公共服务"网站无障碍",欧盟信息社会总司还制定了《i2010电子政务行动计划:加速欧洲电子政务,使所有人受益》,并将2007年定为"机会平等年——走向公平的社会"(2007 - European Year of Equal Opportunities for All-towards a just society),确保所有人都可以平等访问、使用在线公共服务,借助现代化的信息通信技术促使传统的公共服务惠及更多公众。由此可见,欧洲对于信息无障碍的重视程度。

欧盟对政府在线公共服务可及性的关注主要体现在2005年英国担任欧盟

轮值主席国期间(2005 年 7 月 1 日至 2005 年 12 月 31 日),委托了皇家全国盲人协会(RNIB)和皇家全国聋人协会(RNID)等研究机构按照 W3C《网页内容无障碍指南(WCAG1.0)》对欧盟 25 个成员国政府在线公共服务无障碍情况展开调查,以掌握欧盟各成员国在电子政务信息无障碍方面的现状及存在的问题,为今后构建包容的电子欧洲提供政策导向。其评价结果形成了一份长达 84 页的调研报告,于 2005 年 10 月 25 日在伦敦组织召开的电子无障碍交流会议(eAccessibility Communication)上公布。据 2005 年 RNIB 和 RNID 等研究机构对欧盟 25 个成员国政府在线公共服务无障碍情况调查结果显示[3],在被调查的 436 个政府网站中,仅 3%的政府网站公共服务同时通过了无障碍自动检测与人工检测,达到了 W3C 网页内容无障碍指南(WCAG1.0)要求的 A 级标准①,达到 AA 级标准的网站为 0(即在满足优先级 1 的基础上,符合优先级 2 的要求);10%的政府网站通过了无障碍自动检测,但未通过人工检测;17%的网站由于少量检测点未达到要求,未通过无障碍自动检测;剩余 70%网站普遍没有通过无障碍自动检测。欧盟 25 个成员国中有 8 个成员国其政府在线公共服务网站的 40%达到了有限 A 级标准(Marginal Fail Level A)。其中来自西班牙、英国和欧盟组织机构的三个政府网站比较出色,如英国的卫生部网站。报告认为,欧盟在线公共服务要全面实现无障碍与包容,需要欧盟公共政策制定者、政府网站管理者与开发者以及软件业的网站设计者三方面共同努力。

为此,欧盟于 2007 年建立了"电子无障碍交流委员会"以促进电子政务发展,惠及弱势群体特别是残疾人,2008 年开展电子无障碍立法活动,从法律的角度来保障广大弱势群体的权益。

8.1.2.2 美国"508 条款"提出的网站信息可及性的要求

美国于 1998 年修改了《康复法修正案》第 508 条款,要求自 2001 年 6 月起所有联邦机构网站实现无障碍访问,要求所有公众及政府资助的机构都必须提供信息无障碍的设备。"508 条款"针对软件、网站、电子通信设备、音频和视频

---

① W3C 网页内容无障碍指南(WCAG1.0)规定,网站的达标等级分别为 A 级、AA 级、AAA 级三个等级。A 级为基本要求,即满足 WCAG1.0 中所有优先级 1 检验点的要求,而优先级 1 检验点是网站的 Web 内容开发者必须满足的检验点,否则部分人或团体将无法获取文档中的信息。

产品、个人电脑及便携式电脑、可独立运作的封闭性产品(如自动提款机、复印机、打印机、电子信息亭等)共6个方面进行了规定,要求供应商在销售这些产品给政府之前应达到信息无障碍要求。以下详细列举"508条款"参照WCAG1.0制定的网站信息无障碍的16条要求[4]:

(1) 为所有非文本内容提供对等的文本替代;

(2) 给所有多媒体文件在播放时同步提供其他形式的对等内容;

(3) 网页设计应为所有以颜色传达的信息提供不用颜色表达的替代性传达方式,以避免色盲或色弱者因颜色视觉缺陷无法获取信息;

(4) 组织文件时,确保文件在没有样式表的情况下仍可阅读;

(5) 为每个服务器图像映射的作用区提供多余的文本链接;

(6) 为服务器图像映射提供客户端图像映射替代,除非无法用有效的多边形形状来定义;

(7) 数据表格中应当为行和列提供标题;

(8) 为具有两层或多层逻辑关系的表格中的相关数据和标题提供标记;

(9) 为图片提供文本标题,以便于图片的识别和导航;

(10) 网页设计时应避免使用2～55赫兹之间的屏幕闪烁频率;

(11) 为使网站设计遵循"508法案"有关网站信息无障碍的要求,当其他方式不能满足这一要求时,应当使用提供同等信息或功能的文本网页来替换。当主页面改变时,文本网页内容应随时更新;

(12) 当网页使用描述性语言来显示内容或创造交互元素时,这些描述的信息应当以辅助技术能够阅读的功能文本加以界定;

(13) 当网页要求使用程序、插件或其他应用程序在客户系统解释网页内容时,网页应当提供相关插件链接和遵循1194.21条款要求的程序链接;

(14) 设计在线完成的电子表格时,表格应当允许人们使用辅助技术来获取表格信息、表格构成、表格的功能及其目的,包括填写表格的指南和提示;

(15) 提供允许用户跳过导航链接的方法;

(16) 当要求时间响应时,应当提醒用户需要足够的时间才能打开网页。

美国不仅在联邦政府这一级,在州一级也制定了信息无障碍的强制法案。目前,美国大部分州都设有州政府科技援助计划,为有需要的人提供所需的科技硬件和软件资源[5]。构建“无障碍 Web 网站”成为美国各网站的建设要求,其中政府网站更是成为最早需要遵守信息无障碍法律的先行者。可以说,美国是信息无障碍研究与实施最全面的国家,其“508 法案”是目前美国有关信息无障碍最为重要、最为有效的法律规范之一。

8.1.2.3 中国香港地区政府网站的信息可及性推进活动

我国香港地区在政府网站信息无障碍建设方面走在内地前面。香港于 2001 年开始,由香港互联网专业协会与香港的四个政府部门、一百多家协会、机构联合起来致力于信息无障碍工作[6]。香港通过实施“网络无障碍行动”消除数字鸿沟,使所有政府网站符合国际的网页易读性要求,方便视障人士浏览。根据政府资讯科技总监办公室公布的资料,自 2001 年开始,香港政府连续举办了多次相关的研讨会,以认识和解决政府网页无障碍设计问题。

2003 年香港特区政府已成功完成对所有政府部门网站的易读性改进,另外还特别重视信息的可获得性,随时更新交通和天气信息、电话黄页等,网站提供中文繁体、中文简体、英文三种文字,任何网站都没有广告宣传内容,只是将内容建设和信息的易查易用放在首位。2004 年,在《“数码 21”资讯科技策略》中,香港进一步鼓励私营机构进行无障碍网页设计,方便视障人士浏览。另外,香港信息无障碍建设所取得的成绩与香港地区盲人使用电脑上网比例较高也有关,可以说盲人等残疾人使用电脑的需求促使了政府对信息无障碍建设的重视与发展。

2007 年 8 月 3 日,香港政府正式启用了“香港政府一站通”网站,该网站在设计时加入了无障碍网页的考虑,并咨询了代表视障人士等有特殊需要人士的主要团体,听取他们的意见,以确保所有浏览者都可以轻松方便地使用“香港政府一站通”提供的公共资讯和服务。目前,“香港政府一站通”的设计已经符合互联网网络联盟所制定的、获得国际认可的 WCAG1.0 的基本及优先等级的无障碍标准,可供大部分有特别需要的人士浏览及使用网站信息及内容。

8.2 W3C 提出的网站可及性指南

8.2.1 W3C 联盟

W3C(World Wide Web Consortium),即万维网联盟或万维网协会,是 Web 的鼻祖 Tim Berners-Lee 在美国国防部先进研究项目局(Defense Advanced Research

Projects Agency, DARPA)和欧盟支持下,于1994年10月在美国麻省理工学院计算机科学实验室成立的一个民间国际组织。作为专门致力于创建Web相关技术标准并促进Web向更深、更广发展的国际组织,W3C的目的是通过促进标准和规划的互操作性并鼓励开展开放性讨论论坛,来引导Web的技术发展。

W3C的宗旨是致力于:让所有人,无论文化和能力等有无差异,都能得到Web提供的网络服务;让所有设施,无论是应用软件、数据存储、应用设备,还是高性能计算机、便捷的移动通信装置以及普通设备都可以从网络上获得;让任何地方都能获得从高带宽到低带宽的网络环境;让交互手段更加多种多样,从触摸、电子笔、鼠标、声音、辅助技术,到计算机对计算机的交互等;让计算机做更多更有用的工作,从先进的数据检索到资源的全面共享。W3C正在开发的标准将能够支持多种并行的交互方式,提供可通过眼睛、耳朵、声音和触摸进行浏览的功能,除了熟悉的键盘、鼠标、电子笔和音频/视频输出外,新的交互方式将会越来越多。

8.2.2 WAI可及性指南

1999年,W3C成立了Web Accessibility Initiative (WAI),从事无障碍研究,起草可访问性标准、指导性原则。W3C-WAI组织推动的无障碍网页标准并不是针对一个单纯的超文件标记语言HTML的无障碍网页设计,因为互联网经过十几年的发展,其相关技术已经从单纯的静态超文件网页信息技术扩充到动态的多媒体网页信息技术。现在的网页可能包括Java Applet、ASP、JSP等网页内的程序,其网页数据也可能使用后端庞大的数据库。为了处理互联网复杂的技术架构, WAI采用规范(guidelines)、检验表(checklists)和技术文件(techniques)三大类的标准文件来说明无障碍网页开发标准。在这些文件中,规范可视为整个无障碍网页开发标准的母法,原则性说明无障碍网页设计的规则;检验表可视为一个子法,以检验程序的概念来检查网页的设计;技术文件可视为另一个子法,以范例说明来指导网页开发人员如何设计无障碍网页。

WAI目前已制定的三种规范如下:

(1) 网页内容无障碍规范(Web Content Accessibility Guidelines)[7]

网页内容无障碍规范主要说明Web内容的可访问性、Web页面信息及Web应用,包括常规信息(如文本、图像、声音)、代码和标记语言等。

(2) 开发工具无障碍规范(Authoring Tool Accessibility Guidelines)[8]

开发工具无障碍规范说明开发工具的无障碍指导方针。开发工具是用于制作编辑 Web 网页和 Web 内容的软件，主要焦点在定义开发工具如何帮助 Web 开发者制作遵照 Web 内容无障碍规范(WCAG)的网页内容。

(3) 用户代理无障碍规范(User Agent Accessibility Guidelines)[9]

用户代理可访问性规范解释使用用户代理实现无障碍访问的方式；用户代理包括 Web 浏览器、媒体播放机以及辅助技术。

8.2.3 W3C 网站可及性指南的主要内容

从成立发展至今，W3C 已开发的推荐标准超过了 20 个，覆盖了从基础 Web 到未来的 Web 体系结构。Web 无障碍指南作为其中一个重要标准，得到了 Web 领域专家和技术人员的普遍接受与认同。

WCAG 定义了如何使残障人士更方便地使用 Web 内容的方法，包括针对视觉、听觉、身体、语言、认知、学习以及神经等方面的残障人士。这些指南也适合老年人上网，还可让普通用户更好地使用。尽管 WCAG 指南涉及的内容广泛，但它还是无法有效地满足所有类型的人群和残疾程度不同的人的需要。

WCAG 指南的适用人群包括网站开发者、网络工具软件的开发者、网站无障碍性访问评估体系制作者以及其他需要网络无障碍访问技术标准的人。同时，WCAG 及相关的资源也可以满足不同类型的使用者，包括初次接触网络无障碍访问领域的人、政府政策决策者、管理人员等等。为了满足这些人员的不同需求，指南架构提供了包括整体原则、一般准则、可测试成功标准、丰富的技巧和建议性技巧，并为记录在案的常见失败提供了丰富的例子、资源链接及代码。

Web 无障碍指南包括 W3C-WAI 发布的两个推荐标准——WCAG1.0 和 WCAG2.0。

8.2.3.1 WCAG1.0

W3C-WAI 于 1999 年 5 月推出《网站内容无障碍指南 1.0》(WCAG1.0)，按照该指南设计网站内容，可以基本上克服网站设计中出现的无障碍问题，使网站能够面向更广泛的用户群体。其主旨包括两方面：一方面确保网页上不同表现形式的信息能够被各种浏览器访问，另一方面确保网页内容的易理解性。

WCAG1.0 主要包括以下 14 个方面。

1. 为非文本内容提供对应的文本替代形式

网站上文本形式的内容是最易被访问到的，无论用户使用的是什么形式的浏览器和辅助技术。语音合成器、读屏器、盲文阅读器等都是对网站上的文本内容进行处理、加工、转换和输出等操作的。所以，应该为网页上的图片、视频、动画、声音等多媒体信息提供对应的文本描述。有时用户为了提高浏览速度喜欢关闭多媒体内容而阅读文本网页，如果可能的话，应该为网站设计一个相应的纯文本版本。

2. 信息的表达不能仅依赖于颜色

在无法看到颜色的情况下浏览网页，网页的文字和图形等信息也需要实现无障碍访问。如果仅依靠颜色来表达信息，会造成许多访问障碍。用户的浏览器可能不支持彩色，或者使用的是非视觉的浏览器。所以，尽量避免使用颜色和颜色的对比来传达信息。另外，在网站设计中，一般会选择一些不同颜色来表示超链接，如果颜色的对比性不强，对用户帮助就会很小。尤其对色盲用户来说，颜色几乎没有任何意义。所以，应避免选用一些色盲人士无法分辨的颜色。

3. 合理使用标记语言和样式表

这里主要指在网页的表现形式和布局的安排上要合理运用标记语言中的标记和样式表单。HTML中的每种标记都有它的特定作用，有的主要是定义文档的结构，有的是定义文档的表现形式。如果错误或滥用标记语言中的标记反而会增加网页访问的障碍。例如，有的网页设计者会借助于表格来安排网页的布局或利用标题来改变文字的大小，这样的后果会让那些使用特殊浏览器的用户难以理解网页的布局和导航信息。CSS样式表是一种定义网页的表现形式的技术，它使得网页的表现形式和网页内容彼此独立，如果在网页的设计中能够运用合理，非常有助于提高网页的无障碍功能。

4. 使用清晰的语言

首先，网站内容设计者应该标明网页文档使用的主要自然语言，并正确清晰地使用该语言来组织网页的内容。其次，要对所有的缩写词和简写词给出完整意义，因为语音合成器、读屏器、盲文阅读器可以将清晰的自然语言自动转换为用户需要的信息。

5. 合理使用表格

在网页的设计中，有很多开发者喜欢使用表格来组织信息。对于那些能够看到整个表格的用户而言这样的设计是清晰和明了的。然而,使用表格对无障碍设计来说是不可取的,很多无障碍的辅助技术和浏览器(像读屏器)很难处理好表格中的信息。如果设计者确实需要使用表格,那么应该确保利用HTML语言的标记,对表格进行充分的描述,从而可以帮助辅助技术对表格信息进行转换从而减少访问障碍。

6. 确保网页设计中断技术的无障碍

在设计网页的时候,设计者都比较喜欢采用一些新的技术,但是还要考虑采用新技术之后的网页对用户是否实现无障碍。用户使用的浏览器版本较低或者用户使用的是读屏器等其他浏览设备,可能无法支持这些新技术。因此并不是不鼓励使用新的技术,而是要在使用新技术的同时,为存在访问障碍的用户提供另一种相应的替代形式,从而确保网页无障碍。

7. 确保用户能够控制有时间变化的内容

目前,网页上出现闪烁和移动目标的现象是相当普遍的,绝大多数用户对这些内容很反感。设计者可能并没有考虑用户的感受,所关心的只是页面的动感和漂亮。由于一些有认知障碍和视觉障碍的用户不能快速地阅读移动目标上提供的信息,一些有运动障碍的用户也不能快速、准确地定位在移动目标上。如果设计者非常喜欢使用这些技术,应该要确保那些移动、闪烁、自动更新的网页或网页上的元素是可以由用户控制的。

8. 确保网页上嵌入技术的直接可用性

目前,在网页的设计中会大量使用嵌入的脚本和小程序。在使用的时候要确保它们本身的无障碍以及与用户浏览器的兼容性。如果不能保证嵌入内容是能实现无障碍的,应该为这些对象提供另一种可达的替代形式,如文本形式。

9. 确保网站的访问是与设备无关

这里的设备无关指无论用户使用任何输入输出设备(如鼠标、键盘、语音设备等)或使用任何的浏览器浏览网页,都要保证交互操作的顺利进行。例如,网页上某个对象要借助于鼠标或其他点击式的输入设备才能激活,而有视觉障碍的用户或者没有配备鼠标的用户就无法访问,这样的设计就会出现访问障碍。为网页上一些需要用鼠标点击的图片或图形的超链接提供文本的替代形式可大大提高设备的无关性。

10. 使用过渡的解决方案

即使网站开发者在网站内容的设计中已成功避免了访问障碍问题出现，但仍有可能由于浏览器和一些辅助技术的原因会不能实现无障碍访问，比如浏览器的版本过低、辅助技术设计不够全面引起一部分界面对用户来说无法访问。为了解决这个问题，可以在设计网站时使用过渡的方法对浏览器和辅助技术难以实现的功能进行补充，确保用户的正常访问。

11. 使用 W3C 的技术和指南

作为万维网协会，W3C 为网站的开发和设计制定了很多技术标准和指南。W3C 推荐的技术(如 HTML、XML、CSS 等)都包含了很多无障碍特征，使用它们可以在产品的设计阶段考虑无障碍问题，避免后期的重复改进工作。作为网站开发者，应该熟悉和掌握 W3C 推荐的技术并按 W3C 的标准去设计网站。

12. 为网页内容提供上下文关系

在网页的内容设计上，应注意网页上元素的逻辑关系和位置安排。对每个网页而言，应首先对网页上的元素进行分类、分块组织，并按一定逻辑关系安排在网页上，同时为相邻的部分提供表示上下文关系的信息。对整个网站而言，应为网站的拓扑结构(即各个网页之间组织形式)提供网站地图或其他形式的导航信息。这样的组织和设计不仅对那些有认知障碍和视觉障碍的用户有极大的帮助，而且就一般用户而言，也会提高他们浏览网站的速度和效率。

13. 提供清晰的导航机制

在每一网页上都应当提供清晰、明显的导航信息，如导航条、网站地图等，并且网站的所有网页都应该采用一致的导航机制。用户可以在这样的网站上很容易地查找各类信息，而且一致的导航机制会让用户在所有网页上产生一种非常相似的感觉，能够大大提高用户浏览该网站的速度。

14. 确保网页文字的清晰和简单

一致的网页布局和统一的标示图形以及简单易懂的语言对所有的用户都是有益的。特别是对那些存在认知障碍的用户会有很大的帮助。简洁、清晰和通俗易懂的文字可以使网站的用户群体更广泛，无论用户的母语种类、文化水平、学习能力、认知能力如何，都可以很容易地浏览网站。

从以上 WCAG1.0 提供的 14 条 Web 内容可访问性规范来看，第 1、2、7 等规范注重从维护残疾人特殊需求的角度，如盲人、色盲者、色弱者等的需求，为残疾人等弱势群体实现信息无障碍访问提供要求。

第 6、9、10、11 等规范注重从技术层面解决因技术更新、技术不兼容、技术垄断等原因造成的信息技术障碍问题。如设备无关性，强调用户可以通过不同输入设备来实现同样的功能。

第 3、4、5、8、12、13、14 等规范注重从信息构建的角度，对网页信息内容在标识、组织、导航等方面的要求，以实现网页信息内容的可理解性与可访问性。

WCAG 规范本身并没有详细说明为使一个 Web 站点更加易于访问应采取的操作，而是对如何确保网站无障碍提供了高级别声明，为每一条规范都附带一组检查点。这 65 项检查点详细说明了为确保满足无障碍性准则可采取的操作，W3C 工作组按照检验点对可访问性的重要程度，赋予每个检验点以下三个优先级之一：

(1) 优先级 1——Web 内容开发者必须满足该检验点(must)，否则部分人或群体将无法获取文档中的信息。该检验点是使得部分人或群体能访问 Web 文档的最基本要求。

(2) 优先级 2——Web 内容开发者应该满足该检验点(should)，否则部分人或群体将对获取文档中的信息感到困难。达到该检验点可以扫清相当数量访问 Web 文档的障碍。

(3) 优先级 3——Web 内容开发者可以采纳该检验点的要求(may)，否则部分人或群体有可能对获取文档中的信息感到困难。满足该检验点可以提高 Web 文档的可访问性。

根据网站所实现的检查点的优先级情况，确定了网站的可访问性级别：

① A 级：满足所有优先级 1 的检验点；

② AA 级：满足所有优先级 1 和优先级 2 的检验点；

③ AAA 级：满足所有优先级 1、优先级 2 和优先级 3 的检验点。

WCAG1.0 在 1999 年 5 月被核准发布，是稳定的、可参考的版本。自从 WCAG1.0 发布后，作为高可用性网站开发的最通用标准，很多国家政府和地方政府制定网站内容可用性标准都是基于 WCAG1.0 基础上或与之兼容的可用性标准。

8.2.3.2　WCAG2.0

WCAG1.0 是个有用的指南，它对全球 Web 可用性相关的其他指导方针和规则制定产生了巨大的影响。但随着 Web 开发速度的不断加快与用户需求的不断提高，WCAG1.0 有时已经无法反映 Web 开发当前状态的一些新问题与新需求。为了解决这个问题，WAI 开发了一套全新的指南，来处理所有考虑到的问题。2008 年 12 月 17 日 WAI 发布了 WCAG2.0 最新的指南，这是目前 Web 可用性更广泛、更普遍的指导方针。

WCAG2.0 从四个原则即可感知性、可操作性、易于理解和稳定性展开来描述 12 条准则的。对每一个准则，提供了可测试的成功标准，以允许 WCAG2.0 被用在需要进行需求和一致性测试的地方，例如设计规范、采购、管理、合同协议等。为了满足不同的群体和不同的情况，定义了一致性的三个级别：A(最低)、AA、AAA(最高)。即使是符合最高级别(AAA 级)的内容也不能保证被所有类型的残疾人士，特别是在语言和认知学习领域存在障碍的患者访问。该指南鼓励作者考虑各种技巧，包括建议性技巧以及借鉴关于当前最佳实践，以确保 Web 内容可以被访问，尽可能达到社会无障碍。

WCAG2.0 指南框架由四个基本原则构成，对应 12 条准则，如表 8－1。在 WCAG2.0 中，每条准则下又分成具体实施要求，分别有 A、AA、AAA 三个级别，机构或组织在参考该准则时需要视具体情况确定自己所需要具体实施要求的级别，同时也鼓励他们能够创新，提出新的实施要求，给 WCAG2.0 提出更多更好的建议。

表 8－1　WCAG2.0 的 4 个基本原则及 12 条准则

基本原则	准则
可感知性(Perceivable)	1.1 替代文本(Text Alternatives)
	1.2 基于时间的媒体(Time-based Media)
	1.3 适应性(Adaptable)
	1.4 可辨别性(Distinguishable)

（续表）

基本原则	准则
可操作性(Operable)	2.1 键盘无障碍(Keyboard Accessible)
	2.2 充足的时间(Enough Time)
	2.3 癫痫(Seizures)
	2.4 可导航性(Navigable)
易于理解(Understandable)	3.1 可读性(Readable)
	3.2 可预测性(Predictable)
	3.3 辅助输入(Input Assistance)
稳定性(Robust)	4.1 兼容(Compatible)

(1) 可感知性原则

即信息和用户界面组件必须以可感知的方式呈现给用户。此原则下列有四条准则，分别是替代文本、基于时间的媒体、适应性、可辨别性。

准则一，替代文本——为任何非文本内容提供替代文本，使其可以转化为人们需要的其他形式，如大字体印刷、盲文、语音、符号或简单的语言。

准则二，基于时间的媒体——为基于时间的媒体提供替代。

准则三，适应性——可创建用不同方式呈现的内容(例如简单的布局)，而不会丢失信息或结构。

准则四，可辨别性——可使用户更容易看到和听到内容，包括把背景和前景分开。

(2) 可操作性原则

即用户界面组件和导航必须可操作。此原则下有四条准则，分别是键盘无障碍、充足的时间、癫痫、可导航性。

准则一，键盘无障碍——一个键盘可实现所有的功能。

准则二，充足的时间——为用户提供足够的时间来阅读和使用内容。

准则三，癫痫(网站内容混乱，不受人为控制)——不要设计会导致癫痫发作的内容。

准则四,可导航性——提供了帮助用户浏览、查找内容,并确定他们位置的方法。

(3) 易于理解原则

即信息和用户界面操作必须是可理解的。此原则下有三条准则,分别是可读性、可预测性、辅助输入。

准则一,可读性——使文本内容可读,可理解。

准则二,可预测性——让网页以可预见的方式呈现和操作。

准则三,辅助输入——帮助用户避免和纠正错误。

(4) 稳定性原则

即内容必须强大到可靠地被种类繁多的用户代理(包括辅助技术)所解释。此原则下有一条准则,即是兼容——最大化兼容当前和未来的用户代理(包括辅助技术)。

8.2.3.3　WCAG1.0 和 WCAG2.0 的对比分析

W3C 于 2008 年 12 月发布了 WCAG2.0。WCAG2.0 延续了 WCAG1.0 中的三种一致性等级,但即使 WCAG2.0 中沿用了“A”“AA”“AAA”的表示法,WCAG2.0 种的三种一致性等级与 WCAG1.0 并不是完全相同的。这意味着一个网站如果符合 WCAG1.0 的“AA”标准可能达不到 WCAG2.0 中的“AA”标准。除了这三种一致性等级,WCAG2.0 还提出了五项一致性要求,如果有某个网页或其他网络资源想要与 WCAG2.0 保持一致性就必须达到这五项要求。这些要求很具体,网站开发者和评价者需要仔细研究这些要求。

网站无障碍要求考虑到了所有残障人士的需求,包括存在视觉障碍、听觉障碍、物理障碍、语言障碍、认知障碍和精神障碍的残障人士。WCAG2.0 提出了创造和管理网站内容的技术工具,这些技术工具对残障人士具有更好的可达性,比如像屏幕阅读器这样的辅助性工具。WCAG1.0 和 WCAG2.0 的区别就在于重心从技术和代码层面转变到以用户为中心的层面,根据无障碍的四项原则,而不是仅仅满足特殊的技术标准。WCAG2.0 强调网站内容应该是可感知的、可操作的、可理解的和健全完整的。由于不同的网页技术都能适用这些标准,所以一个网站要遵从 WCAG2.0 标准就有许多不同的方法。责任机构必须保证每一个网页都能达到 WCAG2.0 的要求。WCAG2.0 使用三层评级系统来判定无障碍的级别。Single A 是最基本的,然后是 Double A 和 Triple A。Triple A 在技术层面上最难实现,但也被认为是最能为广大用户提供可达性的。然而 W3C 指出即使达到了 Triple A 的标准,仍会有部分用户在获取网站信息方面存在困难。

8.2.4 W3C 网站可及性指南在世界范围内的应用

按照该指南去设计网站内容,基本上可以克服网站设计中出现的访问障碍问题,使网站能够面向更广泛的用户群体。其主旨包括一方面确保网页上不同表现形式的信息能够被各种浏览器访问;另一方面确保网页内容的易理解性。目前, W3C 对 Internet 影响越来越大,现在已发展了超过 500 个世界范围的成员。与其他 IT 业公司(如微软、IBM)、政府和国际组织所提出的网站可用性标准相比, W3C 网站可访问性指南更为权威、规范和具体。因此, W3C 网站可访问性指南已成为各国、各级组织指导建立高可访问性网站的公认基础与参考标准。

8.3 英国政府网站可及性规范和应用案例研究

8.3.1 英国政府网站可及性规范提出的背景

英国政府关于信息无障碍规范基本上是按照"电子政务互操作框架"(e-Government Interoperability Framework, e-GIF)来实施的。e-GIF 是一系列政策和技术标准的集合体,涵盖业务互操作性、数据整合、内容管理元数据和电子服务的访问渠道等四个方面[10],目的是使全国的公共部门间实现互操作性,让政府部门通过系统互联合作来达到更高的效益;并给公民和企业提供更好的高附加值的公共服务[11],提高民众满意度。

英国政府于 1995 年 11 月出台了《残障人士歧视法案》(*The UK Disability Discrimination Act* 1995),其中第四节——教育(Education)部分明确提出残疾人享有利用信息服务的权利[12]。该法案于 1996 年、1999 年、2004 年[13]分别对服务提供商的责任进行修订,每次修改都是倾向于维护残疾人的权益。残疾人如果遇到无法使用服务或者对访问网页具有一定难度,无法获取信息和享受提供商的服务时,可以向法院提出起诉,要求该服务商对所提供的服务进行适当的调整和修改。如果服务提供商执意不改或者无法证明该服务是无法调整和修改时,则必须承担相应法律责任,法院可能会根据相关技术措施作出修正网站内容的判决。

在政府的大力支持下,同时还成立了残疾人权利委员会(DRC)和皇家全国视障人士协会(RNIB)等政府执行部门。以法案的实施为契机,英国政府明确要求要有效地推进相关政策、行动和过程的变革,从而使残障人士通过相关辅助技术享受到服务。

从2003年3月开始,英国残障人士权利委员会开始针对残障人士的网站无障碍性进行全面的需求研究,并提出正式的研究结果报告。[14]最后,政府制定了《英国政府网站指南》(*Guidelines for UK Government Websites*)[15](2003),这份规范涵盖无障碍网站开发的各个方面,比如有关的技术标准、自动测试工具、代码验证方法,以及如何让残障用户参与到设计过程中,标准的制定以W3C的WCAG标准为参考,同时结合了英国残疾人权利委员会提出的意见。其中出台了英国政府网站的无障碍建设规范,为政府网站的无障碍建设提供了很好的指导,引导无障碍技术的发展,让更多企业和政府组织参与政府网站无障碍建设。

2009年10月,英国内阁办公室下属部门COI出台了《提供包容性网站》(*Delivering Inclusive Websites*, TG102)[16]标准。该标准是为公共部门的网站所有者和多媒体项目经理提供如何建设更具包容性的无障碍网站的方案,列出了如何利用使公共部门的网页内容和网页制作工具实现无障碍的最低标准,核心是以用户为中心,在无障碍网页设计项目的规划和采购阶段都要充分考虑用户的需求。该标准在*Guidelines for UK Government Websites*[17](2003)文件基础上,更加强调网页无障碍设计可以只符合的最低标准内容,同时列举出实现最低无障碍设计标准的方法,为政府部门和项目经理提供实际指导。

与2003年出台的*Guidelines for UK Government Websites*相比,COI出台的《提供包容性网站》[18]标准存在以下区别:第一,扩大了网站的范围,把对政府网站的要求变为对所有公共部门的网站,电子服务的范围扩大,说明公共服务的主体不仅仅是政府,非政府组织也可以作为政府服务的补充部分;第二,实操性更强,政府网站指南是依据英国政府电子政务互操作框架(e-GIF)来编写的,主要关注政府网站应该提供哪些政府信息、以怎样的方式提供这些信息、如何管理这些信息、要达到怎样的要求等内容,针对性和实操性不是很强,而TG102标准的目标是通过细则告诉公共部门的执行者和项目管理者如何达到无障碍的最低标准,要求降低很多,也更易于实现;第三,政府网站指南基本上是基于WCAG1.0 设计的针对英国政府网站的方案,没有过多考虑英国的网络无障碍实际发展情况,而 TG102 是基于 WCAG1.0 和总结政府网站指南实际应用效果基础上出台的,不局限于国际无障碍规范,充分考虑英国公共部门的实际需求和困难,更能解决实际问题,将规定中不会遇到的或者很难遇到的误区都加以省略。

8.3.2 英国《提供包容性网站》

英国中央信息署出台的《提供包容性网站》,旨在为网站设计和建设人员提供实践指导,以保证政府网站对残疾人的可用性,并明确提出以用户为中心的网站无障碍建设方法。

该指南内容包括七个方面的规定:无障碍的最低限度标准、计划、采购、评估、目标用户、辅助技术、内容设计。

8.3.2.1 无障碍的最低限度标准(Minimum Standard of Accessibility)

所有公共部门网站的无障碍最低标准是符合 W3C 无障碍网页检测的 AA 一致性要求,所有新的公共部门网站必须符合这些准则的发布细则要求。

中央政府所属的网站必须于 2009 年 12 月之前实现 AA 一致性要求,包括 Directgov 或 BusinessLink 网站。由中央政府行政机构和非政府部门公共机构拥有的网站必须在 2011 年 3 月实现 AA 一致性要求。政府网站负责督促公共部门网站使用 gov.uk 域名(如何注册 gov.uk 域名参考 TG114 标准)。网站验收时不符合无障碍要求的,将可能被收回 gov.uk 域名。

目前符合无障碍网页检测的规范是需要首先满足 WCAG1.0 或者 WCAG2.0 标准的 AA 一致性标准。未来英国无障碍政策的制定和实施,将配合欧盟根据 WCAG2.0 出台的建议方案来制定。

在应用 WCAG1.0 中未包含的如 Flash、PDF、JavaScript 等内容时,需要确保使用它们能达到最适当的预期目的。例如,考虑网站受众的需求,使用这些内容能增加用户的理解。

任何一个尝试需要确保相关常用的工具的辅助功能能够被应用。在所有情况下,网站内容必须根据网站无障碍的政策来开发应用。

8.3.2.2　计划(Planning)

该指南中对于“计划”部分的规定包括无障碍的政策、无障碍的声明、帮助如何使用站点、商业案例四个部分。

关于无障碍的政策方面,公共部门的网站所有者必须制定无障碍的政策,包括体现对残疾人的关怀、解释残疾用户如何利用该网站、声明与 W3C 的一致性标准和显示出无障碍措施的发展阶段规划。在无障碍网站运行过程中要涉及:对目标用户群进行界定、用户能够使用的核心功能、表达用户需求以及如何分阶段满足这些需求的计划、如何评估网站是否成功实现无障碍的标准。如果出现对残疾用户来说访问困难或其他意外情况,政策还应包括解决这一问题的途径或者服务替代方式。

在具体实施无障碍网站设计时,要充分考虑社会、经济和技术因素。这三个因素很重要,都是为了让无障碍网站能够更好达到预期的效果,切实帮助残疾人获取信息。

8.3.2.3　采购(Procurement)

采购部分说明了采购的要求和进行无障碍软件采购的注意事项。

采购很重要,因为已经完成的无障碍网站如果因为难度大或成本高而无法给残疾人提供有效的访问的话,就会损失大量公共财政成本。避免这个问题最好的办法是确保在整个项目生命周期的前期,从采购和调试就要加以重视。

当公共部门或机构购买无障碍软件时,负责采购的员工需要对残疾人负责。为了帮助有采购需求的网站实现无障碍功能,英国标准协会和残疾人权利委员会(DRC)合作制定的公开可用规范(PAS78:2006)《调试无障碍网站的最佳实践指南》为有采购需求的开发组织和机构提供了采购时需要遵循的原则:基于万维网联盟的指南和规范、进行一致性检查、涉及残疾人需求收集和概念设计过程、安排残疾人士进行定期用户体验。

重要的是,网站需要在其整个生命周期中关注无障碍技术的实施,而不是当网站上线后才开始关注。维护和升级阶段还必须包括辅助标准。

8.3.2.4　评估(Measuring Accessibility)

评估网站是否达到无障碍的标准有两种测试方法——技术无障碍测试和用户可用性无障碍测试。技术无障碍测试决定了网站是否能兼容现存的所需辅助技术。用户可用性无障碍测试决定了网站对于目标用户(残疾人)来说是否是可用的。

在进行技术无障碍测试时,需要进行三方面测试:

(1) 自动化测试,以确定该网站是否与W3C的网页内容辅助功能准则(WCAG)的一些测试点相一致;

(2) 代码验证测试,以确定它是否坚持WCAG规范的代码,包括HTML和样式表;

(3) 辅助技术工具测试,以确定网站是否可以使用残疾人群体常用的软件工具。

在进行用户可用性测试时,要从三个角度进行:

(1) 用户体验测试,以确定实际使用中的用户可能遇到的任何有关可用性和无障碍访问的问题范围;

(2) 专家反馈,对易用性和可访问的网站进行评估,以便找到潜在的问题;

(3) 一致性的检查,以确定网站符合WCAG的一致性级别。

8.3.2.5 目标用户(User Profiles)

目标用户的界定对于理解用户的需求、偏好和使用网站能力很重要。主要有四类用户需要考虑:存在视觉障碍、行动障碍、认知障碍和聋哑的群体。

视觉障碍用户困难包括:轻微、中度、严重三个层次。

行动障碍用户困难包括:轻微、中度、严重三个层次。

认知障碍用户困难包括:中度或轻微诵读困难、轻微至中度学习或者认知困难。

聋哑用户困难包括:英国手语(BSL)的用户可能会遇到与多媒体内容或复杂的语言的问题、非信号耳聋或听力困难等。

上述分类并不意味着用户配置文件应该按照上述四种类型来开发。常用的方法是添加现有的网站已定义的配置文件,达到通用共享的目的。

8.3.2.6 辅助技术(Assistive Technology)

辅助技术是指可以帮助残疾人实现与计算机交互的任何设备或软件硬件系统。以下是一些常见的辅助工具:

屏幕阅读器:屏幕阅读器应用软件,在网页上阅读文本。大多数屏幕阅读器还可以读取图像的替代(ALT)文本。如果网页中包含的辅助功能,屏幕阅读器通常可以提供有关网页的更多信息的用户,例如通过公布标题级别或阅读完所有的页面上的链接。

盲文显示器:从屏幕阅读软件的触觉输出的硬件设备,而不是通过语音合成器输出。盲文显示器无法输出多媒体或图形内容,需要提供相应的文本替代方式。

屏幕放大镜:放大镜使屏幕上显示的图像变大。

语音识别:这些应用程序允许用户发出命令,并输入到他们的电脑交换数据。输入设备是麦克风,而不是键盘。这种软件包含了词汇和用户需要,以培养软件认识用户个人的声音。

自适应硬件和输入设备:专门的键盘和鼠标设计通常被称为辅助技术,常使用替代键盘、屏幕上的键盘模拟器、鼠标、转换器和点击设备。

8.3.2.7　**内容设计**(Content Design)

内容设计部分是给无障碍网站的设计提供的一些解决方案,不是一个详尽的关于无障碍设计方面指南的清单。因此,在可能的情况下,要针对不同的用户配置文件的影响进行区别对待。

其中需要与 WCAG1.0 指南的规定相一致的是网页的语言和文本、链接和导航、图像、色彩、层次、表格、格式、动画;

WCAG1.0 对音频和视频、Flash、非超文本文件、PDF、演示文本等软件没有做细致规定,如果涉及需要实现具体无障碍功能的情况,需要参考软件提供商关于无障碍使用的规定或建议。

关于用手机访问无障碍网站也是需要加以考虑的,可以参考 W3C 提出的 *Mobile Web Best Practices Guidelines*[19]。

8.3.3 小结

英国政府于 2004 年对政府网站无障碍规范的实施情况进行调查,通过测试 1000 个公共网站[20],主要为五类代表性网站,即政府信息网、商业网站、电子商务网站、生活娱乐网站、网络服务网站。其中 81%的测试网站没能通过网络访问无障碍的最低标准——一致性 A 级别,只有 30%的政府类网站通过 A 级别,可见在政府网站的无障碍建设方面,英国还有很多需要改进的地方。英国政府仍然坚持实施政府网站无障碍战略,并认真分析了此次调查中反映的问题,为以后的政策实施提供好的借鉴。值得肯定的是，普通人访问英国政府网站的效果大大提高，说明无障碍的战略还是有所作用的，只是对于达到残疾人访问政府网站无障碍的标准还存在差距，需要加大政策的实施力度，积极调动政府网站无障碍领域的利益相关者网站所有者、政府、网站开发者、残疾人等的积极性，实现政府网站的无障碍战略。

总的来说，英国政府在推动政府网站无障碍建设方面还是取得不小的进步，虽然最后的实施结果不尽如人意，但是这正说明政府网站的无障碍目标需要较长时间才能实现。

我国政府网站无障碍领域的研究刚刚起步，Web 无障碍访问的技术应用不够成熟，相关设计规范、法规亟待出台。虽然制定了一些信息无障碍的标准①涵盖了辅助设备、通信终端、无障碍网站、语音上网等多个方面，但还有很多问题有待解决，需要在政府的支持下，在全国更大范围内分阶段逐步推进标准的实施。

英国的政府网站无障碍建设历程可以给我国网络无障碍研究领域提供很多借鉴经验，比如如何建立政府网站的无障碍规范、怎样与国际组织 W3C-WAI 指南保持一致、怎么测试政府无障碍建设的结果、从哪些途径加快无障碍建设进程等方面。诸多方面的经验学习，都能让我国的政府网站无障碍少走一些弯路，较快建立既符合国际标准的又具有本国特色的政府网站无障碍制度，让中国 8000 多万[21]残疾人能够享受到信息服务，实现残疾人的信息公平。

8.4　澳大利亚政府网站可及性规范和应用案例研究

8.4.1　澳大利亚应用国际可及性标准 WCAG 的概况

8.4.1.1　澳大利亚对 WCAG1.0 的应用实施概况

2000 年 6 月，澳大利亚在线与通信委员会(OCC)代表所有州及地方政府表示将 WCAG1.0 作为所有澳大利亚政府网站的最佳实践标准。澳大利亚人权委

① 工信部先后发布了 5 项信息无障碍标准，分别是《手柄电话助听器耦合技术要求和测量方法》(YD/T 1889—2009)、《信息终端设备信息无障碍辅助技术的要求和评测方法》(YD/T 1890—2009)、《信息无障碍　呼叫中心服务系统技术要求》(YD/T 2097—2010)、《信息无障碍　语音上网技术要求》(YD/T 2098—2010)、《信息无障碍　公众场所内听力障碍人群辅助系统技术要求》(YD/T 2099—2010)。

员会的“人权与机会平等委员会”于2002年制定了一些建议性条款，这些条款中体现了如何将WCAG1.0标准应用于澳大利亚政府网站。WCAG2.0的提出，该委员会又对这些规范进行了更新，如今在澳大利亚人权委员会网站中现在只能找到关于WCAG2.0的建议性条款的相关内容[22]，而较早版本的关于WCAG1.0的建议性条款目前网站上无法找到相关链接。

在文件 *e-Government: Access to All* 中，信息经济国家办公室[澳大利亚政府信息管理办公室(AGIMO)的前身]负责可用性方面的直属部门于2003年出台了“最低网站标准”，对澳大利亚政府网站而言，达到WCAG1.0的“A”级标准是最低的而不是最好的可用性标准。澳大利亚很多联邦政府网站将该最低标准当作要求的标准，而一半的州及地方政府将WCAG1.0的“AA”标准当作推荐的标准。

8.4.1.2　澳大利亚向WCAG2.0的转型

2010年6月，澳大利亚政府发布了“网站无障碍国家转型战略”，战略中提出了在4年时间内向WCAG2.0转变的战略和工作计划，意在通过对WCAG2.0标准的一系列阶段性实施提高政府网站的可用性。

在澳大利亚人权委员会的“人权与机会平等委员会”第4版的建议性条款中[23]提供了网站无障碍的相关背景信息及法律事宜，向网站设计者及网站所有者提供可减少残障人士歧视的建议。此外也包括了向WCAG2.0转型的具体建议。

从WCAG1.0向WCAG2.0转变，很多符合WCAG1.0的网站不需要进行重大的改变，有些甚至不需要做改变。对这两个标准来说，虽然在组织和要求方面有些不同，网站可用性的基本事项是相同的。W3C在官网上给出了一些指导性意见帮助网站人员如何更新网站，使其从WCAG1.0向WCAG2.0转变。

8.4.2　澳大利亚政府网站无障碍转型战略

《网站无障碍转型战略》是澳大利亚政府于2010年6月出台的关于对WCAG2.0标准的采用和实施的指导性文件，意在提高网站服务，保证网络服务对所有公民可达和可用。信息无障碍性是政府优先考虑的一个方面，随着WCAG2.0的发布，澳大利亚政府着重于提高在线信息和服务的供给质量。

澳大利亚政府网站采用W3C标准已经不是第一次了，但对WCAG2.0的采用无论是对政府还是对获取政府信息的公民来说都是一个重要的里程碑。澳大利亚所有级别的政府机构都在采用WCAG2.0，并要求所有的政府网站(包括联邦、州和地方)在2012年年底达到标准所规定的最低级别即Single A,所有的联邦政府网站在2014年年底达到中级级别即Double A。澳大利亚政府信息管理办公室负责执行这个全政府战略,首要目标是联邦政府网站。同时,为了保证WCAG2.0在全国范围内的实施,澳大利亚政府信息管理办公室也领导了一个跨辖区的项目,包括州和地方。

该文件提出了2010年至2014年四年内澳大利亚政府对WCAG2.0标准采用和实施的战略和工作计划。2009年年底,ICT政府委员会采用了《网站无障碍国家转型战略》,并要求所有澳大利亚政府网站在未来4年内达到Double A(AA)的标准。这个要求适用于所有遵从财政管理责任法(*Financial Management and Accountability Act*, 1997)法案的机构,而遵从联邦机构和公司法(*Commonwealth Authorities and Companies Act*, 1997)法案的机构可以选择性采用这个战略中的要求。

在线及通信委员会也采用WCAG2.0,要求所有的联邦、州及地方政府网站在未来两年内达到Single A标准。但州和地方政府也可以在更长的时间范围内自由选择将网站无障碍标准达到Double or Triple A(即一致性级别为AA或AAA)。为了实现全国性的转型战略,所有的政府部门都要求在4年内达到Double A(一致性标准为AA)标准,而该战略也是基于4年转变到Double A标准这一基本要求的。

到2015年年初,所有政府网站应该实现网站无障碍。对某些机构来说,只要它们已经达到了该战略提出的基本要求,就可自主决定,即使达到Triple A的标准也是合理的。

8.4.2.1 转型战略实施涉及的网站范围

WCAG2.0适用于所有在线的政府信息和服务,所有的政府网站必须遵从该标准,包括政府面向公众的外网和政府内网。

所有的政府机构必须明白网站无障碍要求是对所有政府网站的要求,这个政府网站被定义为由某个政府机构全部或部分拥有或运行且在某个域名或二级域名注册,还要有独特的外观、设计、用户及目的的网站。出于国家转型战略的要求,所有政府机构需要报告包括所属政府网站内网和外网在内的网站对WCAG2.0的实施情况。任何政府机构如果不在他们的内网执行WCAG2.0标准将面临违反《反歧视法案》(1992)和其他反歧视法案的问题。

WCAG2.0将按照3个时间段实施,根据网站内容的类型和创建时间来决定WCAG2.0标准是否适用。3个阶段及相应的时间框架如下:

① 准备阶段——2010年7月到2010年12月29日;

② 转型阶段——2011年1月到2011年12月;

③ 实施阶段——2012年12月达到Single A,2014年12月达到Double A。

所有在2010年7月之后创建的网站和网页内容必须在2012年12月之前至少达到Single A。所有在2010年7月之前创建的网站和网页内容,如果要求被记录档案或已经停止运作则不需要达到WCAG2.0标准。

所有在2010年7月之前创建的网站内容如果已不在使用,但仍具有一定的重要性或不适合归档,则需要遵从WCAG1.0标准。如果某个网站内容不符合WCAG1.0标准,负责的政府机构就需要将其更新到符合WCAG2.0标准。

除了网站的结构及导航要素,所有的网站信息也必须更新到遵从WCAG2.0标准。联邦政府机构需要遵守澳大利亚政府信息管理办公室制定的在线内容要求。至少,以下信息必须保持更新并且遵从WCAG2.0:

① 详细联系方式;

② 关于该组织机构的信息,包括它的角色、立法、行政职能、构架、重要负责人及服务内容;

③ 现有的有助于公民更好地理解他们的责任与义务,权利与权益的信息;

④ 现有的政府公告、建议和业务办理情况。

政府机构需要识别网站中现有的和相关的信息,去除那些过时信息,在必要时进行归档。为了提高政府信息的透明度,并考虑到公民可能会想要获得电子信息,鼓励政府机构进行信息的在线归档。进行归档后的网页应该是出于参考、研究或文件记录的目的保存的,归档日后不得改变或更新,需要以电子库的形式储存。

网站也许不提供归档的网页,但必须明确标识出已归档的属性。政府机构不能在没有必要的情况下对任何网站内容进行归档或去除,除非该内容已被识别为过时的、多余的、不相关的或者在其他地方已经存在副本。对于任何网站的信息如果不可达,不论该内容是否已归档,只要违反了《残障人士反歧视法案1992》,政府机构就需要对这引起的投诉负责。

WCAG2.0 Single A 要求应该适用于网站任何可能的地方。如果没有WCAG2.0 的相关技术来测试某些技术或产品是否符合 WCAG2.0 的一致性,那么就不能认定该网站遵从 WCAG2.0 标准。

8.4.2.2 转型战略实施的工作计划

第一阶段:准备——2010 年 7 月到 2010 年 12 月。

准备阶段帮助政府机构决定它们是否准备好进行向 WCAG2.0 的转变和实施。机构需要实施一个系统性的评价,评价它们的网站及其基础构架、工作人员的技能和知识。要求政府机构报告准备阶段的每个步骤。澳大利亚政府信息管理办公室整合所有机构信息,提供关于转型实施的全国性进展情况,给需要帮助的政府机构提供解决策略和方案。

1. 政府机构网站盘点

政府机构利用准备阶段进行过时或多余网站的归档和清除。机构需要识别维持网站运营的关键信息和服务。联邦政府机构必须考虑澳大利亚政府信息管理办公室制定的在线内容要求、信息出版物大纲及其他相关内容管理政策。州及区政府机构必须遵守管辖区之内的网站内容管理准则。完成这个步骤之前,机构需要编译一张网站和网站服务的列表,同时也需要标注所有范围之外的网站,并形成报告。

2. WCAG2.0 一致性检查

机构需要评价所有包括在范围内的网站所处的 WCAG2.0 的等级,识别不一致或部分一致的设置。机构能够自主决定是自己评价 WCAG2.0 一致性还是要求第三方机构进行独立的评价。机构必须知道自动工具仅提供了不完整的一致性信息,还需要人工的评价。考虑到在准备阶段,机构可能缺乏必要的知识或技能进行一致性的自我评估,就需要提供一系列工具和测试方法来帮助他们。

3. 网站基本构架评估

该评估需要考虑到现有的网站生命周期和提供的相关服务。现有的和计划中的内容管理系统、出版过程和网站的工作流程也需要进行检查。另外,该评估也应该覆盖网站所使用的由第三方机构提供的网站应用。

4. 能力评估

为了识别机构目前所处的 WCAG2.0 技能水平并识别知识鸿沟,机构需要评估自己的能力。该评估有助于将来的培训需要。工作人员需要参与具体的WCAG2.0培训项目来提高自己的技能。

5. 风险评估

风险的测量基于多种因素:范围内的网站数量,当前网站处于的WCAG等级,当前的基础架构及技能。机构同样也要考虑范围之外网站的风险性。

第二阶段:转型——2011年1月至2011年12月。

政府机构在转型阶段的任务是掌握实施WCAG2.0的技能和基础,预期在2011年年底完成转型阶段,在2012年年底达到Single A标准。

1. 培训与教育

澳大利亚政府信息管理办公室致力于建设一个全政府范围内的WCAG2.0在线培训模块。其中包含了多种培训需求,有WCAG2.0给业务经理带来的业务利益,有与网站内容作者有关的基本的WCAG2.0无障碍信息,有更具体的技术应用。

2. 采购检查

政府机构需要检查所有的采购政策以保证这些政策得到更新以适用于所有的ICT采购,包括网站无障碍标准。这项工作包括检查公共采购文件和选择标准。

3. 基础架构和能力提升

基于目前达到的WCAG2.0一致性的级别及其完成程度,网站升级到符合WCAG2.0标准的过程可以是简单的也可以是复杂的。

所有与机构网站相关的内容管理系统必须进行提升来保证它们的输出能达到WCAG2.0标准。通过内容管理系统的使用,政府机构能够运用简洁的步骤在多个网站之间首次展示技术措施。

机构要保证工作人员在基于WCAG2.0要求下得到充分的培训。澳大利亚政府信息管理办公室正在考虑为服务提供者建立一系列的培训。

第三阶段:实施——2012年12月和2014年12月完成。

1. 机构实施

鼓励政府机构制定自己的实施计划:该计划能够反映本机构的需求,网站环境,并特别关注在准备阶段的风险级别。澳大利亚政府信息管理办公室为机构实施计划的实行提供指导。

一个政府机构的实施计划至少需要考虑到以下这些事项:常见事项及网站失败的关键点;关键服务,关键信息,必要的信息和业务;无障碍网站的行动计划,用来处理正在进行的关于 WCAG2.0 一致性管理,包括常规检查、监督和测试。

任何已经有网站管理战略的机构,必须接受检查和升级,从而保证这些机构网站包括与国家转型战略相关的具体的参照和任务。

2. 一致性测试

机构必须保证所有的网页符合 WCAG2.0 一致性要求。机构需要实施自己的测试机制,甚至某些情况下,可以雇佣外部专家来辅助测试工作。澳大利亚政府信息管理办公室将审查全国政府范围内的一致性自动测试工具。但自动测试工具只能测试有限的标准,人工的评判也是需要的。这就需要能够理解和应用该准则且专于网站无障碍方面的工作人员。

联邦机构需要向澳大利亚政府信息管理办公室提供一致性报告且可能得到独立的批准。一旦批准,机构将某种一致性说明应用到它的网站或将 W3C 一致性的标志展示在网站中,用来显示其达到的一致性级别。

澳大利亚政府信息管理办公室预计在 2015 年年初,通过政府信息和通信技术(ICT)委员会和在线通信委员会向政府报告这项战略在全国政府网站的建设成果。

8.5 北京市政府网站可及性规范和应用案例研究

8.5.1 北京市朝阳区网站可及性建设案例分析

8.5.1.1 网站无障碍建设概况

长期以来,朝阳区政府一直把提高弱势群体的生活质量作为政府及社区工作的重点。针对残疾人的特殊需要,从日常生活、医疗、交通、教育等多方面提供资源支持。近年来,越来越多的残疾人在社会的不断关注与自身的不懈努力下,文化水平不断提高,越来越希望借助互联网获取更多的信息,更好地融入社会。朝阳区政府借助 2008 年奥运会、残奥会在北京举行的契机,利用信息技术为朝阳区 17 万残疾人提供办事便利和信息服务渠道,同时也可为全市、全国的残疾人群体服务,体现了区政府关注民生、关爱弱势群体、构建和谐社会的理念。

朝阳区政府无障碍网站(wza.bjchy.gov.cn)于 2008 年 9 月 3 日开通。该网站是由北京市朝阳区信息化工作办公室和朝阳区残疾人联合会共同开发的,旨在利用特殊的网页技术,为残疾人群体提供办事便利和信息服务的渠道。

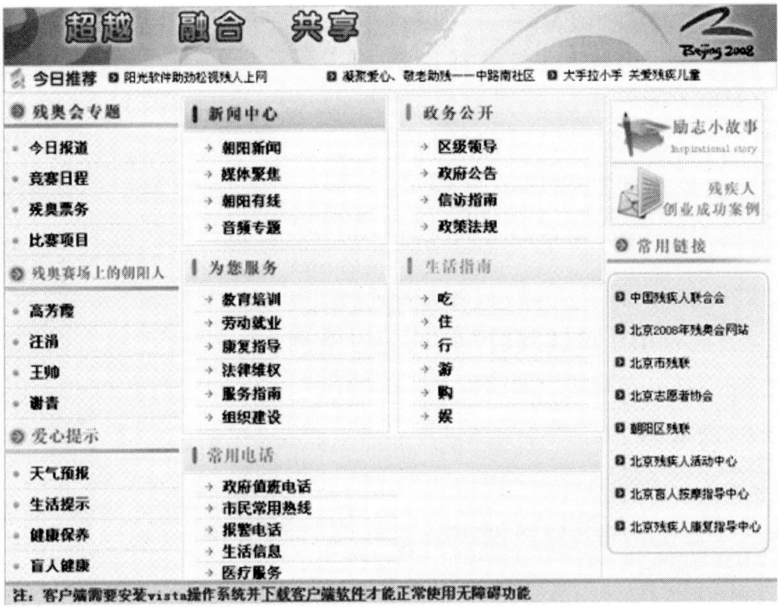

图 8－1　北京市朝阳区政府无障碍网站

该无障碍网站是针对视力障碍(或操作键盘鼠标困难)的残疾人建设的特殊网站。该网站可以通过语音方式进行交互式操作,从而实现残疾人在无人帮助的情况下,自主浏览网页。网站内容也主要根据残疾人的需要,及时发布相关的政策和服务信息:除朝阳区的残疾人群体外,北京市和国内的其他残疾人也可通过互联网访问该网站。该网站经过不断完善和试运行,目前已能够满足面向社会公开发布的要求。

8.5.1.2　网站使用特点

使用简单,使用微软 Vista 系统,下载客户端就能让盲人使用;

新闻信息更新及时,让残疾人全体尽快知道朝阳区的新闻,了解朝阳区动态;

文本信息多,方便盲人使用读屏软件,避免出现无法读取图片和视频的情形,使信息提供量减少。

8.5.1.3 网站发展建议

使用主流的操作系统。由于计算机硬件更新快,到目前为止已经更新到windows7系统。但实际上,很多软件的开发都是基于windows XP系统的,这样软件和硬件兼容性好。而Vista系统只是微软公司的一个过渡产品,使用面窄,所以下一步安装客户端就无从谈起了。

丰富新闻信息的内容,提供更多与残疾人生活、就业、教育相关的信息,而不仅仅是新闻信息。只有这样,残疾人才能真正使用好这个网站,利用到便利的信息服务,使其成为生活工作的帮手。

扩大用户群体范围。该网站目前仅是针对盲人群体,没有考虑到聋哑人、认知障碍、行动障碍的群体,实际上这些群体也为数不少,都是需要照顾到的。

8.5.2 北京市东城区网站无障碍建设案例分析

8.5.2.1 网站无障碍建设概况

东城区政府于2011年9月7日开通数字东城无障碍门户网站[24],满足了特殊人群的需求,特别为盲人、视力退化的老年人提供了更加便捷获取信息的渠道,为营造信息交流无障碍环境,树立良好政府形象、提高政府网站公共服务能力发挥了重要作用。

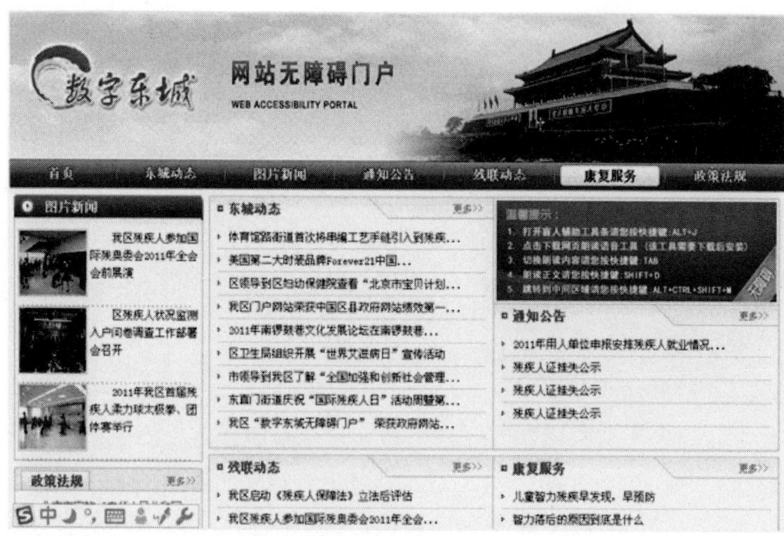

图8-2 北京市东城区政府无障碍网站

在无障碍版“数字东城”网站上，设置了东城动态、图片新闻、残联动态、康复服务、政策法规和通知公告6个板块。

8.5.2.2　网站使用特点

设置温馨提示。只要点击相应的快捷键，就能打开盲人辅助工具条，网页上的文字就能自由放大缩小，或者随意调节网页的对比度，开启拼音和文字提示功能等。这些辅助工具是为弱视等残疾人，或是视力减退的老年人特别设计的。对于完全失去视力的盲人，网站上特别安装了网页朗读语音工具，盲人下载语音软件后，只要点击几个简单的快捷键，就会有专业的女声朗读网页上的内容。

网页切换方便。提供Tab＋Enter键，支持各类主流浏览器和辅助浏览工具等功能，以及为各类残障用户提供方便理解的网页结构。

区县新闻和残联新闻动态更新及时，让残疾人更好地掌握身边发生的事和与自己相关的机构发生的变化。

8.5.2.3　网站发展建议

丰富内容、增加信息量。在现有以新闻为主的内容基础上，增加诸如就业方面的信息。

多参考W3C出台的WCAG1.0或2.0的要求，丰富信息传达的方式，基于文本，但超越文本，在色彩、图片、视频方面有所应用。

开发网络使用辅助工具。现有的网络无障碍使用工具一般是读屏软件、切换软件，没有其他的针对图片或者输入设备的使用工具。可以通过开发或者购买，增加获取信息的途径。

8.6　北京市政府网站无障碍发展对策

8.6.1　北京市政府网站无障碍发展现状

北京市政府网站信息无障碍建设基本上还处于起步阶段。从网站可利用情况看，大部分政府门户网站信息数量较多，但导航与检索功能方面设置的不尽如人意，导航条的位置设置不统一，检索系统大部分都无法提供有效服务。据2004年11月赛迪顾问对我国地级市政府门户网站的调查统计显示，能够实现使用屏幕阅读软件进行顺利访问的政府门户网站只占到调查总数的12%；而照顾色盲色弱群体的对比色设置能够称之为合理的政府门户，也仅为 15.5%；在考虑不同访问硬件条件的首页大小指标上，有 63%的政府门户需要等待的时间过长；另外 74%的政府门户网站存在布局逻辑不明晰的问题，这为存在智力残疾的群体造成了理解上的障碍[25]。可见，作为中国走在前列的政府网站，北京市政府网站迫切需要率先全面开展政府网站的无障碍问题的理论研究与实践工作，使政府网站能达到便于利用、惠及全民的目标。

值得欣慰的是，信息无障碍获取问题已经开始得到社会的关注和重视，自 2004 年我国举办的第一届中国信息无障碍论坛将信息无障碍理念从国外引进之后，信息无障碍问题日益成为社会关注并探讨的焦点，来自企业和社会组织的人士率先展开与推动了有关信息无障碍技术及产品的研究，随后第二届、第三届、第四届中国信息无障碍论坛相继召开。自 2006 年 3 月 9 日第一次中国信息无障碍标准推进工作会议召开，2007 年 8 月 8 日在北京又举行了第二次中国信息无障碍标准推进工作暨征求残疾人意见研讨会，在有关部门的领导和组织下，信息无障碍标准制定工作得到有效推进，中国信息无障碍标准体系草案已经完成，并取得了阶段性成果。政府网站的信息无障碍一定会随着社会意识的逐步加强、标准的逐步实施、技术和产品的逐步完善而得到很大的改善，这也为北京市政府网站尽早开展这方面的工作提供了契机。

8.6.2 建议和对策

总的看来，目前促进北京市政府网站信息无障碍建设的对策可以有以下一些考虑：

第一，借鉴国外的经验，加强信息无障碍相关法律法规的制定与完善。

通过对美国和欧洲各国在信息无障碍方面的举措，可以看到它们都是在制定了相关法律法规的基础上，再通过政府的强制力予以实施，来确保政府信息在各个社会群体之间的公平分配。因此，借鉴国外的经验，加强信息无障碍相关法律法规的制定与完善，将信息无障碍要求纳入政府采购法规中，保证政府信息获取的无障碍性，明确规定公众的无障碍获取信息权，是切实保障公众平等获取信息的前提，是实现信息无障碍的重要举措。

第二，加快制定和实施信息无障碍标准，构建信息无障碍合理评价体系。

加快制定信息无障碍标准，构建信息无障碍合理评价体系，这对于北京市电子政务与国际接轨,实现信息无障碍具有重要意义。只有找出北京市电子政务建设目前存在的信息无障碍症结,对于不符合标准的予以改进或处理,才能保障所有人从中受益,实现民主的政府形象。政府门户网站作为电子政务的重要组成部分,我们有必要首先按照网站无障碍标准对它进行信息无障碍评价与完善,提高政府门户网站信息的可获得性。另外,邀请一些残疾人和老年人来评论政府门户网站存在的问题,他们都会提供关于无障碍访问性和使用性方面有价值的反馈信息。

就信息无障碍标准的内容而言,应当由两大部分组成:一是对信息与技术设备的无障碍要求,它包括软件和产品两方面的无障碍性规定,软件方面要求增强软件产品相互之间的兼容性,为实现信息共享提供技术支持;产品方面要求照顾残疾人和老年人的特殊需求,如对无障碍上网技术要求、移动电话助听器符合要求及测量方法、通信终端设备语音辅助功能技术要求及测量方法等相关标准。二是对网站内容设计的无障碍要求,按照 W3C 制定的网络内容标准 WCAG2.0[26] 来制定,实现网站的可知觉、可操作、可理解和生命力。

针对于政府门户网站普遍存在的信息搜索系统落后而导致信息获取障碍难题,可以借鉴美国的经验,与 Google、雅虎等国外搜索引擎或与百度、搜狐、中搜等国内著名搜索引擎单位合作,利用专业的搜索引擎工具来提高政府信息的可获取性,进而解决政府门户网站因信息组织等技术原因而造成的信息获取障碍问题。

第三,加强对信息无障碍技术及产品的政策支持与资金投入。

美国如此快地实现了政府网站信息无障碍问题的改进,与政府对信息无障碍技术及产品的政策和资金支持有关。美国要求所有的软件在投入市场被政府购买以前,要确保各类用户使用的无障碍性,软件开发商也要承担软件能够为残疾人平等使用的责任,政府为其提供项目的立项和资金的资助。我国要对电子政务建设中出现的信息无障碍问题予以解决,仅靠法律法规的约束还不行,必须从源头上让所有技术开发商在研发技术产品、网站开发商在设计网站时将信息无障碍理念贯彻其中。而在经济与效率占主导地位的今天,仅靠技术开发商和网站开发者的自觉是无法办到的,政府可以使用法律约束和资金支持的双重政策。对于已经建成的政府门户网站的重新改造,需要花费大量的金钱,北京市可以借鉴美国在这方面的经验,利用国内外已经开发的相关网站无障碍检测软件和必要的工具,如 bobby 软件等来迅速发现并解决网站存在的影响残疾人访问的问题,比如给视听内容提供文本替代,以实现盲人等残疾人士可以通过使用屏幕阅读器来阅读整个页面的文字信息。对于开发新的政府门户网站,北京市可以结合国际互联网联盟最新的网站内容无障碍指南 WCAG1.0 和 WCAG2.0 以及利用最新的信息构建理论和创新科技,构建作为公民访问政府信息和利用政府服务的统一入口,以便为所有公民访问,不受任何限制。

第四,采用多种方式来服务于信息的弱势群体,逐步实现最终目标。

据 2007 年 7 月 18 日中国互联网信息中心公布的第 20 次调查报告显示,我国已经建立了 31 093 个政府网站,如果全部按照网站内容无障碍标准进行整改,其费用相当高。因此,我们在考虑对现有政府网站进行无障碍整改的同时,也可以考虑根据残疾人和老年人的特殊需求,建立面向它们的专门的特殊网站,提供无障碍服务。例如广东佛山禅城区政府语音网站的就是一个地区级的面向残疾人的特殊网站[27],该网站在改版的过程中,设立了国内首个为视障人士服务的政府语音网站,它附设于禅城区政府网,只需点击禅城区政府网最上端显示的“语音”栏就可进入语音网站,一切操作都可以根据语音提示进行操作,使用者只需要控制键盘上的数字键就可以选取收听内容。

就目前的状况,北京市政府可以采取分阶段实施政府网站的信息无障碍整改与建立专门针对特殊需要人群的特殊网站同步进行的方式,来逐步推进政府网站信息无障碍获取,以便最终实现政府网站的全面无障碍获取的目标。

参考文献:

[1] Brajnik, G(Year). Automatic web usability evaluation: what needs to be done? [C]. Paper presented at the 6th Conference on Huaman Factors & the Web, 2000.

[2] http://www.w3.org/standards/webdesign/accessibility, 2011-12-12.

[3] UK Presidency of the EU 2005. eAccessibility of public sector services in the European Union[R]. http://archive.cabinetoffice.gov.uk/e-government/resources/eaccessibility/index.asp.

[4] IT Accessibility & Workforce Division (ITAW) — Office of Governmentwide Policy, Section 508 Standards[R], http://www.section508.gov/index.cfm? FuseAction=Content&ID=12.

[5] 钱小龙,邹霞.美国信息无障碍事业发展概况"WCAG1.0 解读"[J].中国特殊教育,2007(6): 70-74,69.

[6] 香港将开通 200 信息无障碍网站有意推至内地[EB/OL]. CNET 科技资讯网. http://www.cnetnews.com.cn/news/net/story/0,3800050307,39408550,00.htm.

[7] W3C-WAI.WCAG Overview [EB/OL]. http://www.w3.org/WAI/intro/wcag.php.

[8] W3C-WAI Authoring Tool Accessibility Guidelines 1.0 [EB/OL]. http://www.w3.org/TR/ATAG10/.

[9] W3C-WAI User Agent Accessibility Guidelines 1.0 [EB/OL]. http://www.w3.org/TR/UAAG10.

[10] 李广乾.英国政府电子政务互操作框架(e-GIF) [EB/OL]. [2011-04-21]. http://dianzigood.blog.sohu.com/68330410.html.

[11] http://interim.cabinetoffice.gov.uk/govtalk/faqs/egif.aspx, 2011-04-21.

[12] Disability Discrimination Act 1995 [EB/OL]. [2011-04-21]. http://www.legislation.gov.uk/ukpga/1995/50/contents.

[13] Wikipedia. Disability Discrimination Act 1995 [EB/OL]. [2011-04-30]. http://en.wikipedia.org/wiki/Disability_Discrimination_Act_1995.

[14] 钱小龙,李伟.政府门户网站无障碍建设规范研究:英国的经验[J].电子政务,2010(2): 101-108. http://webarchive.nationalarchives.gov.uk/20081107164432/archive.cabinetoffice.gov.uk/e-government/resources/handbook/introduction.asp.

[15] http://coi.gov.uk/guidance.php? page=129.

[16] http://coi.gov.uk/guidance.php? page=129.

[17] http://webarchive.nationalarchives.gov.uk/20081107164432/archive.cabinetoffice.gov.uk/e-government/resources/handbook/introduction.asp.

[18] http://coi.gov.uk/guidance.php? page=129.

[19] W3C Mobile Web Best Practices Guidelines [EB/OL]. http://www.w3.org/TR/mobile-bp/.

[20] The DRC report into UK web accessibility [EB/OL]. [2011-04-30]. http://

isolani.co.uk/blog/access/Drc ReportOnUkWebAccessibility.

[21] 2006年第二次全国残疾人抽样调查主要数据公报(第二号)[EB/OL]. http://www.cdpf.org.cn/sytj/content/2007-11/21/content_74902.htm.

[22] http://www.humanrights.gov.au/disability_rights/standards/www_3/version3_2.html.

[23] http://www.hreoc.gov.au/disability_rights/standards/www_3/www_3.html.

[24] 数字东城无障碍门户网站[EB/OL]. http://access.bjdch.gov.cn/n5687274/n9914994/index.html.

[25] 武晓鹏.政府门户网站　如何实现无障碍[EB/OL]. eNet硅谷动力. http://www.xinxuyao.com/access/information/200605222099.shtml.

[26] World Wide Web Consortium [EB/OL]. http://www.w3.org/TR/WCAG20/.

[27] 王鹰,张智轩.广东佛山盲人也能上网冲浪[EB/OL].佛山日报.[2007-03-16]. http://www.echinagov.com/echinagov/redian/2007-03-16/12759.shtml.

9 可用性规范及案例分析

在之前的章节中，我们使用“可用性建设规范”的概念，统称围绕着保证政府网站信息可用性而建立的一系列标准和规范，是为了促进和实现政府网站有效、高效和用户满意的目标而建立的相关的标准和规范，比如 accessibility 规范、网站建设规范等；而“可用性建设规范”中包含了一种专门针对政府网站可用性的操作规范，我们按照国际惯例，称为“可用性规范”。因此，本书中“可用性建设规范”是个大概念，泛指能够有效保证政府网站信息可用的相关的一系列规范，而“可用性规范”即 Usability 规范，专指其中的一种直接以可用性为目标的操作规范。

国际先进国家电子政府实践中，各个国家的做法不尽相同，有些国家是在 Usability 规范中设定 accessibility 或者网站建设方面的内容，有些国家是同时具有网站建设规范、Accessibility 规范和 Usability 规范等多种规范，而实际观察发现，后者居多。

本章所论述的可用性规范是指政府专门针对可用性(usability)所制定的规范。

9.1 政府网站 Usability 规范的建设状况

前文已经阐明政府网站可用性的定义，可用性是保证用户能够快速而方便的完成任务，达到特定目标的效力、效度和满意程度的重要基础。在不同国家，建立一套政府网站可用性规范是推动电子政务不断发展的重要手段。

9.1.1 Usability 规范的作用和价值

Usability 规范建立对政府网站具有作用和价值。

1. 对于网站而言

随着电子政务的不断发展，政府网站的信息访问量也在逐年增加，人们越来越重视利用政府网站来了解时事、了解当前经济状况、理解政府公开的政务信息、寻找就业机会，以及当前最新的政策等。建立一个 usability 规范对政务网站本身而言是非常有价值的，主要包括：① 快速满足用户需求，提高效率和用户满意度；② 增加用户访问量，赢取商业价值，增加销售和收益；③ 奠定良性基础，降低时间和维护成本，网站扩展性强；④ 简单实用，对用户使用要求低，降低用户培训和支持成本；⑤ 让民众参与政务网站建设，让政府和民众结合更紧密；⑥ 建立行业规范，为未来其他政府网站的建立和发展提供一个参考模式。

2. 对于用户而言

随着用户越来越习惯使用政府网站，规范性在政务网站的应用对用户而言也是一个福音，主要表现在：① 快速找到自己所需信息，较少搜索时间，提高信息获取效率；② 能参与网站建设，提供个人建议和意见，更好地监督政府；③ 更有效率地利用政府网站的资源来实现自己的目标，如投诉、发送 E-mail 及寻找就业机会等。

为了进一步了解 Usability 规范建立对政府网站的作用和价值，我们看看美英澳三国对该规范的利用效果。

1）美国

美国政府网站 Usability 规范是相当完善的，最重要的代表就是 Usability.gov 的投入使用，并发布了 *The Research-Based Web Design & Usability Guidelines*[1] 作为指导规范。Usability.gov 是一个专门为可用性和网站设计提供基本官方资源的网站，它为如何做出一个更实用的网站或者其他交流系统提供了指导和相关的工具。该网站被开发出来主要是为了帮助网站管理员、网站设计者、可用性专家或者其他用户开发出一些高度负责、易于使用并且实用的网站。

Usability 规范的建立对于美国政府网站具有重要的作用。作为美国最大的信息生产者、采集者、消费者以及传播者的联邦政府，越来越多的市民通过政府网络获取信息和服务，从而提高日常生活质量。PEW 研究中心[2] 发现，在 2003 年有 970 万美国民众，或者说约 77%的网络用户，利用了电子政务，包括访问官方网站和发送电子邮件。这个数据与 2001 年相比，增长了 50%。据研究表明[3]，人们在网站浏览信息的时候大约有 60%的时间查找不到所需信息，这导致了时间浪费、效率降低，增加了挫败感，减少了回访率，网站的流量会因此下降，从而损失了商业价值。Usability 规范的建立期望提高效率和客户满意度，增加销售和收益，减少时间成本和维护成本，降低培训和支持成本。

联邦政府机构网站经过 usability 规范设计后，不仅呈现市民的日常生活信息，让公众参与在线网站开发建设，还包括报道一个网站如何满足用户需求，这个细节就是反映了对可用性的重视，原因也是多方面的：

(1) 未来政府网站的访问量将会持续增长。更多的访问量意味着更多的工作量、问题、邮件、抱怨和电话呼叫等，特别是当政府网站不容易学习使用或者不能快速满足用户需求时，问题更甚。

(2) 联邦政府网站管理者们倡议政府建立一个更高的标准如电子政务法和总统管理议程以要求联邦机构体现以民为本的方法并实施以业绩为基础的措施。

(3) 资源正在递减，而我们正被要求以更少的资源做更多的事情。第一次正确设计好一个网站，将为未来长久提高工作效率奠定一个很好的基础。

Usability.gov 规范体系在联邦政府网站的地位是如此之重，已经被美国公共管理与预算办公室(OMB)支持的网络管理员咨询委员会考虑为最佳实践，保障网站的可用性和有用性。许多其他具有前瞻性思考意识的政府机构网站，例如卫生与人类服务部、服务管理总局、社会安全管理总局、劳工统计局、人口普查局、国土安全局和国税局，都保证将可用性考虑到网站开发周期中去，通过纳入到电子政务举措、面向公众的 Web 站点、Web 应用程序、企业内部网、手持设备等，确保其高度敏感性，并同时满足机构和用户的需求。关于该规范的分析，将在后面一节中具体论述。

2) 英国

英国政府网站的 usability 规范发布跟美国不同，采用指南的形式颁布了 *COI Usability Toolkit*。通过这个规范，指导了那些包括政府网站在内的所有的公共部门的网站编辑者和网页内容开发者，并对每个模块进行了文字、图片和视频的讲解，很大程度上将可用性的意识注入了政府网站，强调了政府网站可用性的重要性，为政府网站可用性建设提供了很好的模板，对政府网站存在的可用性问题进行了新的解读。

COI Usability Toolkit 包括8个大板块，21个模块。每个模块简明扼要，只需要5～10分钟就能阅读并理解，同时用许多图形形象地指出政府网站可用性的一些好的做法和不好的做法。该规范的发布是由于一项调查研究，2008年英国中央新闻署(COI)委托英国信息专项小组对使用政府网站的用户进行了用户体验调

查,此外为了保证该调查的高度准确性,邀请当时著名的政府网站诸如 Directgov、Business Link、NHS Choices、COI 等相关方面的专家进行了对应性的测试。

COI Usability Toolkit 公布以后,保证了政府在可用性方面的意识和政府网站相关产品质量。例如简化用户在使用网站导航、利用 Google 搜索引擎去查找网站、增加网站用户可选语言等。这些指南具有很好的实践指导意义,每一个模块很少有专业术语出现,非常容易理解,为解决英国政府网站出现的一些常见的不符合用户可用性的现象,提供了很好的解决方法。同时,为非技术背景的政府行政官员在评估网站是否符合可用性标准时,提供了很好的指导和借鉴。关于该规范的分析,将在后面一节中具体论述。

3) 澳大利亚

澳大利亚联邦政府的对 usability 规范的重视程度也很高。政府机构使用了一系列的技术进行信息更新,提高服务和管理。在那些优秀的在线服务的案例中,有一个共同的特点,就是它们随着用户的需求和喜欢不断发展,并随时间不断进行评估和改进。用户测试在这个提高和评估过程中显得很重要,并且有助于保证在线服务尽可能的有效。

通过早期和持续的可用性测试,能获得大量的好处,这些测试包括:

① 增加生产力

② 减少用户培训需求

③ 减少平台帮助和技术支持需求的呼叫

④ 降低用户错误率

⑤ 降低与后期设计相关的编程成本

⑥ 减少维护成本

为了检验用户网站可用性体验,澳大利亚联邦政府还在政府网站设立了一个 60 秒问卷[4],收集用户对政府网站设计、易用性、信息质量的反馈。这些工作的开展,都是将 usability 真正实施到网站设计运营中去。

除了澳大利亚联邦政府,各个州政府也是相当重视,相继制定出 usability 规范。例如塔斯马尼亚州政府[5]发布了 *Tasmanian Government Web Usability Guidelines*[6],实现整个政府的可用性需求。这个指南主要提供了两个方面的作用:一是整个政府实用性要求的实施的实用的建议,以及机构在网站发布信息时如何来更好地实现可用性的建议；二是这些指南在与塔斯马尼亚政府的网络出版参考组协商中不断得到发展。现在机构间指导委员会(IASC)已经同意塔斯马尼亚政府机构使用这些指南。

又如西澳大利亚州公共部门委员会[7]发布了 Usability 规范 *Website Governance Framework-Website Usability Guideline*[8]，这个指南认为读者对最基本的网络技术和设计有一定的基础，聚焦于非技术问题，并打算作为一个总结网站关键方面的便览。同时，还包含了指向其他综合信息的链接。

9.1.2　Usability 测试的工具和方法

Usability 测试的方法有很多，根据网站建设要素分成五类，分别是用户需求、信息构建、网站设计、网站内容、网站评价，具体如表 9－1 所示。

表 9－1　Usability 测试方法

网站建设流程	
用户需求	• 情景测试 (Contextual Interviews) • 焦点小组 (Focus Groups) • 个人访谈 (Individual Interviews) • 任务分析 (Task Analysis) • 在线调查 (Surveys (Online)) • 特定人物 (Personas)
信息构建	• 卡片分类 (Card Sorting)
网站设计	• 用例 (Use Cases) • 并行设计 (Parallel Design) • 原型模拟 (Prototyping)
网站内容	• 撰写网页 (Writing for the Web)
网站评价	• 启发评估 (Heuristic Evaluation) • 可用性测试 (Usability Testing)

1. 卡片分类

卡片分类允许用户对网站信息进行分类，同时有助于提高网站架构与用户的思维的契合度。参与者从网站中审查项目，并按照一定类别分组，设置为这些分组设定标签。卡片分类帮助网站建立结构，决定网页首页内容及其分类标签，同时确保网站信息的组织符合当地用户的思维模式。

卡片分类法包括两种方式:开放式卡片分类法,允许用户对卡片进行自由归类并对每一组归类好的卡片组进行命名;受限式卡片分类法,只允许用户将卡片归类到已经定义好的类别目录中,并无对类别进行自由定义的权限。卡片分类法可以通过现场观察、基于电脑的远程会话来进行。卡片分类法有助于更好地建立网站架构,设计主页,布局页面,使其符合用户的逻辑思维,它能使用在网站设计的全部流程。

卡片分类工具在进行分类逻辑处理时,最常见的是采用聚类分析方法,只是使用的聚类算法略有不同。例如 Optimal Sort 使用的是基于相似性矩阵的模糊聚类算法,而 uzCardSort 采用的是非层次聚类。在系统的兼容性方面,以浏览器为依托的分类工具对系统配置相对要求较低,更便于用户使用;此外, uzCardSort 可以兼容多种操作系统,可以满足大型卡片数据分类的需要。大多数的卡片分类工具都提供了用户信息获取模块,可以根据不同的标准对分类结果进行查看,便于更好地获取特定用户群体的分类需求。

其他卡片分类工具的相关情况如表 9-2 所示。

表 9-2　卡片分类测试工具

工　　具	分类方式	分类算法	运行平台	是否免费
Optimal Sort	开放式/封闭式	相似矩阵,聚类分析	网页	否
Websort	封闭式	聚类分析	网页	是
xSort	开放式/半开放式/封闭式	聚类分析	网页	否
CardZort	—	聚类分析	客户端,仅支持 Windows	否
uzCardSort	—	聚类分析	客户端,兼容 Windows/Mac/Linux	是
Socratic Card Sort	封闭式	聚类分析	网页	否

2. 情景测试

该方法主要是面对客户进行采访,在自然状态下观察用户,从而能更好地了解用户的工作方式。该方法主要应用于分析阶段。

3. 焦点小组

该方法主要是与一群用户进行适当的讨论,以使自己了解用户的态度、想法和期望,获取用户需求。该方法能随时获取用户的需求,所以主要应用于分析和设计阶段。

4. 启发式评估

启发式分析是一种为计算机软件做可用性检查的方法,以找出在 UI 设计时存在的可用性的相关问题。启发式分析一般是由一到三个分析员来执行,主要是对 UI 进行检查,发现其是否与可用性的原则相符,再将结果反馈给设计者。这样既有利也有弊。好处是能快速给设计者反馈珍贵的分析资料,使得设计者在设计过程中避免相关缺陷;坏处是对分析员的知识和经验有一定的要求,这样的专家比较难找或者成本比较高。目前,启发式分析中应用比较广泛的有 Nielsen's Heuristics 和 Gerhardt-Powals Heuristics。该方法主要应用于分析和测试阶段。

5. 个人访谈

该方法是单独地与用户面对面交流,能使你了解一个特定的用户的工作方式,并且能够通过调查获取该用户的态度、想法和期望。该方法简单实用,不需要特殊的工具,能应用于分析、设计和测试整个网站设计的流程。

6. 并行设计

不同的人首先独立地做一个初始的设计,然后再一起交流讨论,设计组最后根据大家讨论的结果选择一个最好的设计或者改进后的设计作为最后的方案。这样每个人对设计方案都能贡献自己的想法,大量的设计方案能促进最后的方案的形成并提高其质量。该方法主要应用于设计阶段。

7. 人物角色

一种人物角色代表了你的网站中一种特定的用户群,该用户群可能拥有相似的年龄、教育背景、经济状况或者家庭状况。区分用户群有助于定位不同用户群的目标和需求,减少设计周期。通常都是选择一个人物并通过他的照片来代表一个用户群。该方法一般应用在设计的阶段。

8. 原型模拟

Prototype 是网站的最初版本, prototype 允许设计团队在真正执行前尽情提出对网站设计的最初想法,可通过草稿、少量的图片或网页或者是有完整内容的网站来展现自己的想法。该方法在执行时一定要尽早,因为相对于设计好网站后,在设计好之前去修改网站要花费的代价要低得多,同时在设计过程中也能从用户随时获得对网站设计的看法的有效反馈。该方法主要应用于设计和测试阶段。

9. 在线调查

在网络通过设计问卷在线调查不同的网站用户,这样能帮助了解哪些用户将会访问,有助于定位出网站的用户群。该方法在网站设计的全流程中也能被有效地使用。

10. 任务分析

任务分析是一种对用户的需求和目标进行的分析的方法。用户的目标主要包括用户在你的网站上想做什么,用户在你的网站上将会执行什么任务。

11. 可用性测试

可用性测试时一种利用相关用户通过测试来分析一个产品的技巧。在测试会中,这些用户将会尝试完成特定的任务,同时有人将会观察、听并做记录。测试目标是发现可用性问题,收集用户在测试表现的相关数据如完成任务时间、出错率等,并决定用户对网站是否满意。可用性测试要求尽早地并经常地进行,这样能使设计者尽早修正问题,降低成本。通过可用性测试,可以发现用户是否能完成特定任务,完成任务的表现怎么样,用户是否对网站满意,再根据这些来对网站做出相应的改变,同时也可以根据用户表现来发现该网站的可用性是否符合标准。在这个方法中,一定要注意:测试的是网站不是用户;尽可能利用你所了解的东西;寻求最好的解决方案。该方法适用于分析、设计和测试阶段。

12. 用例

用例主要包括两个部分,用户在网站完成某个特定任务会采取的一些步骤和网站对用户的行为采取什么样的回应。该方法主要描述用户与网站之间的互动性,这样能使网站动态的获取用户的实时需求,以便能及时响应。该方法主要应用于设计阶段。

13. 撰写网页

一个页面要根据用户在线阅读的方式来布局,例如包含大量的内容、使用项目符号列表、将关键内容放在显眼的地方等。用户在线阅读时,一般都是扫描相关的词汇再进行信息匹配，并不会阅读全部的信息，因此在布局页面时，要组织好页面的内容，突出关键内容，描述清晰简洁，让用户能快速准确找到自己所需的信息。该方法主要应用于设计阶段。

在这些测试方法中，会用到一些基本的测试工具，通过网络都可以找到可用的资源，具体如表9-3所示。

表9-3　Usability测试工具

类　　别	方　　法
卡片分类 (Card Sorting)	Optimal Sort http://www.optimalworkshop.com/optimalsort.htm
	Websort (Web-based) http://websort.net
	xSort (Mac only) http://www.xsortapp.com
	CardZort (Windows) http://condor.depaul.edu/jtoro/cardzort/index.htm
	uzCardSort (Cross Platform) http://uzilla.mozdev.org/cardsort.html
	Socratic Card Sort (Web) http://www.sotech.com/main2007/eval.asp
内容库存整理 (Content Inventory)	Excel (Microsoft; Mac) http://www.microsoft.com/mac/excel
	Excel (Microsoft; PC) http://office.microsoft.com/en-us/excel/default.aspx
	Numbers (Apple; Mac only) http://www.apple.com/iwork/numbers
站点地图和线框设计 (Site Map Diagrams and Wireframes)	Fireworks CS4 (Adobe; Mac and PC) http://www.adobe.com/products/fireworks
	OmniGraffle Professional 5 (The Omni Group; Mac only) http://www.omnigroup.com/applications/OmniGraffle
	Visio 2007 (Microsoft; PC only) http://office.microsoft.com/en-us/visio/default.aspx

（续表）

类　　别	方　　法
调查设计 (Surveys)	Survs (web-based) http://www.survs.com
	Survey Monkey (web-based) http://www.surveymonkey.com
实验室可用性测试 (Lab-based Usability Testing)	Morae (Techsmith; PC only) http://www.techsmith.com/morae.asp
远程可用性测试 (Remote Usability Testing)	UserVue (Techsmith; web-based) http://www.techsmith.com/uservue.asp
信息架构分析 (IA validation)	Treejack, Tree testing http://www.optimalworkshop.com/treejack.htm
热图分析 (Heatmaps)	Chalkmark, First Click Testing (first impression heatmaps) http://www.optimalworkshop.com/chalkmark.htm
网页分析 (WebAnalysis)	The Web Category Analysis Tool (Web) http://zing.ncsl.nist.gov/WebTools/WebCAT/overview.html

从表 9－3 中选择几个类别用作研究案例。

1. 实验室可用性测试

Morae[9]是一款实用的实验室可用性测试，它为网站开发者提供了实时和生动的用户体验测试。该工具主要分为记录器、观察和管理员三种功能。其中，记录器用以捕捉测试对象的视频、音频记录，以及实时的屏幕操作及其他外设输入数据；通过观察窗口，开发者可以实时观察到测试者的网站体验过程，生动形象，并可以利用该工具做相应的记录和标注。开发者可以通过管理原界面对上述记录进行查看和分析，这部分也提供了图表自动化的功能以及视频分享接口，大大节约了分析和报告的效率。除了网站可用性测试之外，Morae 也可用于软件、移动设备硬件、纸质复印件的测试工作。

2. 信息架构分析

Treejack[10]为网站设计者提供了一种网站架构评价的方法，在一定程度上可以看作是界面设计前对卡片分类结果的反向验证。该工具无需提供任何视觉性的网站设计呈现，包括导航栏、布局图片等等，仅仅依赖于网站地图的树形大纲，用以获取网站的主题、二级标题等分类情况，通过用户测试的方式获取使用者的认知情况。在测试过程中，系统会自动记录被测试者在执行指定任务时的搜索路径，通过统计方法计算用户的正确完成率、花费时间，并且可视化地展现了用户搜寻路径的分布情况，以发现网站架构设计中潜在的问题，从而为网站信息架构的优化和调整提供依据。图 9-1 所示是网站提供的测试者搜索路径的范例。

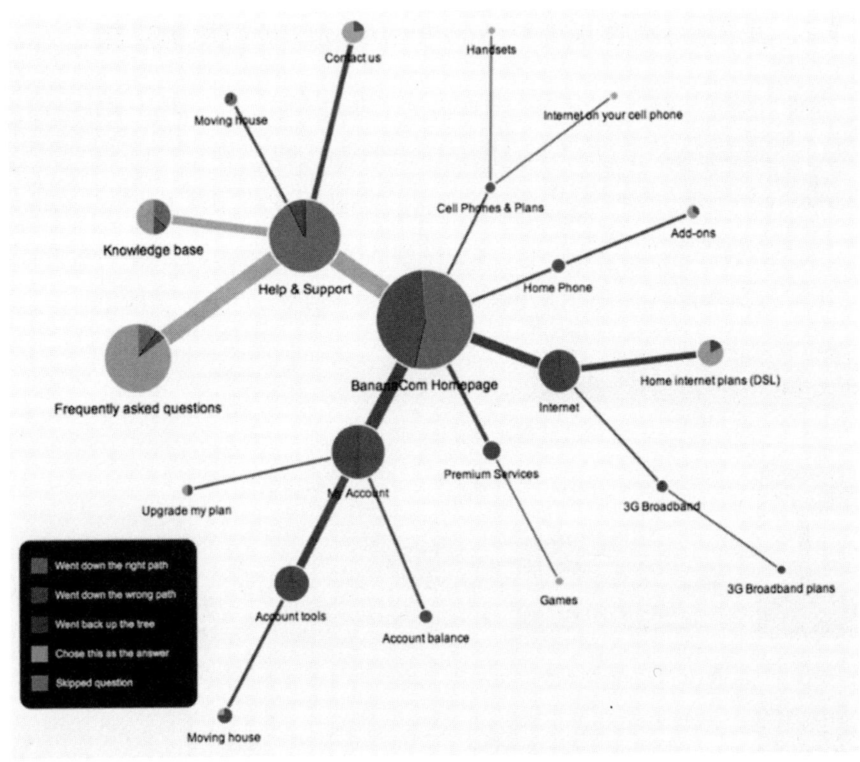

图 9-1　信息路径图[11]

如图 9-1 所示，从主页出发的流向有帮助和支持、个人账户、保险服务、互联网等几个支流，在这些页面显示后，又继续转入下一层级的子页面，并分析在子页面的用户操作习惯，从而形成了一个典型树状的分布图，直观反映一个用户进入 BananaCom 的每一步操作，有助于进行页面统计和流量分析，从而不断改进页面可用性。

3. 热图分析

Chalkmark[12]和上述的 Optimal Sort、Treejack 同属于 Optimal Workshop。工具利用用户上传的网站图片以及网站功能说明，对被调查者进行相应的任务导向测试，辅助网站优化网页布局和结构，从而提升网站的易用性。在测试过程中，系统会自动记录被测试者接受每一项指定任务后的外设输入数据，通过统计方法描绘出用户热区，从而为网页布局优化提供建议和帮助。

9.2 美国《可用性指南》(*Usability Guidelines*)案例研究

Usability.gov 网站专门从两个方面提供了有效方法。其一是从网站建设过程中，以项目为出发点考虑；其二是从网站建设工具中，以任务为出发点考虑。这两种思路既包含宏观上的统筹，也包含微观上的控制，多维度阐释了提高网站可用性的方法。该网站对如何成功地设计一个可用性高的网站给出了一个科学的流程：计划项目、分析当前网站、设计新网站、测试并完善网站，如图 9－2 所示。

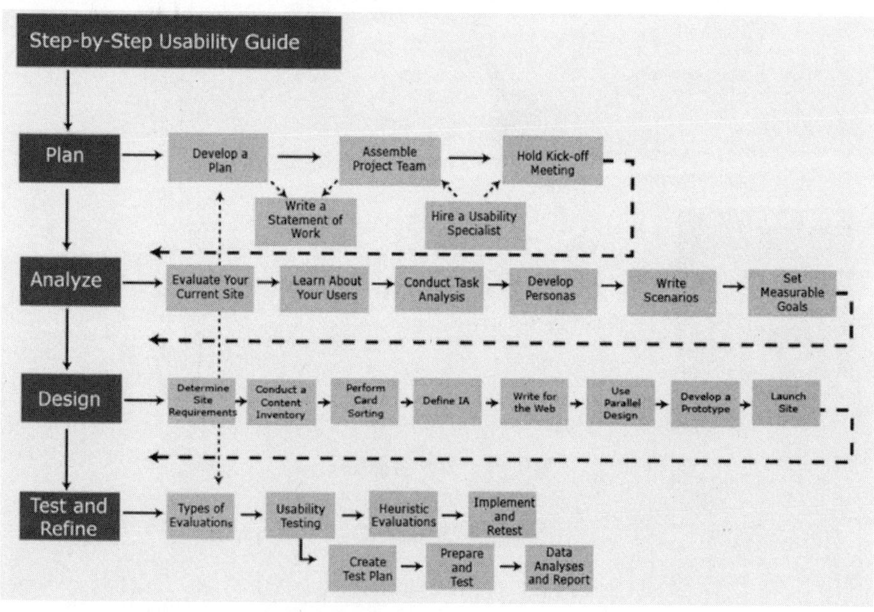

图 9－2 用户中心设计指南和 Usability.gov 可用性指南①

① 图片来源：http://www.usability.gov/how-to-and-tools/resources/ucd-map.html。

1. 项目计划

项目计划这个流程非常关键，因为它能明确目标、定位用户人群，并计划好可用性的相关要素。完善的项目计划可以在框架上体现可用性理念，并且提高网站建设效率。

在这个流程里，Usability.gov 分步骤地解释了每一步应该做的工作和所要达到的预期目标。首先提出一个计划，这个计划是网站建设的宏图，包括确定设计网站的目标，实现该目标的时长、需要的资源及成本。然后组建团队，根据项目设计的范围确定一个团队的人数，拥有不同技巧的人组合在一起分别实现项目中不同的功能，能有效地保证项目顺利的进行。其后启动项目会议，在启动会议上互相交流对当前网站的看法，以达成共识并初步提出一个如何设计新网站的计划。之后再进行工作陈述，陈述自己能胜任的工作并完成的期限，这样有助于负责人能提出一个方案并进行成本估算。最后雇佣可用性专家，需要对该专家的个人技能和背景进行严格的考核以确保该专家合格并能胜任工作。

2. 分析当前网站

当高质量地完成了计划项目这个流程后，要开始分析当前网站，首先要分析自己当前网站运行的质量，同时要制定可测评的可用性目标；然后要了解新网站定位的潜在用户，他们可能会是客户、消费者、学者或者是其他公众人士；之后要对这些潜在的用户的需求进行分析，这些需求还包括用户为了实现特定需求而必须先实现的需求，可根据分析用户的经济、社会、文化和技术背景对用户的需求进行定位。根据这些不同的需求，要清晰地定位出不同的用户群，必须要有丰富的内容和故事，以满足用户对网站提出的问题、任务等需求。

3. 设计新网站

当决定设计网站的时候，应该对网站的特点、功能、和内容设定要求。卡片归类法能够让用户有逻辑地组织网站，网站指南能够有助于将有用且可用的内容放置于网站上。在平行设计的帮助下能将好的设计想法付诸实践。

4. 测试并完善网站

在测试网站的时候，最重要的是早期测试、经常测试。在旧网站上进行基准测试，包括导航火热内容。有代表性意义的网站用户进行网站测试是了解网站帮助用户完成任务和问题得到解决的最佳方式。

在具体的网站设计实施中，Usability 指南[13]涵盖 18 个方面的内容，包括设计过程与评估(design process and evaluation)，优化用户体验(optimizing the user experience)，注重可达性(accessibility)，硬件和软件(hardware and software)，首页设计(the homepage)，页面布局(page layout)，导航(navigation)，滚屏与分页(scrolling and paging)，标题、名称与标签(headings、titles and labels)，链接(links)，文字表现(text appearance)，列表(lists)，屏幕控制(screen-based controls)，图形、图片与多媒体(graphics、images and multimedia)，网站内容编写(writing web content)，信息组织(content organization)，搜索(search)，可用性测试(usability testing)。前文可用性规范中已对这些内容有了详细的阐述，在此不加赘述。

以美国的 USA.gov[14]首页为例，来深入研究 usability 规范的使用案例，如图 9－3。

图 9－3　美国 USA.gov 网站

USA.gov 首页在常用的操作系统诸如 Windows、Linux、Mac 可以正常展现,对于浏览器也没有特殊的限制,适合普通用户的正常使用。

从整体上来说,USA.gov 首页设计非常简洁大气,采用白色作为底色,没有紧密罗列的内容,给用户一种舒适自由的感觉,保证用户对网站的好感度,增加吸引力。下面,我们按照自上而下、由左至右的顺序从局部阐述 USA.gov 的规范化设计。

Home 的固定导航,无论出于哪个页面,哪个层次,都能轻而易举地回到首页,用了顶部导航

Home | FAQs | Site Index | E-mail Us | Chat | FREE Publications

底部导航

Home | About Us | Contact Us | Website Policies | Privacy | Link to Us

对于页面内容主体导航条,则用统一的深蓝加粗字体,与上面两个导航区分开来,同时,点击其中一个选项,会通过背景色变化的形式告知用户当前位于哪个版块。突显版块内容的时候,采用浮动的页面,将子目录中的文字链接分类排序,查找信息更加快速。虽然也有颜色的标注,但是并不是绝对以颜色来区分类别的,确保了没有颜色也能传递同样的信息。(如图 9－4)

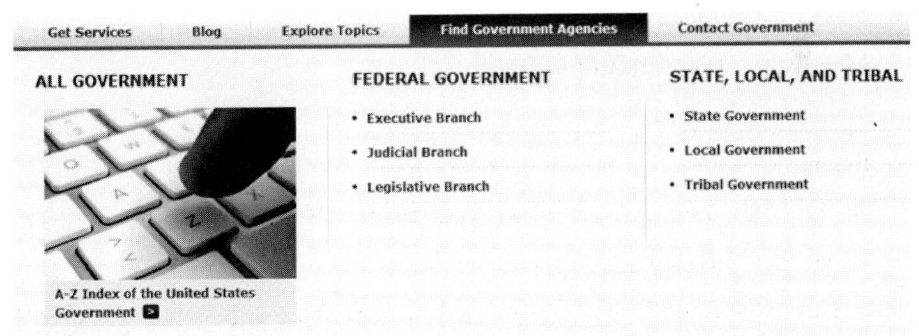

图 9－4　USA.gov 页面内容主体导航条

页面右上角是为用户提供的帮助,有三种:订阅邮箱更新、文本大小和语言选择。这是优化用户体验的表现。这个语言选择是西班牙语,因为考虑到西班牙语是美国境内继英语之后第二大广泛使用的语言。

Get E-mail Updates | Change Text Size Español

在改变字体大小的过程中，还针对不同浏览器做了差异化处理，满足不同用户环境下都能都到最佳的视觉享受。这里涵盖了最主流的几种浏览器：Chrome、Firefox、IE、Netscape、Opera 和 Safari。可以说，这是满足用户使用政府网站的软硬件环境改变需求的支持和服务。

Chrome

In the Page menu, select Zoom. Zoom>Larger

Firefox

In the View menu, select Zoom. View>Zoom>Zoom In

Internet Explorer

In the View menu, select Text Size. View>Text Size>Largest

Netscape

In the View menu, select Text Size. View>Text Size>Increase

Macintosh shortcut: Command+

Windows Shortcut: Ctrl++

Opera

In the View menu, select Zoom. View>Zoom>%

Macintosh Shortcut: Command+

Windows Shortcut: +or 0

Safari

In the View menu, select Make Text Bigger. View>Make Text Bigger

Macintosh Shortcut: Command+

USA.gov 的 Logo 是非常突出的，表明了政府网站的域名，也宣告了其价值是"Government Made Easy"。这是一个嵌入的图片，通过点击这个 Logo，可以直接进入到政府网站的首页，成为一个图像导航。(如图 9－5)

图 9－5　USA.gov 网站 Logo

页面搜索框用了放大镜，代表求知的意思，并将搜索语提示置于搜索框中，输入检索词后随即消失，这样既有鲜明的提示，又节省了空间。

整个页面主体内容部分分为两个层次，主导航栏下是专题报道预告和推荐话题，再下一行则是三个相同大小的信息栏，针对的是对用户的考虑。文字与图像的搭配恰到好处，避免图像过大导致加载费时，并且字体统一公正，粗细分明，体现出级别差异和重要性差异。

页面主体大图是一个可动态选择的，根据左右两边的箭头，用户可直接选择，或者通过下方的小控件和页数来实现，给人感觉清新明快。（如图 9－6）

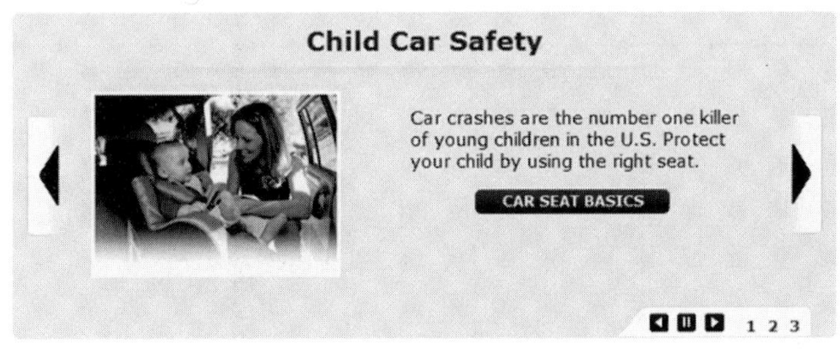

图 9－6　USA.gov 网站页面主体大图

三个信息栏布局类似，搭配图标的使用更加形象。用鲜艳的红色背景链接框引导用户寻找更多的信息，表明这只是内容简介，感兴趣的话可以进一步了解。这种视觉突出，既能满足用户对特定内容的获取，也显示了政府对于这个话题内容所研究的深度。（如图 9－7）

图 9－7　USA.gov 网站三个信息栏布局

页面提供了用户参与的方式，表明用户不仅仅是旁观阅读者，也是提供评价或者建议的参与者，是有权利监督政府网站建设的。

最下方，还有一行小字提醒用户，表明该网站的地位和作用，增加网站的可信度，告知网站用户可以放心浏览网站内容。

USA.gov is the U.S. government's official web portal.

通过上面对 USA.gov 主页的分析，来总结一下这个页面对规范的使用情况，见表 9－4。

表 9－4　USA.gov 规范总结

内　容　分　类	是否规范化	USA.gov 首页规范表现点
设计过程与评估	√	• 提供有用的内容 • 导航、内容、组织符合用户期望 • 多样的用户参与方式 • 确定并说明政务网站目标
优化用户体验	√	• 不强行显示窗口或图形图像 • 保证网站可信度 • FAQs 为用户提供协助
注重可达性	√	• 遵守可达性条款 • 不单独使用颜色传达信息 • 为非文字元素提供对等文字 • 提供框架标题
硬件和软件	√	• 适用多样操作系统 • 适合多种浏览器 • 解决浏览器差异 • 适应普遍使用的屏幕分辨率
首页设计	√	• Logo 链接、Home 链接随时可以返回首页 • 首页显示所有主要选项 • 无广告，积极地网站形象 • Logo 文字部分传达网站的价值 • 首页特点突出，容易区分

（续表）

内　容　分　类	是否规范化	USA.gov 首页规范表现点
页面布局	√	• 页面清新明朗整齐 • 顶部和底部放置重要栏目，中心放主体内容 • 避免了滚屏停止 • 页面显示密度适中，留白适度，文字长度适中
导航	√	• 提供了导航选项 • 高亮鼠标指向的导航条，反馈用户所在地 • 有效显示导航选项 • 简短的纯导航选项
滚屏与分页	√	• 避免了横向滚屏 • 减少滚屏次数
标题、名称与标签	√	• 使用了清晰易懂的类别名称 • 提供了描述性的页面名称和标题 • 使用了唯一性的内容标题
链接	√	• 链接标签有意义，可以找到用户所需 • 链接名称与目的网页匹配，具有可达性 • 用下划线区分文字链接 • 导航条目采用即点即现方式 • 文字链接长度适中 • 提供了链接帮助
文字表现	√	• 采用 Verdana 字体，与背景色对比鲜明 • 文字格式，大小等保持一致，视觉和谐 • 粗体文字使用恰当
列表	—	—
屏幕扩展应用控制	—	—
图形、图片与多媒体	√	• 背景以白色为主，非图片形式 • 用手型鼠标标识可点击图片 • 所有子页面使用网站 Logo • 图像名副其实，非广告形式 • 首页不出现超大图片，避免加载负荷 • 图片准确传达信息

（续表）

内　容　分　类	是否规范化	USA.gov 首页规范表现点
网站内容编写与信息组织	√	• 网站编写语言词汇简单，无难懂术语 • 导航页文字数量适中 • 词汇和句子数量适中 • 内容相关，首句概括，组织清晰 • 只提供必要信息，可快速理解 • 语气肯定，非判断 • 使用字体颜色分类信息
搜索	√	• 提供全站搜索，有搜索框提示语 • 保证搜索结果可用
可用性测试	—	—

9.3　英国 *Usability Toolkit* 案例研究

与美国的 *Usability Guideline* 元素类似，英国的 *Usability Toolkit*[15] 规范的大类更加概括一点，这个 Usability 规范内容包括 8 个部分，分别是网站页面布局、导航、网站内容编写、内容元素、列表、搜索、质量保证和标准、通用页面。

9.3.1　页面布局

这部分内容是关于如何设计和构建清晰而有效的页面模板的基本知识，以及在这些模板上显示内容的方式，使得容易阅读理解和方案实施。提供一致的页面布局，清晰、可辨认，放置关键元素，让用户能够很容易知道点击任何一个按钮能转到什么样的页面。

关于页面模板的基本布局方面，把页面尽可能多地用于内容，而不是导航元素。对大多数人来说要达到快捷和舒适的阅读，在设置字体大小和列的大小时，每行 12 至 15 字为宜。最佳分辨率是 1024 像素，当屏幕宽度为 960 像素时，不会出现页面的水平滚动。

关于在页面的内容布局方面，将最重要的内容放在页面顶部，不因为页面垂直滚动而不可见。使用一个明确的页面标题和小标题组织内容的层级，有明确的章节和小节，使网页显得清晰明确。在项目中间使用空白；利用色彩、背景及边界来组织和区分项目,将关系紧密的项目放在一起。使用要点和编号列表,让项目的关系清晰。用简洁的列表将文本文件和表单内容用简单的列的形式表现,为读者创建明确的浏览路径,避免出现浏览窗口的上下和左右滚动。

关于基本设计/造型方面列举出一些该做和不该做的注意事项。让文本内容保持左对齐,尽量避免居中或者右对齐等对齐文本。使用可读性和易于阅读的字体,如 Verdana 和 Arial 字体,而 Times New Roman 等字体并不易于阅读;全部大写的短语和菜单是可以接受的,但如果可能的话尽量避免;禁止使用难于阅读的闪光文本;下划线只能用于超链接,其他地方禁用。慎重使用颜色,要有明显的色彩差异区分背景色和前景色;当用色彩强调信息时,需要为不能识别色彩的人提供其他理解信息的途径。

9.3.2　导航设计

这部分内容主要介绍如何确保导航条为人们提供他们需要的信息以使用户知道他们在哪儿,要去哪儿,所以网站链接要清楚易理解。运用基本的设计技巧展现出通常导航元素的基本内容,如"浏览路径记录""标签"和"in-page 内容列表"。

关于达到可用的导航栏的基本要求方面,确保导航条在网页内容中突显出来,包含回到主页的链接,不一定直接显示在导航栏上,至少要很容易找到,最好让网站的 Logo 直接链接到主页。在导航栏上高亮显示当前页或当前正在浏览的区域,告诉浏览者目前所在的位置,可以采取以下几个方式:标签或背景色变化、标签格式变化(如加粗)。慎重选择导航栏的标签,用网站用户喜欢的语言和术语表达,并让用户参与测试。清晰显示上一层级和下一层级的关系。对于导航栏中下拉菜单的使用时,要避免同时出现很多下拉菜单;如果使用了下拉菜单,确保可以用键盘操作,同时给每一个链接以简短文字说明。

关于有效链接方面,确保链接文本和其他网页内容区别开来。链接为蓝色并下划线的显示是最通用的方式,如果采用其他方式,一定要保持链接色彩一致性,并让使用者来测试这种链接是否有效;限制整个网页中链接显示方式的风格。访问过的链接与未访问过的链接有所区别。使用有描述性和有意义的链接内容,不要使用"click here"或者"more"等没有直接表达意义的链接。将超链接放在合适的位置,不要让用户去思考和寻找超链接。

关于一些常见的导航元素的实用设计方面,可以使用浏览路径记录、标签、内容列表技巧。

9.3.3　内容编写

这部分内容介绍了网站写作内容概要,使它既要适合网站,也可以快速被使用者阅读和理解。

在构建网页内容时,在适当的区域使用内容标题组,如"＜h1＞、＜h2＞、＜h3＞"。确保整个内容网页上的一致性,可以使用列表等形式组织大段文字。

关于 Web 基础知识写作方面,使用"倒金字塔"的写作方式,以概括性标题开头,补充上最有意义的细节来支持标题,然后才列举次重要的事实。尽量使用生活中常用的语言来描述,只有当专业术语为人所知时才使用,避免假、大、空的语言。使用主动语态和用户习惯的表达方式。

9.3.4　内容元素

这部分内容介绍了如何提供的影像正确的格式,使所需的信息沟通迅速、清晰、可用,如何避免滥用弹出窗口和弹出式广告(如工具提示)以及使用 PDF 的基本指标关于有效使用图片方面,使用正确的图片格式,保证图片质量高且占用内存小,通常照片使用 JPG 图片格式,动态图片使用 GIF 和 PNG 格式。要有目的地使用图片。避免使用图片文本,这种显示方式不仅增加下载时间,可能在缩放或放大时出现模糊,不过网页的 Logo、重要的文本效果和导航作用图标可以使用图片文本。

关于何时和如何使用弹出窗口方面,在必要的情况下才使用,通常在为超链接提供说明信息和提交调查表单时才使用。给用户提供关闭弹出窗口的选项。避免大量的弹出窗口在页面上。

关于使用 PDF 文件方面,通常在以下情况可以使用: PDF 文档是网页内容的额外补充部分;较长的文件需要打印时,而网页内容只是提供了简介;法律法规文件;其他语言的出版物;为下载使用;等等。如果一旦使用 PDF 文本,在网页内容上要提供一个相关的简介,用表格列举出长文本内容的要点等等。

9.3.5　列表

这部分内容介绍了如何设计和布局表格,使用户可以理解表格并填好表格;

在表格填写过程中如何降低潜在错误;当发生错误时,如何快速简便地修改。

关于表单布局的基础要求方面,要通过表单创建一个清晰路径,可以使用进度表的形式告诉用户。将内容有相似等关系的表单放在一起有序排列,赋予每一个表单标签。避免出现表单外观错位,影响用户使用效果。

关于正确选择和使用表单元素的要求方面,注意只需要获取想要的信息,其他略去,对于文本框,尽量使用下拉菜单、复选框、单选按钮列出所有可能的选择。

关于最大限度减少用户填写表单时产生的错误,在表单的开头,告知用户关于填写信息目的及用途;对于必须填写的信息给予提示,同时给用户提供填写帮助。

关于遇到输入错误和表单提交错误时,提供有意义和有用的错误提示,可以解释错误产生的原因和如何改正错误。

9.3.6　检索设计

关于如何在网站上设置简单检索和高级检索的最佳建议,提供搜索结果的关键项。

关于简单检索方面,在每一个网页设置简单检索。高级检索的设置要符合用户检索的需要,简单准确地呈现结果。对于检索结果,提供多种排序方式。要突出显示每一项结果的标题。

9.3.7　质量保证和标准

这部分将更多详细的COI指导方针作用于至关重要的部分。在COI的指导方针下,对于顶级水平的信息要求如何确保网站质量。

关于COI提供的其他实现无障碍的要求,网站必须至少满足无障碍标准WCAG1.0的一致性A级别,同时用多种浏览器测试网站的是否符合无障碍标准。

9.3.8　通用页面

这部分介绍了如何制作好的网页的基本原则,便于用户理解和使用,以及如何设计和构建其他的网页,如网站地图、网站索引和常见问题。

首先,要能够明确区分出网站的特色,有网站特有的Logo、商标及该组织的使命,提供关于这个组织的信息。保证网站是有用的,并及时更新。确保网站的绝大部分信息是为目标用户准备的,而不是为机构自己。

其次,提供逻辑清晰的站点地图,引导读者把握整个网站的信息,且从站点地图能点击到其他网页。

英国新域名官方网站 gov.uk[16]在本书写作期间还在测试中,目前的官方网站有三个 Directgov[17], Business Link[18], Government Gateway[19],现选取 Directgov 作为案例进行研究,见图 9-8。(注:本书发稿时,新的官方网站已经正式上线,并取代了 Directgov 和 Business Link 两个网站)

图 9-8 Directgov 网站

Directgov 整体感觉与 USA.gov 不同，页面顶部是橘黄色的背景，给人轻快、透明、辉煌、充满希望的色彩印象。内容排版比较紧凑，对页面空间的利用率高，将更多的文字链接放在了首页，便于用户直接查看。

下面，我们也按照自上而下、由左至右的顺序从局部阐述 Directgov 的规范化设计。

左上方最显眼的是网站 Logo，没有图像，只有 Directgov 这个网站名称，并在下方表明网站的作用和价值"Public services all in one place"。点击 Logo，也可进入首页。

图 9－9　Directgov 网站 Logo

右上方有语言版本选择(Cymraeg：威尔士语)，可达性说明、浏览记录，使用帮助，以字顺排序为主的站点索引，还有一个可直接使用的字体大小选择，直接考虑了不同用户的使用习惯。

Cymraeg | Accessibility | Cookies | Help | Site index | A A A

搜索框置于右上方，与 USA.gov 不同，搜索提示语是固定的，直接提示搜索站点，不会随着检索词输入而消失，更注重直观的感觉。

Search this site　Go

顶部导航是固定的，包括首页导航，查找所有政府部门、公共服务部门以及委员会等联系信息、查找政务部门在线可办理的业务、新闻、视频等分类信息。当鼠标放在这些内容上，会出现下划线表示是有效文字链接。在右边，还有一个时间条，便于用户查看日期。

Home | Contacts | Do it online | Newsroom | Video　　Sunday, September 23, 2012

页面主体大图是展示当前最热门事件的窗口，在页面设计中，与 USA.gov 不同，这个图片是以静态的形式展现，定期更新，将文字叙述部分置于图片上方，使排版上更加整齐美观。(如图 9－10)

图 9-10　Directgov 网站页面主体大图

正如前文所述，Directgov 最大的特色就是目录分类多，文字链接多。主页面主体部分，既有按照受欢迎程度的分类排序，也有按照政府业务部门的分类排序，两种方式都是为了用户能够更快找到所需。(如图 9-11)

图 9-11　Directgov 网站页面主体部分排序方式

除此之外，还有一些小栏目，分布在页面的两侧，既展现了专题内容，例如健康咨询、志愿奖励等，也完善了页面布局(如图 9-12)。它们的共同点都是加粗的标题字体，附带一张小图以及简要的说明，而查看更多的提示链接则是空一行开始，并以特定符号结束，明显不如 USA.gov 那般醒目。

图 9-12　Directgov 网站其他栏目项

在查找服务的时候，对于表单的设计是可控的，将所有能找到的服务都列在下拉框中。而对于邮政编码，当输入错误的编号时则会提示错误。

The postcode you have entered is invalid. Please try again.

这个网站还在不同的 SNS 社区建立了发布信息和交流的方式，便于用户了解网站，获取网站资源的方式。（如图 9 - 13）

图 9 - 13　Directgov 网站发布信息和交流的方式

最下方还保存有各种温馨小提示，包括各种链接和常用的做法。（如图 9 - 14）

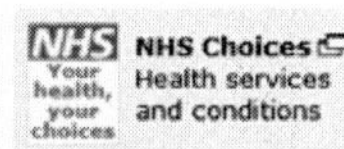

图 9 - 14　Directgov 网站提供的常用链接

最下方是社会书签共享方式。社会标签表示的可以将自己喜欢或者想要记录下来的链接通过一些 SNS 的方式分享到社区讨论或者共享给其他人。这是当前热门的知识分享的方式。（如图 9 - 15）

Bookmark with:

Facebook　Twitter　StumbleUpon　Delicious　Reddit

图 9 - 15　Directgov 网站的社会书签共享方式

在公告栏中，有信息提示用户新的政府网站即将于 10 月投入使用，用户可现行浏览体验，新版本最大的改善是页面更简单、更明朗、更快捷，同时拥有新的网站 Logo。（如图 9 - 16）

打开新网站的测试版可以看到，这个网站更加简洁，最突出的就是搜索功能和分类目录，这也说明政府网站的页面布局会根据用户的需求发生变化。（如图 9 - 17）

图 9－16　Directgov 网站公告栏

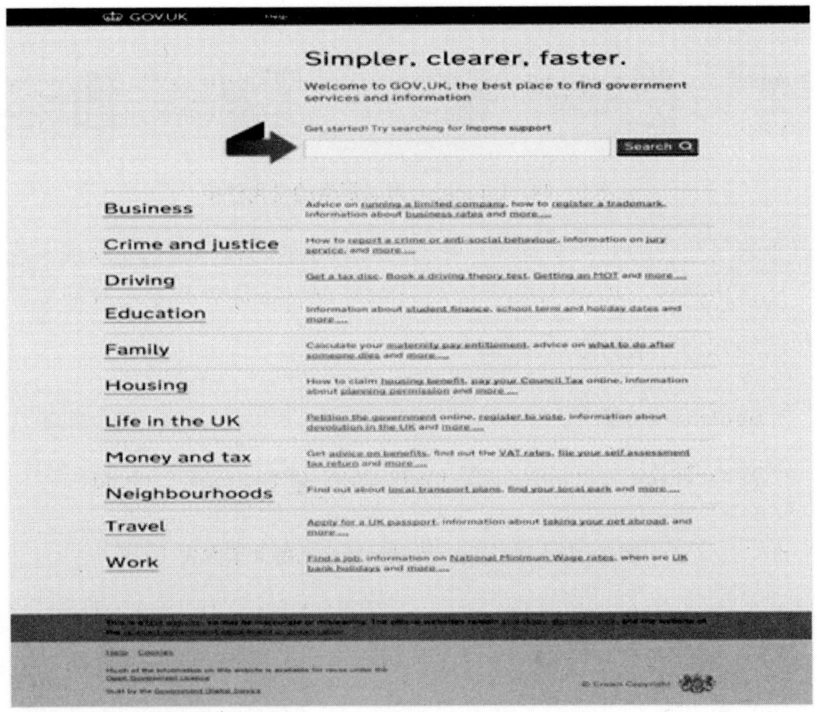

图 9－17　Directgov 网站测试版

通过对 Directgov 页面的分析，可以看出，它的设计理念和设计思路都是按照 Usability 规范来实现的。通过首页呈现情况，我们来总结一下采用的 Usability 规范化的做法。

表 9-5　Directgov 规范总结

内　容　分　类	是否规范化	Directgov 首页规范表现点
页面布局	√	• 页面模板内容多,分辨率合适 • 标题明确,层次分明 • 禁止文本内容大写,默认字体为 Verdana
导航	√	• Logo 链接到主页 • 下划线区分带链接文字 • 浏览路径记录、社会标签
内容编写	√	• 使用文字简单易懂,无生僻字 • 内容简短概要
内容元素	√	• 无图片形式文本 • 无弹出窗口
列表	√	• 下拉菜单的使用 • 表格填写错误提示
搜索	√	• 搜索框和提示语
质量保证和标准	√	• 文本放大功能 • 重视可达性
通用页面	√	• 特色 Logo 和使命 • 站点地图设计

9.4　对北京市的启示

综合上面对英美两国政府网站使用 usability 规范的案例分析,我们可以发现这些建立了 usability 规范的网站有一个显著的共同点,那就是他们的电子政务水平也是随着规范的成熟不断提高的,两者之间是相辅相成的。英美两国政府网站使用了 usability 规范后,网站变得简单实用,用户能快速找到自己所需信息,搜索效率高,同时网站从页面的布局、丰富的内容到科学的链接上都非常贴近用户的使用习惯,吸引更多用户来访问,提高访问量,同时让民众积极参与到网站建设中来，实时地获取民众的需求，并进行评估改进，真正体现了作为政府网站服务人民的功能和目的。

政务网站的建设在实时发展，相应地，政府通过政务网站提供的服务也能更丰富更全面贴近民众，很多方针政策及法律法规等能更好地在民众宣传实施，同时也能提高政府政务公开度，提高政府的办事效率，政府的电子政务水平自然就提高了。政务水平的提高，带来的是更多的更高要求的民众或者其他的需求，这对 usability 规范也提出一个个新的挑战，促进规范的不断改进成熟。这两者就在相辅相成中不断得到提高。

对于北京市而言，虽然北京市的首都之窗在国内处于领先地位，但是与其他国家的政府网站相比，还是有一定的差距。从美国和英国的 Usability 规范案例中，可以学习到如何更好地设计一个政府网站，不是简单地把政务信息罗列出来，而是根据用户的需求，建立一个合理有效的信息构建方式和服务模式，有利于用户简单快捷地找到所需，发挥政府网站的最大功效。

在美国的 *Usability Guideline* 和英国的 *COI Usability Toolkit* 中，关于设计和实施都有一套完整的流程，其中的最值得学习的是以用户为中心的设计思想。一个网站，如果缺失了用户的访问量，那就意味着这个网站是彻底失败的，以用户为中心，对用户需求进行充分调研评估，再设计出满足用户需求的网站对网站的持续发展有着至关重要的作用。以用户为中心在英美政府网站设计过程中处处体现，如使用简单有效的导航和清新明朗的页面布局，清晰易懂没有歧义的标题、名称和标签，提供合理有效的链接，设计生动鲜明的文字表现，网站内容相关性强，易理解，提供全站搜索，搜索内容可达可用，用户可参与网站建设等，这些特点都能有效的帮助用户快速找到自己所需的信息，提高用户体验和用户满意度，增强用户对政府网站的依赖。

同时，Usability 标准制定出来后，并不是只为一个网站服务的，而是适用于整个政府网站体系。在统一的规范指导下，可以减少用户在不同政府网站使用过程中遇到的问题。因此，要加强 Usability 规范的推广，例如 Usability.gov 很成功地将这个规范推广到了政府的各个网站系统。因此，北京要构建这样一个 Usability 规范，可以借鉴这些规范的结构框架和主要内容，但是绝不能照搬全部，要根据北京市现在的具体情况进行适度的改良和创新。

参考文献：

[1] http://www.usability.gov/guidelines/guidelines_book.pdf，2012-09-21.

[2] http://www.pewinternet.org/Reports/2004/How-Americans-Get-in-Touch-With-Government.aspx，2012-09-21.

[3] http://www.howto.gov/web-content/usability/testing，2012-09-21.

[4] 60秒问卷[EB/OL]. [2012-09-21]. http://australia.gov.au/faqs/60-second-survey.

[5] http://www.egovernment.tas.gov.au/standards_and_guidelines/web_usability_guidelines，2012-09-21.

[6] http://www.egovernment.tas.gov.au/__data/assets/pdf_file/0008/78254/Web_Usability_Guidelines_V1.4a_July_2012.pdf，2012-09-21.

[7] http://www.publicsector.wa.gov.au/document/website-usability-guidelines，2012-09-21.

[8] http://www.publicsector.wa.gov.au/sites/default/files/documents/website_usability_guidelines_0.pdf，2012-09-21.

[9] http://www.techsmith.com/morae.asp，2012-09-21.

[10] http://www.optimalworkshop.com/treejack.htm，2012-09-21.

[11] http://www.optimalworkshop.com/treejack.htm，2012-09-21.

[12] http://www.optimalworkshop.com/chalkmark.htm，2012-09-21.

[13] http://guidelines.usability.gov/，2012-09-21.

[14] http://www.usa.gov/，2012-09-21.

[15] http://webarchive.nationalarchives.gov.uk/20120406035308/http://usability.coi.gov.uk/PrintVersion.aspx，2012-09-21.

[16] https://www.gov.uk/，2012-09-21.

[17] http://www.direct.gov.uk/en/index.htm，2012-09-21.

[18] http://www.businesslink.gov.uk/bdotg/action/home?domain=businesslink.gov.uk&target=http://businesslink.gov.uk/，2012-09-21.

[19] http://www.gateway.gov.uk/，2012-09-21.

第4篇

从世界看北京——北京市政府网站信息可用性研究

10　对北京市政府网站信息可用性建设的思考

10.1　政府网站信息可用性的视角

政府网站信息可用性实际上包括两个视角：一个是对政府网站信息的使用者而言，海量的政府网站信息如果缺乏合理的管理和服务，对用户利用这些信息形成了障碍；另一个是对政府信息管理者或服务提供者而言，没有规范化的标准和指南，面对海量政府信息资源，实施有效的管理面临挑战。

对于使用者群体而言，越来越多的人要求政府提供一体化的配套服务，他们希望面对一个政府通过一站式方式来获得政府提供的所有服务；对于政府信息管理和服务人员而言，信息管理模式的不合理和服务规范的缺失也同样对他们造成困扰，通过调查发现，政府工作人员的后台信息处理工作十分繁琐，对一条信息往往要重复录入多次，以满足不同的系统中对该信息的存储、管理的需要，不同系统之间的数据对接问题复杂、困难，造成后台信息处理工作内容重复、效率低下，不仅一定程度影响了政府信息工作人员的积极性，而且直接妨碍了政府信息的传播和利用。

当前，服务型政府的要求、网络治理的发展、信息公开的促进、可用性矛盾的尖锐，已经给中国政府网站信息与服务提供带来严峻的挑战。我们过去一直沿用的政府信息的部门化管理和利用、独立提供服务的方式显然不能适应当前的发展，需要用全新的、建立在互操作框架基础上的、将政府作为一个整体来提供信息和服务的新型管理模式和服务规范，需要建立信息可用性的保障体系和可用性专门规范来对帮助政府网站信息服务人员开展工作，同时实现对服务对公众有效性的提升。

10.2　保障政府网站信息可用性的意义

告知公民、与公民交互、为公民办理是政府网站的主要工作，因而政府网站信息管理和公共服务主要体现在三大方面：一是政府信息公开，二是政民互动，三是在线办理。从可用性的角度看，不论是公开、办理还是互动，都需要信息可用性作为基础。政府网站所要实现的目标是告知信息的全面性、完整性和易得性；与公民交互的方便性、及时性、实时性；为公民办理的可靠性和快捷性。这些都能够体现在可用性的建设与服务理念上。自 1999 年中国实施政府上网工程以来，十多年中，中国政府网站在上述三大方面有了长足的进步，大部分政府网站发布了本地区本部门的工作职责、业务职能、政策法规、政府文件、工作动态、审批事项、招商引资、便民服务等信息，部分网站提供了网上纳税、网上注册、表格下载等网上办事项目，部分网站提供民意征集、政风行风监督、公众意见反馈、政策解读等互动功能。

北京市政府网站首都之窗自 1998 年建立以来，其网站建设水平在中国政府网站中一直名列前茅，网站从无到有、从单一门户到集结成网站群，网站拥有了丰富的信息资源、提供了在线的服务、建立了多种政民互动渠道，其发展和建设成就不容置疑。但是，论及网站信息的可用性，其建设水平与国外先进水平尚有很大差距，公众对首都之窗政府网站的满意度还有待提高。

随着服务型政府建设理念的逐步深入，北京市政府网站对公众服务的意识是逐步提高的，在政府网站的建设上也有体现，比如设立场景式服务、针对专门的人建立服务入口等等。但是，北京市政府网站目前还没有形成面向使用和面向用户的政府信息和服务提供的保障体系，所制定的指导原则和操作方法面向工作管理的成分较多，面向用户使用的成分比较少，这与国内大多数政府网站建设现状是相一致的。作为中国走在前列的北京市政府网站，应该最先借鉴国际先进经验，结合中国和北京市的实际，开发出适合北京市特色的面向使用的政府网站信息可用性指导体系、操作体系和评估体系，建立政府网站信息可用性专门规范，推进北京市政府网站的改革与创新。

10.3　北京市政府网站信息可用性规范建设问题分析

北京市政府网站管理部门在十多年的实践中，也已经建立了政府信息可用性保障的一些制度和规范，我们在首都之窗网站上可以查询到的关于北京市政府网站建设的指导原则、制度规范，如：

《北京市"十二五"时期电子政务发展规划》

《电子政务运维服务支撑系统规范》

《北京市政府网站公共服务体系建设规范》

《北京市政府网站评议细则》

《北京市政府网站建设与管理规范》

《北京市政府网站政府信息公开专栏管理规定(试行)》

它们的出现在一定程度上规范了政府信息资源的管理行为，奠定了政府信息资源管理的基础。但目前北京市颁布的这些政府信息资源管理制度和管理规范、指南大都停留在宏观概念层面和技术标准层面(如公文格式标准、数据元标准等)，解决的大多是技术实现的问题，缺乏电子政务实施的总体框架的指导，针对信息管理过程、管理形式等具体实践关注也较少。

最大的问题是，上述原则、制度和规范来源不同、目的不同，完全没有形成配套的体系，缺乏我们前面分析国外实践那样的指导原则、操作方法和评估制度协调一致的特征，不仅各种内容零散、不全，已有的指导原则太过宏观、操作方法缺乏实施细则、评估方案缺少使用维度的考察，造成了在实际工作中政府网站信息资源建设"有技术、难管理，有标准、难落实"的现象。

10.4　北京市政府网站信息可用性建设对策分析

10.4.1　北京市政府网站信息可用性建设需考虑的问题

(1) 需要强调对政府网站信息的"科学管理"，管理办法要建立在电子政务总体框架基础上，按照电子政务发展蓝图规划，遵循政府信息管理的政策，符合信息内容的描述、编码、存贮、分享、传递、提取和互操作的标准，符合技术处理规范。

(2) 需要研究政府的服务政策、提供的服务界面、采用的服务方式、形成的服务效果、达到的服务满意等方面已有的国内外准则和标准,或总结中国或北京市的最佳实践,提炼相应的准则和制度作为借鉴,结合北京市政府管理的特征制定相应的措施;

(3) 需要提出多维度、多类型的政府网站信息管理模式和体系化的政府在线信息服务规范,以支持网络治理环境下的政府跨部门跨系统的信息管理特点,支持多元化、多层次、集成化服务特征的政府在线信息创建、处置、共享、传播、利用、重用和存取,促进政府在线信息管理与服务创新;

(4) 需要解决从"政府机构作为一个政府部门"向"政府作为一个整体"的变化趋势中,政府信息从部门所有、内部使用的模式转变为协同、共享、重用和"前台服务、后台集成"的模式的过程中,政府网站信息和服务提供所需要的观念、制度、规范、架构、技术、方法的缺失或不足问题。

10.4.2 对策建议

在前面 9 章中,本书建立了政府网站信息可用性的保障体系,分析了国际电子政务先进国家在保障体系构成的三个部分,即指导体系、操作体系和评估体系中的实践;本书也探讨了保证政府网站信息可用性的专门规范,即网站建设规范、可及性规范和可用性规范,分析了国家电子政务先进国家的政府网站信息可用性规范的实践,并在指导体系、操作体系、评估体系和可用性专门规范的每个部分都对北京市政府网站信息可用性可以借鉴的经验作了简单的分析,提出了一些针对性的建议和意见。

针对北京市政府网站信息可用性建设,我们的对策建议是:为了实现全市政府网站群信息可用性保障,必须建立政府网站信息可用性的指导体系、操作体系和评估体系,并维持三个体系之间的协调统一性;配以修订或建立专门的政府网站信息可用性规范,即修订已经有的《北京市政府网站建设规范》,建立《Usability 规范》和《Accessibility 规范》。

在此我们总结和概括前文中的意见和建议,提出北京市政府网站可用性建设保证的具体对策建议如下:

1. 指导体系建设方面

(1) 可用性的指导和保障措施要具有制度化、标准化和人性化的特点。组织机构的设置、政策的制定要有制度化的保证,相关技术和方法要有标准的保证，建设绩效考察要人性化的。

（2）可用性的指导和保障要从宏观、中观和微观不同层面上加以保证，各个层面之间要具有有机的联系，必须是相互关联、相互配套和相互促进的。

（3）可以为政府网站建设与管理人员建立一个服务于他们的平台，便于向北京市更多的政府网站专业人员提供实用的指导、培训和最佳实践共享。同时可以节省政府的费用，可避免每个部门都在建设网站，但缺乏统一指导和建设标准，使得建设成本增加，财政负担重的问题。

2. 操作体系建设方面

（1）政府网站信息可用性建设是一项系统工程，需要有组织机构的保障，需要统一认识、协调发展，形成凝聚力。

（2）需要对政府网站信息可用性建设高度重视，要通过大量的调查研究，深入分析用户的需求、用户的体验，并以此作为改善政府网站建设的依据。

（3）建立网站建设的系列标准，提升网站建设质量。注重标准的可操作性。

3. 评估体系建设方面

（1）改变政府网站主要从建设的角度而非从使用的角度评估的状况，改善从政府信息公开、在线办事和公众参与三大角度考察政府网站建设所带来的弊端，设立用户导向和服务导向的测评内容。

（2）建立政府网站测评全流程的标准和工具，对指标设计、测评数据采集方案、数据分析工具、结果发布过程进行规范，保证评估的科学和客观。

（3）根据现代技术的发展，政府服务理念的进步，适时增加新媒体应用测评指标，如移动政务设备指标、社交媒体网络指标等。

4. 政府网站建设规范方面

（1）北京市政府网站建设规范中应当强调外观设计和功能设计的一致性，尽量减轻用户使用的负担，保证政府网站群用户体验的一致性，从而增加用户对政府网站的感知和信任。

（2）北京市政府网站建设规范中应当强调提供用户真正需要的内容，保证用户常用的网站功能的有效性，比如搜索引擎的使用。

（3）北京市政府网站建设规范应当强调细节的完备性，如图标大小、像素、文字应用、网站语言等内容，可以有相应的规定，可以提高用户体验，并减少各个分站工作人员在相关问题上花费时间精力。

（4）北京市政府网站建设规范要强调用户的体验，网站使用率、访问量、检索效果、任务完成率等指标能够反映用户的利用情况，无障碍访问、可用性测评可以保证弱势群体和更多人使用的方便性。

（5）北京市政府网站建设规范还要考虑与国际标准的接轨，与国际最前沿的技术与思想接轨，对网站未来的维护以及升级都大有裨益。

5. 可及性规范方面

（1）制定网站信息可及性法规和制度，明确公众在网站上无障碍获取信息的权力，保障公众平等获取政府信息。

（2）加快制定实施网站信息可及性标准，构建网站信息可及性建设评价体系。

（3）加强对信息可及性技术和产品的政策支持和资金投入。

6. 可用性规范方面

（1）网站的信息不是简单罗列，可用性规范能够帮助我们建立合理有效的信息构建方式和服务模式，让网站的信息利用更加简单快捷实用，搜索效率高。

（2）可用性设计和实施要有一套完整的流程，必须以用户为中心。简单有效的导航和清新明朗的页面布局，清晰易懂没有歧义的标题、名称和标签，提供合理有效的链接，设计生动鲜明的文字表现，网站内容相关性强，易理解，提供全站搜索，搜索内容可达可用，用户可参与网站建设等，这些特点都能有效地帮助用户快速找到自己所需的信息，提高用户体验和用户满意度，增强用户对政府网站的依赖。

（3）学习电子政务先进国家的建设模式，制定统一的可用性建设规范，加强可用性规范的推广应用。